水资源评价与管理

孙秀玲　主编

中国环境出版社 · 北京

图书在版编目（CIP）数据

水资源评价与管理／孙秀玲主编．—北京：中国环境出版社，2013.12（2014.5重印）

（山东省建造师人才培养战略研究成果丛书）

ISBN 978-7-5111-1707-6

Ⅰ.①水… Ⅱ.①孙… Ⅲ.①水资源—资源评价②水资源管理 Ⅳ.①TV211.1②TV213.4

中国版本图书馆CIP数据核字（2013）第312967号

出 版 人 王新程
策划编辑 易 萌
文字加工 刘钱州
责任编辑 罗永席
责任校对 尹 芳
封面设计 彭 杉

出版发行 中国环境出版社
（100062 北京市东城区广渠门内大街16号）
网 址：http://www.cesp.com.cn
电子邮箱：bjgl@cesp.com.cn
联系电话：010-67112765（编辑管理部）
010-67112739（建筑图书出版中心）
发行热线：010-67125803，010-67113405（传真）

印 刷 北京中科印刷有限公司
经 销 各地新华书店
版 次 2013年12月第1版
印 次 2014年5月第2次印刷
开 本 787×1092 1/16
印 张 16
字 数 342千字
定 价 45.00元

山东省建造师人才培养战略研究专著
编审委员会

（水利水电工程专业委员会）

主　任：万利国

副主任：刘长军　贾　超

主　审：刘肖军　苗兴皓

委　员：（按姓氏笔画排序）

刁伟明　于文海　王华杰　王孝亮　王艳玲

毕可敏　孙秀玲　李　军　张云鹏　苗兴皓

黄丽丽　董林玉　韩卫滨　薛振清

主　编：孙秀玲

编　辑：尹起亮　苗兴皓　王海军　张云鹏　王艳玲

李森焱

前　言

水资源是人类赖以生存和发展的基本物质之一，是人类生息不可替代和不可缺少的自然资源，也是一个国家综合国力的重要组成部分。随着人口的增长和社会的发展，对水的需求不断增加，水资源的供需矛盾日益突出，影响到了水资源长久可持续的利用，已成为人类生存及发展的重要影响因素。有效解决水资源问题的重要途径是在进行科学研究水资源形成、循环、分布及其变化规律的基础上，对水资源科学地调查、评价、开发、利用、优化配置、科学管理及保护。水资源评价是对水资源数量、质量及其开发利用程度的综合评价，是水资源科学规划、合理开发利用与保护的基础；水资源管理是运用法律、行政、经济、技术等手段对水资源的分配、开发、利用、调度和保护进行管理，是实现水资源可持续利用的有效途径。

本书是依据全国水资源综合规划、水资源评价、最严格的水资源管理制度、用水许可、水资源论证制度及相关的最新的技术标准、规范、导则以及新理论、新技术编写而成。本书共分11章，主要内容包括水资源数量评价、水资源质量评价、水资源开发利用评价与供需分析、水资源管理及最严格的水资源管理制度、水资源论证等内容。

本书孙秀玲任主编，参编人员：尹起亮、苗兴皓、王海军、张云鹏、王艳玲、李森焱。全书由刘肖军、苗兴皓审阅。

在编写过程中，得到了山东省住房和城乡建设厅、山东省水利厅等单位的大力支持和帮助；同时本书编者参考了众多的相关文献和资料，借鉴部分重要文献和深表歉意。在此，对为本书编写提供帮助和所有参考文献的作者表示诚挚的谢意。

因编者水平有限，书中定会存在不当或错误之处，恳请读者批评指正。

编者

2013年11月

序

我国在20世纪90年代初着手研究建立注册建造师制度。1997年颁布的《中华人民共和国建筑法》规定："从事建筑活动的专业技术人员，应当依法取得相应的执业资格证书，并在执业证书许可的范围内从事建筑活动。"2002年，原人事部、建设部颁布《建造师执业资格制度暂行规定》，正式推出建造师执业资格制度。从建造师执业资格制度启动伊始，山东省各级建设行政主管部门积极贯彻落实建造师执业资格制度，加强建造师考试、注册管理、继续教育等各项工作的宣传和管理力度，扎实推进了我省建设执业资格制度的发展。十多年来，山东省取得建造师执业资格的人员突破15万人，有力地促进了建筑业人才队伍的建设，对全省建设事业的健康发展发挥越来越重要的作用。

建造师执业资格制度是适应我国社会主义市场经济发展、加快工程建设领域改革开放步伐的一项重大举措。这项制度的建立，有利于发挥执业人员的技术支撑作用，降低资源和能源消耗、保护环境、控制工程建设投资成本；有利于规范我国建筑市场秩序，创造执业人员有序竞争的环境，规范执业人员的行为；有利于强化执业人员法律责任，增强执业人员责任心，确保工程质量和安全生产；有利于加强建筑业用工监管，防止拖欠农民工工资，促进社会和谐稳定；有利于加快我国建筑企业"走出去"步伐，提升我国建筑业国际竞争力。建造师应进一步解放思想，更新观念，牢固树立效益优先、创新创造、集约发展的理念，主动适应新形势要求，坚持与时俱进，及时更新知识，不断提高专业技能，严格遵守法律法规和建造师管理规章制度，全面推进建造师执业资格制度健康发展。

注册建造师是工程项目施工管理的主要负责人，对工程项目自开工准备至竣工验收实施全过程组织管理。注册建造师的基本素质、管理水平及其行为是否规范，对整个工程项目的质量、进度、安全生产、投资控制和遵章守法起着关键作用。在我国全面建设小康社会的这一重要历史时期，注册建造师承担的责任和任务繁重而又艰巨，注册师要有一种历史的责任感，坚持"百年大计，质量第一"和"安全第一，预防为主"的原则，用现代项目管理理论来指导和组织实施项目管理。

为进一步加强注册建造师队伍建设，增强建造师服务建设事业大局的能力和水平，省建设厅执业资格注册中心组织山东建筑大学、山东交通学院、山东大学水利水电学院、中国海洋大学培训中心等单位，并邀请一批施工企业优秀管理人员和建造师共同开展了山东省建造师人才培养战略研究工作，组织编写了五个专题的一系列研究专著，作为建造师学习的教材和参考书目。希望全体建造师不断加强学习，全面提升熟练运用各种新技术、新工艺、新材料的能力，奋发进取，努力把我省建设事业提高到一个新水平，为把我省全面建成小康社会作出更大贡献。

山东省住房和城乡建设厅 万利国

2013年10月25日

目 录

第1章　水的赋存、水文循环与水资源形成

1.1　水的赋存与水文循环

1.1.1　水的赋存

自然界的水有气态、液态和固态三种形态。一是在大气圈中以水汽的形态存在；二是在地球表面的海洋、湖泊、沼泽、河槽中以液态水的形态存在，其中，以海洋贮存的水量最多，而冰川水（包括永久冻土的底冰）以固态的形态存在；三是在地球表面以下的地壳中也存在着液态的水，即地下水。

地球上的水，正是指地球表面、岩石圈、大气圈和生物体内各种形态的水。地球上各种水的储量见表1-1。

表1-1　地球水储量

水的类型	储水总量		咸水		淡水	
	水量/km^3	所占比例/%	水量/km^3	所占比例/%	水量/km^3	所占比例/%
海洋水	1 338 000 000	96.54	1 338 000 000	99.54	0	0
地表水	24 254 100	1.75	85 400	0.006	24 168 700	69.0
冰川与冰盖	24 044 100	1.736	0	0	24 064 100	68.7
湖泊水	176 400	0.013	85 400	0.006	91 000	0.26
沼泽水	11 470	0.000 8	0	0	11 470	0.033
河流水	2 120	0.000 2	0	0	2 120	0.006
地下水	23 700 000	1.71	12 870 000	0.953	10 830 000	30.92
重力水	23 400 000	1.688	12 870 000	0.953	10 530 000	30.06
地下冰	300 000	0.022	0	0	300 000	0.86
土壤水	16 500	0.001	0	0	16 500	0.05
大气水	12 900	0.000 9	0	0	12 900	0.04
生物水	1 120	0.000 1	0	0	1 120	0.003
全球总储量	1 385 984 600	100	1 350 955 400	100	35 029 200	100

1.1.2　自然界的水文循环

在自然因素与人类活动影响下，自然界各种形态的水处在不断运动与相互转换之中，形成了水文循环。形成水文循环的内因是固态、液态、气态水随着温度的不同而转移变换，外因主要是太阳辐射和地心引力。太阳辐射促使水分蒸发、空气流动、冰雪融化等，它是水文循环的能源；地心引力则是水分下渗和径流回归海洋的动力。人类活动也是外因，特别是大规模人类活动对水文循环的影响，既可以促使各种形态的水相互转换和运动，加速水文循环，又可能抑制各种形态水之间的相互转化和运动，减缓水文循环的进程。但水文循环并不是单一的和固定不变的，而是由多种循环途径交织在一起，不断变化、不断调整的复杂过程。水循环是地球上最重要、最活跃的物质循环之一。

1.1.2.1　大循环与小循环

自然界水循环按其涉及的地域和规模可分为大循环和小循环，见图1-1。从海洋面上蒸发的水汽被气流带到大陆上空，遇冷凝结，形成降水，到达地面后，其中一部分直接蒸发返回空中，另一部分形成径流（即陆地上按一定路径运动的水流），从地面及地下汇入河流，最后注入海洋，这种海陆间的水分交换过程称为大循环。在大循环过程中陆地上空也有水汽向海洋输送，但与海洋向陆地输送的水汽比较，数量甚微，因此总的来说，水汽是由海洋向陆地输送的，上述大循环中海洋向陆地输送的水汽是指净输送量。

海洋上蒸发的水汽中有一部分在空中凝结成水又降落海洋，或从陆地蒸发的水在空中凝结后又降回陆地，这种海洋系统或陆地系统的局部水循环称为小循环。前者称海洋小循环，后者称内陆小循环。

内陆小循环对内陆地区的降水有重要作用，因内陆远离海洋，直接受海洋输送的水汽不多，需通过内陆局部地区的水循环使水汽随气流不断向内陆输送。水汽在内陆上空冷凝降水后，一部分形成径流，另一部分再蒸发为水汽向更远的内陆输送，依此循环。但愈向内陆，水汽愈少，这就是沿海湿润，内陆干旱的原因。

水循环使水处于不停的运动状态之中，但其循环并非是以恒定的通量稳定地运转的，有时剧烈，以致大雨倾盆，江河横溢；有时相对平静，几乎停止，以致久旱不雨，河流干涸。这种不稳定性不仅表现在年内各季，也表现在年际间。

水循环中水的存在、运动和变化，统称为水文现象，各种现象在时间或空间上的变化称为水文过程。水循环是一切水文现象的变化根源。水循环中的主要水文要素有降水、蒸发、径流及下渗等，其中河川径流与人类关系密切。

1.1.2.2　影响水文循环的因素

影响水循环的因素很多，但都是通过对影响降水、蒸发、径流和水汽输送而起作用的。

归纳起来有三类：

①气象因素：如风向、风速、温度、湿度等；

②下垫面因素：即自然地理条件，如地形、地质、地貌、土壤、植被等；

③人类改造自然的活动：包括水利措施、农林水保措施和环境工程措施等。

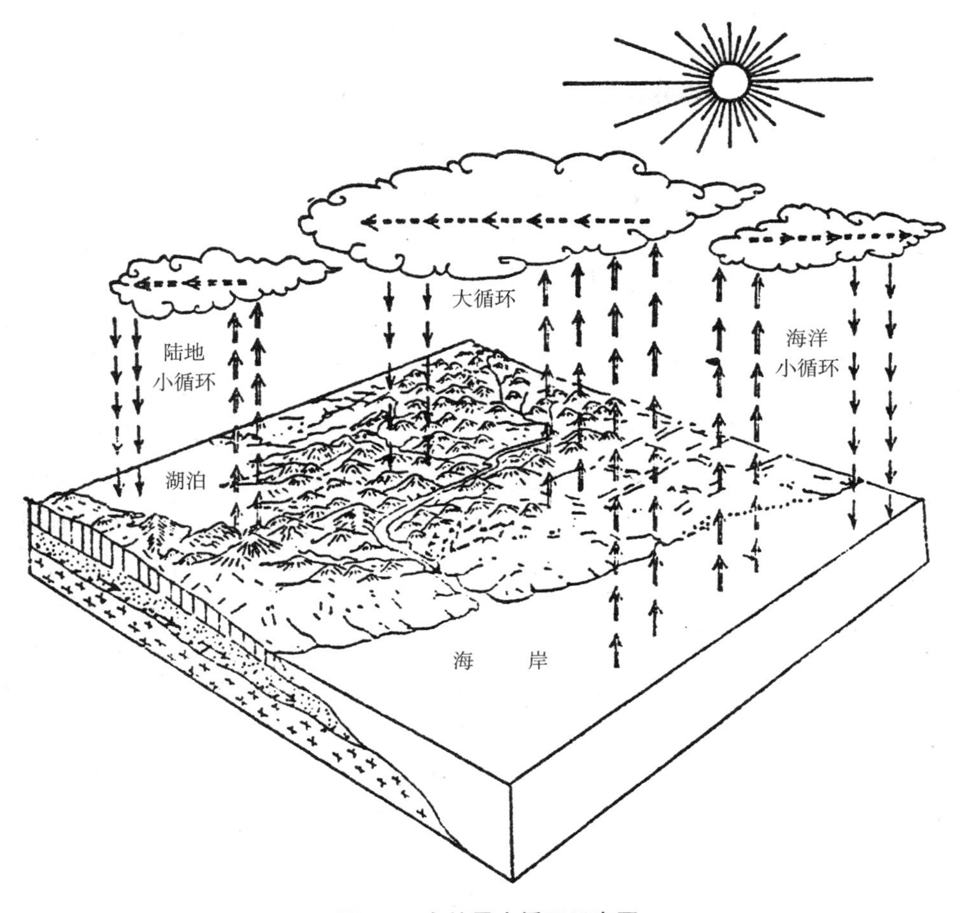

图 1-1　自然界水循环示意图

在这三类因素中，气象因素是主要的，因为蒸发、水汽输送和降水这三个环节，基本上决定了地球表面上辐射平衡和大气环流状况，而径流的具体情势虽与下垫面条件有关，但其基本规律还是取决于气象因素。

下垫面因素主要是通过蒸发和径流来影响水循环。有利于蒸发的地区，往往水循环很活跃，而有利于径流地区，则恰好相反，对水循环是不利的。

人类改造自然的活动，改变了下垫面的状况，通过对蒸发、径流的影响而间接影响水循环。水利措施可分为两类 ：一是调节径流的水利工程如水库、渠道、河网等；另一个是坡面治理措施如水平沟、鱼鳞坑、土地平整等。农林措施如坡地改梯田、旱地改水田、深耕、密植、封山育林等。修水库以拦蓄洪水，使水面面积增加，水库淹没区原来的陆面蒸发变为水面蒸发，同时又将地下水位抬高，在其影响范围内的陆面蒸发也随之增加。此外，坡面治理措施和农林措施，也有利于下渗，而不利于径流。在径流减小、蒸发加快后，降水在一定程度上也有所增加，从而促使内陆水循环加强。

1.1.2.3　我国水文循环的途径及主要循环系统

(1) 我国水文循环的途径：

我国地处西伯利亚干冷气团和太平洋暖湿气团进退交锋地区，一年内水汽输送和降水量的变化，主要取决于太平洋暖湿气团进退的早晚和西伯利亚冷气团的强弱变化，以及七八月间太平洋西部的台风情况。

我国的水汽主要来自东南海洋，并向西北方向移动，首先在东南沿海地区形成较多的降水，越向西北，水汽量越少。来自西南方向的水汽输入也是我国水汽的重要来源，主要是由于印度洋的大量水汽随着西南季风进入我国西南地区，因而引起降水，但由于崇山峻岭的阻隔，水汽不能深入内陆腹地。西北边疆地区，水汽来源于西风环流带来的大西洋水汽。此外，北冰洋的水汽，借强劲的北风，经西伯利亚、蒙古进入我国西北地区，因风力较大而稳定，有时甚至可直接通过两湖盆地而达珠江三角洲地区，但所含水汽量少，引起的降水量并不多。我国东北方的鄂霍次克海的水汽随东北风来到东北地区，对该地区降水起着相当大的作用。

综上所述，我国水汽主要由东南和西南方向输入，水汽输出口主要是东部沿海。输入的水汽，在一定条件下凝结、降水成为径流。其中大部分经东北的黑龙江、图们江、绥芬河、鸭绿江、辽河，华北的深河、海河、黄河，中部的长江、淮河，东南沿海的钱塘江、闽江，华南的珠江，西南的元江、澜沧江以及台湾各河注入太平洋；少部分经怒江、雅鲁藏布江等流入印度洋；还有很少一部分经额尔齐斯河注入北冰洋。

一个地区的河流，其径流量的大小及其变化，取决于所在的地理位置，及在水文循环路线中外来水汽输送量的大小及季节变化，也受当地蒸发水汽形成的“内部降水”的多少所控制。因此，要认识一条河流的径流情势，不仅要研究本地区的气候及自然地理条件，也要研究其在大区域内水文循环途径中所处的地位。

（2）中国主要水文循环系统：

根据水汽来源不同，我国主要有五个水文循环系统。

①太平洋水文循环系统：我国的水汽主要来源于太平洋。海洋上空潮湿的大气在东南季风与台风的影响下，大量的水汽由东南向西北方向移动，在东南沿海地区形成较多的降雨，越向西北降水量越少。我国大多数河流自西向东注入太平洋，形成太平洋水文循环系统。

②印度洋水文循环系统：来自西南方向的水汽也是我国水资源的重要来源之一。夏季主要是由于印度洋的大量水汽随着西南季风进入我国西南地区，也可进入中南、华东以至河套以北地区。但是由于高山的阻挡，水汽很难进入内陆腹地。另外，来自印度洋的是一股深厚、潮湿的气流，它是我国夏季降水的主要来源。由印度洋输入的水汽形成的降水，一部分通过我国西南地区的一些河流，如雅鲁藏布江、怒江等汇入印度洋，另一部分则参与了太平洋的水文循环。

③北冰洋水文循环系统：除前述北冰洋水汽经西伯利亚、蒙古进入我国西北外，有时可通过两湖盆地直到珠江三角洲地区，只是含水汽量少，引起的降水量不大。

④鄂霍次克海水文循环系统：在春季和夏季之间，东北气流把鄂霍次克和日本海的湿冷空气带入我国东北北部，对该区降水影响很大，降水后由黑龙江汇入鄂霍次克海。

⑤内陆水文循环系统：我国新疆地区，主要是内陆水文循环系统。大西洋少量的

水汽随西风环流东移，也能参与内陆水文循环。

此外，我国华南地区除受东南季风和西南季风影响外，还受热带辐合带的影响，把南海的水汽带到华南地区形成降水，并由珠江汇入南海。

1.2　水资源的含义

何谓资源?《辞海》对资源的解释是："资财的来源，一般指天然的财源。"联合国环境规划署对资源的定义是："所谓资源，特别是自然资源是指在一定时期、地点条件下能够产生经济价值，以提高人类当前和将来福利的自然因素和条件。"按《大英百科全书》的定义是："人类可以利用的、天然形成的物质及其形成的环境——。"按《中国资源科学百科全书》的定义是："人类可以利用的天然形成的物质与能量。"按《资源科学》的定义是："各种有用的自然物。"广义上，人类在生产、生活和精神上所需求的物质、能量、信息、劳力、资金和技术等"初始投入"均可称为"资源"；狭义上，一定时间条件下，能够产生经济价值以提高人类当前和未来福利的自然因素的总称被称为"资源"。

资源的内涵和外延在不断地扩展、深化，不仅仅指可用于人类生产和生活部分的自然资源，还包括能给予人类精神享受的自然环境部分；资源是一切可被人类开发和利用的客观存在。实际上，资源的本质特性体现在其"可利用性"。毫无疑问，不能被人类所利用的不能称为资源。

水是一种重要的资源。水是人类及一切生物赖以生存的不可缺少的重要物质，也是工农业生产、经济发展和环境改善不可替代的极为宝贵的自然资源，同土地、能源等构成人类经济与社会发展的基本条件。

水资源（Water Resources）的概念随着时代的进步，其内涵也在不断地丰富和发展。较早采用这一概念的是美国地质调查局（USGS）。1894年，该局设立了水资源处，其主要业务范围是对地表河川径流和地下水的观测。此后，随着水资源研究范畴的不断拓展，要求对"水资源"的基本内涵给予具体的界定。《大不列颠大百科全书》将水资源解释为"全部自然界任何形态的水，包括气态水、液态水和固态水的总量"，这一解释赋予了"水资源"十分广泛的含义。1963年英国的《水资源法》把"水资源"定义为："（地球上）具有足够数量的可用水。"在水环境污染并不突出的特定条件下，这一概念赋予水资源比《大不列颠大百科全书》的定义更为明确的含义，强调了其在量上的可利用性。联合国教科文组织（UNESCO）和世界气象组织（WMO）共同制订的《水资源评价活动》中，定义"水资源"为："可以利用或有可能被利用的水源，具有足够数量和可用的质量，并能在某一地点为满足某种用途而可被利用。"这一定义的核心主要包括两个方面，其一是应有足够的数量，其二是强调了水资源的质量。有"量"无"质"，或有"质"无"量"均不能称之为水资源。这一定义比英国《水资源法》中对"水资源"的定义具有更为明确的含义，不仅考虑了水的数量，同时还规定其必须具备质量的可利用性。1988年8月1日颁布实施的《中华人民共和国水法》将“水资源”认定为“地表水和地下水”。《环境科学词典》（1994）定义水资源为“特定时空下可利用的水，是可再利用资源，不论其质与量，水的可利用性是有限制条件的”。《中国大百科全书》在不同的卷册中对水资源也给予了不同的解释，如在大气科学、海洋科学、水文科学卷中，水资源被定义为“地球表层可供人类利用的水，包括水量（水质）、水域和水能资源，一般指每年可更新的水量资源”；在水利卷中，水资源被定义为“自然界各种形态（气态、固态或液态）的天然水，并将可供人类利用的水资源作为供评价的水资源”。

引起对水资源的概念及其内涵具有不尽一致的认识与理解的主要原因在于：水资源是一个看似简单却又非常复杂的概念。它的复杂内涵表现在：水的类型繁多，具有运动性，各种类型的水体具有相互转化的特性；水的用途广泛，不同的用途对水量和水质具有不同的要求；水资源所包含的“量”和“质”在一定条件下是可以改变的；更为重要的是，水资源的开发利用还受到经济技术条件、社会条件和环境条件的制约。

综上所述，水资源可以被理解为是人类长期生存、生活和生产活动中所需要的各种水，既包括数量和质量含义，又包括其使用价值和经济价值。一般认为，水资源的概念具有广义和狭义之分。

狭义上的水资源是指一种可以再生的（逐年可得到恢复和更新），参与自然界水文循环的，在一定的经济技术条件下能够提供人类连续使用（不断更新、又不断供给使用），总是变化着的淡水资源。

广义上的水资源是指在一定的经济技术条件下能够直接或间接使用的各种水和水中物质，在社会生活和生产中具有使用价值和经济价值的水都可被称为水资源。广义上的水资源强调了水资源的经济、社会和技术属性，突出了社会、经济和技术发展水平对于水资源开发利用的制约与促进。

在当今的经济技术发展水平下，进一步扩大了水资源的范畴，原本造成环境污染的量大面广的工业和生活污水构成水资源的重要组成部分，弥补水资源的短缺，从根本上解决长期困扰国民经济发展的水资源短缺问题；在突出水资源实用价值的同时，强调水资源的经济价值，利用市场理论与经济杠杆调配水资源的开发与利用，实现经济、社会与环境效益的统一。

鉴于水资源的固有属性，本书所论述的“水资源”主要限于狭义水资源的范围，即与人类生活和生产活动、社会进步息息相关的淡水资源。

1.3 我国水资源的形成

降水是水文循环的重要环节。我国降水的时空分布主要受上述五个主要的水文循环系统及其变化的控制，再加上诸多小循环的参与。降至地面的水，一部分产生地表径流汇入河川、湖泊或水库形成了地表水，一部分渗入到地下贮存并运动于岩石的孔隙、裂隙或岩溶孔洞中，形成了地下水，还有一部分靠地球表面的蒸发（陆面蒸发）返回到大气中，以汽态的形态参与向大陆的输送。人们看到的滔滔不息的江河是地表水汇流的结果，而潺潺不断的涌泉则是地下水的天然露头，它们都是水循环过程中必然产生的自然现象。

在我国，降水是形成地表水和地下水的主要来源。因此，水资源的时空分布与降水的时空分布关系极为密切。降水多的地区水资源丰富，降水少的地区水资源缺乏，显示出水资源自东向西、自南向北由多变少的趋势。

河流是水循环的途径之一。降水落到地表后，除了满足下渗、蒸发、截蓄等损失外，多余的水量即以地面径流（又称漫流）的形式汇集成小的溪涧，再由许多溪涧汇集成江河。渗入土壤和岩土中的水分（其中一小部分水被蒸发到大气中）成了地下水，贮存于地下岩石的孔隙、裂隙和岩溶之中，并以地下径流的形式，非常缓慢地流向低处或直接进入河谷，或溢出成泉，逐渐汇入江河湖泊，参与了自然界的水分循环。

1.4　水量平衡

根据物质不灭定律，对任一区域，在给定的时段内，收入的水量和支出的水量之差额必定等于该区域内的蓄水变量，这就是水量平衡原理，依此原理可列出地球的水量平衡方程式。

水量平衡方程式是水文科学中广泛应用的极其重要的基本方程之一，它可以用来定量描述水循环要素间的相互关系和作用，由某些已知要素推断未知要素，或用来校核水文计算成果，对计算成果进行合理性分析等。

就多年平均情况而言，地球上海洋系统和陆地系统的蓄水变化都可看作为零，因此海洋系统的多年平均水量平衡方程式为：

$$\bar{E}_s = \bar{P}_s + \bar{R} \tag{1-1}$$

陆地系统的多年平均水量平衡方程式为

$$\bar{E}_l = \bar{P}_l - \bar{R} \tag{1-2}$$

式中　$\bar{E}_s$、$\bar{E}_l$——分别为海洋和陆地的多年平均年蒸发量，mm；

$\bar{P}_s$、$\bar{P}_l$——分别为海洋和陆地的多年平均年降水量，mm；

$\bar{R}$——从陆地注入海洋的多年平均年径流量，mm。

将以上两式相加，得到全球的多年平均水量平衡方程为

$$\bar{E}_s + \bar{E}_l = \bar{P}_s + \bar{P}_l \tag{1-3}$$

上式表明全球的多年平均年蒸发量等于全球的多年平均年降水量。

1.5　水资源概况及特点

1.5.1　地球水资源概况

水是地球上最丰富的一种化合物。全球约有 3/4 的面积覆盖着水，地球上的水总体积约有 13.86 亿 km^3，其中 96.5%分布在海洋，淡水只有 3 500 万 km^3 左右。若扣除无法取用的冰川和高山顶上的冰冠，以及分布在盐碱湖和内海的水量，陆地上淡水湖和河流的水量不到地球总水量的 1% 。

降落到地上的雨、雪水，2/3 左右为植物蒸腾和地面蒸发所消耗，可供人们用于生活、生产的淡水资源每人每年约 1 万 m^3。地球虽然有 70.8%的面积为水所覆盖，但淡水资源却极其有限。在全部水资源中，97.5%是咸水，无法饮用。在余下的 2.5%的淡水中，有 87%是人类难以利用的两极冰盖、高山冰川和永冻地带的冰雪。人类真正能够利用的是江河湖泊以及地下水中的一部分，仅占地球总水量的 0.25%左右，而且分布不均。约 65%的水资源集中在不到 10 个国家，而约占世界人口总数 40%的 80 个国家和地区却严重缺水。世界各国和地区由于地理环境不同，拥有水资源的数量差别很大。按水资源量大小排队，前几名依次是：巴西、俄罗斯、加拿大、美国、印度尼西亚、中国、印度。若按人口平均，就是另一种结果了。世界各大洲水资源分布状况见表 1-2。

随着经济的不断发展，人们对淡水的需求不断增加，预测“2025 年，淡水资源紧缺将成为世界各国普遍面临的严峻问题”。

表 1-2　世界各大洲水资源分布状况

地区	面积/$10^4 km^2$	年降水量		年径流量		径流系数	径流模数
		mm	km^3	mm	km^3		L/（s·km^2）
欧洲	1 050	789	8 290	306	3 210	0.39	9.7
亚洲	4 347.5	742	32 240	332	14 410	0.45	10.5
非洲	3 012	742	22 350	151	4 750	0.20	4.8
北美洲	2 420	756	18 300	339	8 200	0.45	10.7
南美洲	1 780	1 600	28 400	660	11 760	0.41	21.0
大洋洲①	133.5	2 700	3 610	1 560	2 090	0.58	51.0
澳大利亚	761.5	456	3 470	40	300	0.09	1.3
南极洲	1 398	165	2 310	165	2 310	1.0	5.2
全部陆地	14 900	800	119 000	315	46 800	0.39	10.0

注：①不包括澳大利亚，但包括塔斯马尼岛、新西兰岛和伊里安岛等岛屿。

1.5.2　水资源的作用及特点

（1）水资源的作用

水资源有许多自然特性和独特功能，如水能溶解多种物质，它能溶解植物所需的各种营养物质、盐类，并通过土壤的毛细管作用，被植物的根系吸收，供植物生长，水是植物生长的必要因素。植物又提供了人类和许多动物成长的必要条件，共同组成了地球上庞大的生物链。有了水，地球上万物生长，沙漠变良田，大自然郁郁葱葱。从这个意义上讲，水是其他资源无法替代的。概括起来，水有三种重要作用，即维持人类生命的作用，维持工农业生产的作用和维持良好环境的作用。也就是说，水是生命的源泉，农业的命脉，工业的血液，构成优美环境的基本要素。

（2）水资源的主要特点

同其他矿产资源（如有色金属、非金属、矿、天然气、石油、地热等）比较，水资源是动态资源和人类永续使用的特殊性这两个方面，体现了其自身独具的特点。水资源包括地表水资源和地下水资源，它们既有共性又有异性，下面讲的是它们的共同特点。

①可恢复性

自然条件下，水资源在水文循环及其他因素的综合影响下，处于不断地运动和变化之中，其补给和消耗形成了某种天然平衡状态。在人类开发利用条件下，水资源不断地被开采与消耗，天然平衡状态被破坏。从年内看，雨季水资源得到补充，以满足年内对水资源的需要；年际间有丰水年和干旱年，干旱年的用水大于补给，而丰水年则相反，多余的水可以填补干旱年的缺水，水资源获得周期性的补给与恢复其原有水量的特征，称为可恢复性。因此，只要开发利用得当，被消耗的水资源可以得到补充，形成开发利用条件下新的平衡状态。

②时空变化性

水资源主要受大气降水的补给，由于年际和年内变化较大，水资源随时间的变化比较突出，并且地表水最明显，而地下水次之；另外，由于降水地区分布不均，造成了水资源地区分布不均，导致了水、土资源组合的不合理，水资源丰、欠地区差异很大。上述水资源在时间和空间上的变化，给人类利用水资源带来了一系列问题，进而使人们认识了水资源时空变化的特点，设法通过对各类水资源量、水质的监测系统和多年监测的定量观察记载等信息，掌握其变化规律，指导人们对水资源的合理开发利用。

③有限性

一个地区的降水量是有限的，比如我国多年平均降水量是 648mm，海南省多年平均降水量 1 800mm，北京多年平均降水量是 625mm。由于降至地面的水还要蒸发消耗和被植物吸收，不可能全部截留，因此，降水量多是一个地区水资源的极限数量，而事实是水资源量远远达不到这个数字，这就说明，它不是取之不尽用之不竭的。既然极限量（降水）本身是有限的，那么，水资源的有限性是不言而喻的。我们千万不能只看到地表水、地下水参与了自然界的水循环，因为水循环是无限的，就错误地认为水资源是无限的。确切的表达应该是，水循环是无限的，但水资源却是有限的，只有在一定数量限度内取用才可以连续取用，否则就有枯竭的危险。

④“利”“害”两重性

人类开发利用水资源主要目的是为了满足人们的某种或多种需要，即所谓“兴利”；但是，开发利用不当地会造成许多危害，如沿海地区大量开发地下水造成海水倒灌，在湖沼相地层大量开采地下水导致严重的地面沉降，大城市过量开发地下水导致水质恶化、污染加剧等水质公害，甚至有因超量开采，降落漏斗扩大，地面发生沉降不均而造成建筑物的破坏等人为灾害。事实上，灌溉得当，农业可以增产；筑坝建库可用于防洪、发电、养殖、航运，减少灾害，振兴经济；水可以使生态环境向有利于人类的方向发展，形成良性循环；水对人类来讲是赖以生存的宝贵资源，有利面是显而易见的，但客观上也存在着有害的一面，如水过多可能造成洪涝之灾，地下水位过高，可能使农业减产、厂房、地下工程建筑被水浸没等水害。因此，我们要认识水资源具有“利”与“害”的两重性，尽力做好化害为利的工作。

⑤相互转换性

地表水资源与地下水资源的相互转换是一种客观存在。水在重力和毛细力作用下，总是“无孔不入”，这样，在天然状态下，河道常常是地下水的排泄出路，即地下水可以变成地表水。实际资料表明，如河道受潜水补给，则枯水流量变化较大，如果受承压水补给，则枯水流量比较稳定。地表水在某些时期，某些河段也会补给地下水，例如汛期中河流的中下游就是如此，而在其他时段这种补给关系有可能相反。只有在那些所谓“地上河”的河段，地表水才常年补给地下水。应当说明，在人类活动影响下，这种转换关系往往发生较大的变化。据现有的研究成果，这种转换关系常常不是一对一的。这一点十分重要，它给人们开发利用水资源提供了有利条件。

⑥利用的多样性

水资源是被人类在生产和生活活动中广泛利用的资源，不仅被广泛应用于农业、工业和生活，还用于发电、水运、水产、旅游和环境改造等。在各种不同的用途中，消费性用水与非常消耗性或消耗很小的用水并存。用水目的不同对水质的要求各不相同，使得水资源表现出一水多用的特征。

⑦不可取代性

没有水就没有生命，人类的生息繁衍及工农业建设，没有一处能离开水。成人体内含水量占体重的66％，哺乳动物含水量为60％～68％，植物含水量为75％～90％ 。每个人都直接感受到，水在维持人类和生态环境方面是任何其他资源替代不了的。水资源对人类社会的不可取代性说明其在当今社会中的地位比能源和其他任何一种矿产资源、生物资源等更为重要。

1.5.3　地表水与地下水的主要区别

地表水和地下水，虽然都来自大气降水的补给，相互联系又相互转化，有许多相似之处，但它们仍有许多不同，我们只有认识了这些不同才便于因地制宜合理开发水资源。

地表水和地下水赋存在两个显著不同的环境。前面已经提到，地表水是在地表以上的江河、湖泊里，水资源量的大小主要受流域降水补给的控制；而地下水存在于地下岩层里，地下水资源除受降水补给外，还受地质构造、岩性、补给排泄等水文地质条件的制约，况且它又是隐伏于地下的水资源，两者在动态变化上和外部表现上也必然有显著不同。

地表水汇集快，常常量大，变化大，如洪水暴发来势猛；地下水渗流比较缓慢，流量稳定，即使天然流出的“泉”，流量也比较小，流速低且稳定，水质好，多宜饮用。存在于地下岩层的水常常成为一个地区优质的地下蓄水体，为不少缺水地区解决用水困难。

正是由于地表水与地下水赋存在两个显著不同的环境，探明和认识它们的时空分布规律的方法也根本不同。由于人们直接接触地表水，看得见，摸得着，所以即使非专业人员也会注意到河、湖水的水质、水量是随时间、空间的变化而变化，同时，也直观地了解到这种变化是由降水多寡造成的，特别是对水、旱灾的危害感受很深。同样原因，人们一般对开发、保护、管理等一系列问题能够有一定的理解，何况在治水、地表水的监测、调蓄、引水灌溉等方面，祖先已给我们遗留下许多宝贵经验，地表水为人类造福几千年尽人皆知。与此相反，除水文地质专业人员外，一般人对地下水的科学了解较少。因为要了解是否有地下水存在，常需经过勘察、评价和监测等技术和投入，所以，常常有许多连吃水都成问题的地区，地下蓄水构造蕴藏着丰富的地下水，而在那里地表上生息的人们却不知情。这就是说，开发利用地下水，首先要探查，然后才能开发，建立供水水源地的一整套设施，以实现向工矿企业或居民供水。人们对地下水的开发利用、保护、管理等方面的了解，远比地表水少得多，在地下水方面产生的问题不仅多，而且难以解决。

另外地表水与地下水还有一点不同，就是在许多地区人们愿意饮用甘甜清凉的地下水，这是因为雨水下渗过程中地层本身对杂质有自然净化作用，常常水质好，受人类活动影响不太直接，所以不易被污染。而地表水直接由地面汇流于江河，携带许多杂质，又易直接受人类活动影响，最易受污染。但是，还应特别指出，地下水与地表水相比虽不易受污染，一旦地下水被污染，却很难治理。

1.6 中国水资源量概况

据统计，我国多年平均降水量约 6 190km^3，折合降水深度为 648mm，与全球陆地降水深度 800mm 相比低 20%。我国水资源总量为 2 788 km^3，水资源可利用量 8 140 亿 m^3，仅占水资源总量的 29%。仅次于巴西、俄罗斯、加拿大、美国、印度尼西亚；人均占有水资源量仅为 2 173 m^3，不足于世界人均占有量的 1/4，美国的 1/6，俄罗斯和巴西的 1/12，加拿大的 1/50。排在世界的 121 位。从表面看，我国淡水资源相对比较丰富，属于丰水国家。但我国人口基数和耕地面积基数大，人均和亩均量相对较小，已经被联合国列为 13 个贫水国家之一。联合国规定人均 1 700 m^3 为严重缺水线，人均 1 000m^3 为生存起码标准。

我国水资源地区分布不匀，主要是水资源的分布与人口、耕地的分布不相适应 。从全国来讲，多半地区降水量低于全国年平均降水，仅为世界年平均的 4/5，其中有 40% 的国土降水量在 400mm 以下。客观上又存在南、北方的差异，南方水多（水资源量占全国的 54.7%）地少（耕地占 35.9%），北方则人多地多，水资源量却不到全国的 1/5 。这种地理分布上的特点，为南水北调的跨流域调水工程提供了资源条件，即可用调水的办法解决水资源在地区上的重新分配问题。另外，我国水资源在时间上具有鲜明的年际变化和年内变化，历史上连丰与连枯年的出现，以及全国夏季降水多集中 6 月至 9 月，占全年 60%～80%之多，一年内水资源主要补给期当然也是这个时期，这种特点要求人类兴建水利工程，去拦蓄和调节水资源，如兴建地面或地下水库，实行水资源地上与地下联合调蓄，解决水资源在时间上的重新分配问题。由此可见，研究水资源的时空分布规律及其特点，对人类改造自然 ，除弊兴利，改造水资源条件，具有重要的现实意义。

我国水资源的天然水质相当好，但人为污染发展很快，水质下降，水源保护问题十分紧迫。我国河流的天然水质是相当好的，矿化度大于 1g/L 的河水分布面积仅占全国面积的 13.4%，而且主要分布在我国西北人烟稀少的地区。但由于人口不断增长和工业迅速发展，废污水的排放量增量很快，水体污染日趋严重。人口密集、工业发达的城市附近，河流污染比较严重。一些城市的地下水也受到了污染，北方城市较为严重。因此，治理污染源，保护重点供水系统的水源，提高水质监测水平，已成为当前迫切的任务。我国涵养水源的森林覆盖率低，水土流失严重，河流水库的泥沙问题比较突出。

1.7　山东水资源概况

山东省位于北纬 34°20′～38 °30′ 和东经 114°45′～122°45′，总面积 15.67 万 km^2。大气降水是山东地区地表水、地下水资源的补给来源。全省多年平均年当地水资源总量 303.07 亿 m^3。人均、地均水资源占有量均仅为全国平均数的 1/6，是缺水省份。由于山东的降水量时空变化较大，因此，水资源量在时间和空间上分布很不均匀，这一特点造成了山东水旱自然灾害频繁发生，同时也给水资源的开发利用带来很大困难。根据《山东省水资源综合规划》，山东省降水量、蒸发量、径流量、地表水资源量如下：

（1）降水量

大气降水是地表水、土壤水和地下水的主要补给来源。一个区域降水量大小及其时空变化特点对该区域水资源量大小及其时空变化特征有着极大的影响。

全省 1956—2000 年平均年降水总量为 1 060 亿 m^3，相当于地面平均年降水量 679.5mm。

由于受地理位置、地形等因素的影响，山东省年降水量在地区分布上很不均匀。1956—2000 年平均年降水量从鲁东南的 850mm 向鲁西北的 550mm 递减，等值线多呈西南一东北走向。600mm 等值线自鲁西南菏泽市的鄄城，经济宁市的梁山、德州市的齐河、滨州市的邹平、淄博市的临淄、潍坊市的昌邑、烟台市的莱州、龙口至蓬莱县的东部。该等值线西北部大部分是平原地区，多年平均年降水量均小于 600mm；该等值线的东南部，均大于 600mm，其中崂山、泰山和昆嵛山由于地形等因素影响，其年降水量达 1 000mm 以上。

根据山东省各地年降水量的分布，按照全国年降水量五大类型地带划分标准，山东省除日照市绝大部分地区、临沂市中南部、枣庄市东南部、青岛市崂山水库上游及泰山、昆嵛山附近的局部地区多年平均年降水量在 800mm 以上为湿润带外，其他地区均为过渡带。

降水量的年际变化可从变化幅度和变化过程两个方面来分析。从多年平均年降水量的变差系数来看，全省各地降水量的年际变化较大，C_V 值一般为 0.20～0.35。全省 C_V 值总的变化趋势为由南往北递增、山区小于平原。鲁北平原区和胶莱河谷平原区的 C_V 值一般都大于 0.30；沂蒙山、五莲山区及其南部地区 C_V 值一般都小于 0.25。

山东省年降水量的多年变化过程具有明显的丰、枯水交替出现的特点，连续丰水年和连续枯水年的出现十分明显。

（2）蒸发能力

山东省 1980—2000 年平均年蒸发量在 900～1 200mm，总体变化趋势是由鲁西北向鲁东南递减。鲁北平原区的武城、临清和庆云、无棣两地，以及泰沂山北的济南、章丘、淄博一带是全省的高值区，年蒸发量在 1 200mm 以上。泰沂山南的徂徕山、莲花山一带是低值区，年蒸发量低于 1 100mm。鲁东南的青岛、日照、郯城一带是全省年蒸发量最小地区，在 900mm 左右。

（3）地表水资源量：

山东省 1956—2000 年水资源分区天然径流量见表 1-3。就多年平均年径流深而言，全省各水资源三级区中沂沭河区年径流深最大，为 262.8mm；徒骇马颊河区最小，仅为 43.7mm。年径流深大于 200mm 的分区有沂沭河区、中运河区、日赣区和胶东半岛区；年径流深小于 100mm 的分区有徒骇马颊河区、黄河干流区、湖西区和小清河区。就多年平均年径流量而言，沂沭河区年径流量最大为 451 647 万 m³；黄河干流区最小为 11 807 万 m³。

山东省 1956—2000 年各地级行政区天然径流量见表 1-4。

由表 1-4 可知，对 1956—2000 年系列，就多年平均年径流深而言，全省各地级行政区中临沂年径流深最大，为 267.0mm；聊城年径流深最小，为 31.9mm。年径流深大于 200mm 的地级行政区有临沂、威海、日照、枣庄；年径流深小于 100mm 的地级行政区有聊城、德州、东营、滨州、菏泽、济宁和潍坊。就多年平均年径流量而言，临沂年径流量最大，为 458 904 万 m³；聊城年径流量最小，仅为 27 394 万 m³。

表 1-3 山东省 1956—2000 年水资源分区天然年径流量表

水资源区名称				统计参数				不同频率天然年径流量/万 m³			
				年均值/万 m³	年均值/mm	C_v	C_s/C_v	20%	50%	75%	95%
淮河流域及山东半岛	沂沭泗河区	湖东区		134 594	116.2	0.60	2.0	193 789	118 847	75 238	34 214
		湖西区		87 583	56.5	0.55	2.0	123 471	78 913	52 226	25 925
		中运河区		106 667	257.7	0.55	2.0	150 374	96 107	63 606	31 573
		沂沭区		451 647	262.8	0.54	2.0	634 028	408 528	272 730	137 615
		日赣区		66 928	252.9	0.60	2.0	96 363	59 097	37 413	17 013
		小计		847 420	166.0	0.58	2.0	1 210 051	7 547 22	486 165	229 010
	山东半岛沿海诸河	小清河区		114 627	75.8	0.75	2.0	174 033	93 994	51 611	17 395
		山东半岛沿海诸河	潍弥白浪区	151 191	118.2	0.74	2.0	228 815	124 653	69 137	23 803
			胶莱大沽区	104 245	101.8	1.18	2.0	171 235	61 561	20 033	1 975
			胶东半岛区	404 942	201.4	0.69	2.0	602 708	342 857	199 576	76 468
			独流入海区	46 295	165.8	0.85	2.0	72 267	35 749	17 687	4 741
		小计		821 300	134.5	0.82	2.0	1 271 580	646 469	330 074	94 900
	合计			1 668 720	148.9	0.60	2.0	2 402 623	1 473 480	932 815	424 189
黄河流域	花园口以下	大汶河区		166 841	146.1	0.74	2.0	252 499	137 556	76 294	26 267
		黄河干流		11 807	53.4	1.04	2.0	19 118	7 919	3 123	488
		小计		178 648	131.0	0.88	2.0	280 866	135 227	64 734	16 030
海河流域	徒骇马颊河区	徒骇马颊河区		135 222	43.7	1.16	2.0	221 839	81 420	27 273	2 866
全省合计				1 982 591	126.5	0.60	2.0	2 854 534	1 750 628	1 108 268	503 975

表 1-4　山东省 1956—2000 年各地市天然年径流量表

地级行政区	统计参数				不同频率天然年径流量/万 m^3			
	年均值/万 m^3	年均值/mm	C_v	C_s/C_v	20%	50%	75%	95%
济南市	81 953	100.5	0.80	2.0	126 174	65 340	34 084	10 333
青岛市	139 101	130.5	0.99	2.0	223 461	97 154	40 886	7 478
淄博市	76 140	128.2	0.71	2.0	114 100	63 803	36 428	13 388
枣庄市	101 948	224.1	0.58	2.0	145 574	90 796	58 488	27 551
东营市	42 736	53.9	0.88	2.0	67 160	32 391	15 542	3 869
烟台市	249 314	181.4	0.69	2.0	371 074	211 090	122 874	47 079
潍坊市	154 360	97.3	0.86	2.0	241 550	118 412	57 957	15 132
济宁市	90 664	80.3	0.59	2.0	129 948	80 439	51 414	23 840
泰安市	97 604	125.7	0.82	2.0	151 116	76 827	39 226	11 278
威海市	134 846	248.1	0.69	2.0	200 703	114 172	66 459	25 464
日照市	128 607	242.2	0.65	2.0	188 504	111 203	67 448	28 078
莱芜市	37 996	169.3	0.69	2.0	56 592	32 139	18 671	7 126
临沂市	458 904	267.0	0.53	2.0	640 080	417 465	282 306	145 943
德州市	42 941	41.5	1.28	2.0	70 786	22 857	6 390	442
聊城市	27 394	31.9	1.26	2.0	45 141	14 938	4 325	324
滨州市	55 978	59.2	1.01	2.0	90 218	38 485	15 791	2 708
菏泽市	62 103	50.8	0.56	2.0	87 854	55 788	36 656	17 946
全 省	1 982 591	126.5	0.60	2.0	2 854 534	1 750 628	1 108 268	503 975

主要河流天然径流量：全省选定了大汶河、小清河、潍河、弥河、沂河、沭河、大沽河、五龙河、大沽夹河共九条主要河流进行天然年径流量的计算。山东省 1956—2000 年各主要河流地表水资源量见表 1-5。

表 1-5　山东省 1956—2000 年各主要河流地表水资源量表

河名	年径流量统计参数				不同保证率天然年径流量/万 m^3			
	均值/万 m^3	均值/mm	$C_{v适}$	C_s/C_v	20%	50%	75%	95%
大沽河	55 818	120.5	1.07	2.00	90 756	36 472	13 813	1 947
大沽夹河	40 914	178.2	0.72	2.00	61 516	34 097	19 286	6 931
大汶河	139 097	162.9	0.71	2.00	208 656	116 370	66 254	24 188
弥河	39 794	176.1	0.88	2.00	62 563	30 122	14 419	3 571
沭河	152 121	264.7	0.54	2.00	213 549	137 597	91 859	46 351
潍河	93 374	146.7	0.74	2.00	141 314	76 984	42 699	14 700
五龙河	54 270	193.4	0.75	2.00	82 395	44 501	24 435	8 235
小清河	90 020	83.6	0.75	2.00	136 500	73 978	40 785	13 864
沂河	281 790	266.5	0.60	2.00	405 721	248 820	157 521	71 631

山东省九条主要河流的年径流深和年径流量的差别都比较大。沂河多年平均年径流深最大，为 266.5mm；沭河次之，为 264.7mm；小清河最小，为 83.6mm。年径流量以沂河最大，达 28.2 亿 m^3；其次为沭河，为 15.2 亿 m^3。年径流量超过 10.0 亿 m^3

的河流还有大汶河，为 13.9 亿 m^3。

山东省 1956—2000 年平均年径流深 126.5mm（年径流量为 198.3 亿 m^3）。年径流深的分布很不均匀，从全省 1956—2000 年平均年径流深等值线图上可以看出：总的分布趋势是从东南沿海向西北内陆递减，等值线走向多呈西南—东北走向。多年平均年径流深多在 25～300mm。鲁北地区、湖西平原区、泰沂山以北及胶莱河谷地区，多年平均年径流深都小于 100mm。其中鲁西北地区的武城、临清、冠县一带是全省的低值区，多年平均年径流深尚不足 25mm。鲁中南及胶东半岛山丘地区，年径流深都大于 100mm，其中蒙山、五莲山、崂山及枣庄东北部地区，年径流深达 300mm 以上，是山东省径流的高值区。高值区与低值区的年径流深相差 10 倍以上。

根据全国划分的五大类型地带，山东省大部分地区属于过渡带，少部分地区属于多水带和少水带。

全国按年径流深多寡划分的五大地带是：

①丰水带：年径流深在 1 000mm 以上，相当于降水的十分湿润带；

②多水带：年径流深在 300～1 000mm，相当于降水的湿润带；

③过渡带：年径流深在 50～300mm，相当于降水的过渡带；

④少水带：年径流深在 10～50mm，相当于降水的干旱带；

⑤干涸带：年径流深在 10mm 以下。

山东省年径流深 50mm 等值线自鲁西南的定陶向东北，经茌平、禹城、商河、博兴、广饶，从寿光北部入海。此等值线的西北部年径流深小于 50mm，属于少水带；蒙山、五莲山、枣庄东北部及崂山地区年径流深在 300mm 以上，属于多水带。山东省的其他地区径流深在 50～300mm，属于过渡带。

（4）地下水资源量

①平原区地下水资源量：

平原区地下水资源量是指与当地降水和地表水体有直接补排关系的动态水量。重点是矿化度 $M\leqslant 2g/L$ 的浅层淡水，以 1980—2000 年多年平均地下水资源量作为近期条件下的多年平均地下水资源量。平原区采用补给量法计算地下水资源量。平原区地下水各项补给量包括降水入渗补给量、河道渗漏补给量、灌溉入渗补给量（引黄、引河、引湖、引库）、山前侧渗补给量、平原水库渗漏补给量、人工回灌补给量、井灌回归补给量。

全省平原淡水区（$M\leqslant 2g/L$）多年平均降水入渗补给量为 645 643 万 m^3/a；多年平均降水入渗补给模数为 11.6 万 $m^3/(km^2\cdot a)$。

全省平原淡水区（$M\leqslant 2g/L$）多年平均河道渗漏补给量为 21 356 万 m^3/a。

全省多年平均黄河侧渗补给总量为 25 483 万 m^3/a，平均单宽侧渗补给量为 29.9 万 m^3/km，其中淡水区（$M\leqslant 2g/L$）多年平均黄河侧渗补给量为 21 314 万 m^3/a。

全省平原淡水区（$M\leqslant 2g/L$）多年平均引黄灌溉入渗补给量为 116 537 万 m^3/a。

全省平原淡水区（$M\leqslant 2g/L$）引黄平原水库多年平均渗漏补给量为 1 682 万 m^3/a。

黄河侧渗补给量、引黄灌溉入渗补给量、引黄平原水库渗漏补给量均属跨水资源一级区调水形成的补给量。全省平原淡水区（$M\leqslant 2g/L$）跨水资源一级区调水形成的多年平均补给量为 139 533 万 m^3/a。

全省平原淡水区（$M \leqslant 2g/L$）引河、库、湖多年平均灌溉入渗补给量为40 297万m^3/a。

全省平原淡水区（$M \leqslant 2g/L$）多年平均人工回灌补给量为25 546万m^3/a。

省内河道渗漏补给量、引河、库、湖灌溉入渗补给量、人工回灌补给量均为本水资源一级区内引水形成的补给量。全省平原淡水区（$M \leqslant 2g/L$）本水资源一级区内引水形成的多年平均补给量为87 199万m^3/a。

跨水资源一级区调水形成的补给量、本水资源一级区内引水形成的补给量两者之和为平原区地表水体补给量。全省平原淡水区（$M \leqslant 2g/L$）多年平均地表水体补给量为226 732万m^3/a。

全省平原淡水区（$M \leqslant 2g/L$）多年平均山前侧向补给量为33 208万m^3/a。

全省平原淡水区（$M \leqslant 2g/L$）多年平均井灌回归补给量为54 360万m^3/a。

均衡计算区内近期条件下（1980—2000年）多年平均各项补给量之和为多年平均地下水总补给量，多年平均总补给量扣除井灌回归补给量为近期条件下多年平均地下水资源量。

全省平原淡水区（$M \leqslant 2g/L$）多年平均地下水总补给量为959 942万m^3/a，多年平均总补给模数为17.3万$m^3/(km^2 \cdot a)$；扣除井灌回归补给量54 360万m^3/a，多年平均地下水资源量为905 582万m^3/a，多年平均地下水资源模数为16.3万$m^3/(km^2 \cdot a)$。其中，降水入渗补给量占多年平均地下水总补给量的67.3%，占多年平均地下水资源量的71.3%；山前侧渗补给量、地表水体补给量、井灌回归补给量分别占多年平均地下水总补给量的3.4%、23.6%、5.7%。按水资源分区，胶东半岛区多年平均总补给模数最大为24.2万$m^3/(km^2 \cdot a)$，多年平均资源模数为21.5万$m^3/(km^2 \cdot a)$；胶莱大沽区多年平均总补给模数最小为13.1万$m^3/(km^2 \cdot a)$，多年平均资源模数为12.0万$m^3/(km^2 \cdot a)$。按行政分区，淄博市多年平均总补给模数最大为25.3万$m^3/(km^2 \cdot a)$，多年平均资源模数为22.5万$m^3/(km^2 \cdot a)$；青岛市多年平均总补给模数最小为14.9万$m^3/(km^2 \cdot a)$，多年平均资源模数为13.5万$m^3/(km^2 \cdot a)$。

②山丘区地下水资源量

山东省山丘区地形、地貌、地质构造、地层岩性比较复杂，水文地质条件差异较大，根据地下水的类型划分为一般山丘区和岩溶山丘区。一般山丘区指由太古界变质岩、各地质年代形成的岩浆岩和非可溶性的沉积岩构成的山地或丘陵，地下水类型以基岩裂隙水为主，缺少具备集中开采条件的大规模富水区；岩溶山丘区指以奥陶系、寒武系可溶性石灰岩为主构成的山地、丘陵，地下水类型以岩溶水为主，在地下水排泄区往往形成可供集中开采的大规模富水区。

1980—2000年全省山丘区多年平均地下水资源量，经计算为809 030万m^3/a，地下水资源模数为10.2万$m^3/(km^2 \cdot a)$。其中，一般山丘区多年平均地下水资源量为698 857万m^3/a，地下水资源模数为9.4万$m^3/(km^2 \cdot a)$；岩溶山丘区多年平均地下水资源量为110 173万m^3/a，地下水资源模数为20.3万$m^3/(km^2 \cdot a)$。

③全省地下水资源量

全省多年平均地下水资源量为1 654 550万m^3/a，其中山丘区为809 030万m^3/a，平原区为905 582万m^3/a，重复计算量为60 062万m^3/a，多年平均地下水资源模数为12.2万$m^3/(km^2 \cdot a)$。按水资源分区，小清河区多年平均地下水资源模数最大为 16.3 万 m^3/（km^2 · a），胶莱大沽区最小为 8.4 万 m^3/（km^2 · a）；按行政分区，济南市多年平均地下水资源模数最大为 16.9 万 m^3/（km^2 · a），青岛市多年平均地下水资源模数最小为 8.6 万 m^3/（km^2 · a）。

（5）水资源总量

山东省 1956—2000 年系列多年平均水资源总量为 3 030 695 万 m^3。各水资源分区中以沂沭区最大，为 519 318 万 m^3，黄河干流区最小，为 11 807 万 m^3；各行政分区中，以临沂市最大，为 539 225 万 m^3，莱芜最小，为 47 553 万 m^3。

第2章　降水量与蒸发量计算

降水和蒸发都是水循环的重要因素。降水是陆地上水资源的唯一来源，蒸发是陆地上水量支出的主要项目之一，在水资源计算评价中必须计算降水和蒸发。

2.1　降水量计算

降水是指液态或固态的水汽凝结物从空中降落到地面的现象，如雨、雪、雹等。在我国大部分地区，一年中降水以雨为主，雪仅占少部分。大气降水是水资源的补给源。在水资源量计算中还必须计算降水总资源量。一方面因为它是一个流域或自然封闭地区水资源量的最大极限值，另一方面它是水资源计算中不可缺少的基础资料。降水量主要依靠雨量站、气象站、水文站逐日、逐月、逐年实测降水量进行统计计算。

2.1.1　降水量资料搜集与处理

（1）资料搜集：

在分析计算降水量之前，应尽可能多地搜集资料，这样才能得到比较可靠的分析成果。因此，除了在研究区域（流域或地区）内收集雨量站、水文站及气象台（站）资料外，还要收集区域外围的降水资料，这样做的目的是既可以充分利用信息，弥补区域内资料不足，还可以借此分析区域内资料的可靠性和合理性，更重要的是在绘制统计参数等值线图时不致被局部的现象所误导，避免使所绘出的统计参数等值线与相邻地区在拼图时出现大的矛盾。

当区域内雨量站密度较大，各站的观测年份、精度等都存在较大差异时，可以选择资料质量好、系列较长的雨量站作为分析的主要依据站。选择时，要考虑到它们在地区上的分布，其原则是尽可能控制降水在面上的分布。一般来说，要求这些站在地面上的分布比较均匀，同时又能反映地形变化对降水量的影响。这就需要对雨量站的代表性进行分析。

选站时，可参考以往分析的成果，对照地形图上的地形变化根据降水量的地区分布规律和要求的计算精度确定。一般在多雨地区和降水量变化梯度大的地区，应尽可能多选一些站；山丘区地形对降水量的影响很明显而且复杂，也要多选一些站；平原地区降水量变化梯度一般较小，选站时应着重考虑分布均匀。

（2）年降水量资料的插补延长：

在雨量站资料短缺时，或计算区域上各站年降水量系列不同步长时，要先插补延长其降水量资料系列，其降水资料的插补延长主要有相关分析法和内插法等。

①相关分析法。当研究区内或外雨量站的雨量之间相关关系比较密切时，可以直接建立长系列、资料完整的站与短系列、有缺资料站间雨量的相关关系，这样可以用已建的相关关系将短缺资料插补上，同时也可延长至与长系列同步长。

②内插法。内插法的精度常取决于雨量站之间的距离，因此内插法也被称为地理插值法，即与站和站之间所处的地理位置有关，可分为算术平均法，按站间距离比例插补法和等雨量线法。

当区域降雨的成雨条件相一致时，降雨量在区内的分布比较均匀，而各相邻站的降雨量数值也比较接近，则可用各相邻站的平均降雨量直接作为缺测雨量站的插补值。

（3）资料的审查：

降水量分析计算成果的精度与合理性取决于原始资料的可靠性、一致性及代表性。原始资料的可靠性不好，就不可能使计算成果具有较高精度。同样，资料的一致性与代表性不好，即使成果的精度较高，也不能正确反映降水特征，造成成果精度高而不合理的现象。因此，对降水资料的审查，应主要从可靠性、一致性及代表性三个方面入手。

①可靠性审查：

可靠性审查是指对原始资料的可靠程度进行审查。例如，审查观测方法和成果是否可靠，了解整编方法与成果的质量。一般来说，经过整编的资料已对原始成果做了可靠性及合理性检查，通常不会有大的错误。但也不能否认可能有一些错误未被检查出来，甚至在刊印过程中会有新的错误带入。

为了减少工作量，可着重对特大值、特小值以及新中国成立前及“文革”期间的资料进行审查。因为特大值、特小值对频率曲线的影响较大，新中国成立前的资料质量往往不高，故作为审查重点。

对降水资料的可靠性审查，一般可从以下几个方面进行：

a. 与邻近站资料比较。本站的年降水量与同一年的其他站年降水量资料对照比较，看它是否符合一般规律；

b. 与其他水文气象要素比较。一般来说，降水与河川径流有较稳定的相关关系，降水量多，径流量就大，反之亦然。

对采用以往所编的水文图集、水文手册、水文特征值统计等资料中的数据，也要进行必要的审核。如果过去已做过可靠性、合理性检查，注明某年资料仅供参考者，虽然对参加长系列统计分析不会有很大的影响，但在选极值（极大值、极小值）时，不能选用，更不能选为典型年。

除了在工作开始阶段进行资料审查，在以后分析计算的各个阶段，都随时可能因发现问题而对某些资料的可靠性产生怀疑，故资料审查自始至终贯穿在整个工作中，随时发现问题，应随时分析研究，并合理解决。

②一致性审查：

资料的一致性是指一个系列不同时期的资料成因是否相同。对于降水资料，其一致性主要表现在测站的气候条件及周围环境的稳定性上。一般来说，大范围的气候条件变化，在短短的几十年内，可认为是相对稳定的，但是由于人类活动往往造成测站周围环境的变化，如森林采伐、农田灌溉、城市化等都会引起局部地区小气候的变化，从而导致降水量的变化，使资料的一致性遭到破坏，此时就要对变化后的资料进行合理的修正，使其与原系列一致。另外，当观测方法改变或测站迁移后往往造成资料的不一致，特别是测站迁移可能使环境影响发生改变，对于这种现象，要对资料进行必要的修正。

对于因测站位置及测量方法等的改变而发生的变化，可用逆时序修正的方法，将变化前的资料修正到变化后的状态。对于因人类活动等引起的变化，可用顺时序修正的方法，将变化后的资料修正到变化前的“天然”状态，若受人类活动影响前的资料系列很短，而变化后的资料系列较长，将其修正到变化前的状态可能造成较大误差，也可逆时序将变化前的资料修正到变化后的状态，将变化后的状态视为“天然”状态。

常用的降水资料的一致性分析方法有单累积曲线法和双累积曲线法。单累积曲线法为：绘制累积降水过程线，若降水资料的一致性很好，过程线的总趋势呈单一直线关系，若降水资料的一致性遭受破坏，则会形成多条斜率不同的直线。双累积曲线法为：当分析站周围有较多雨量站，且认为这些雨量站降水资料的一致性较好时，可通过绘制单站（分析站）累积降水量与多站平均累积降水量关系曲线，对分析站降水资料的一致性进行审查。具体做法是分别计算分析期逐年的单站累积降水量和多站平均降水量累积值，然后以分析站累计降水量为纵坐标，以多站平均累计降水量为横坐标绘制双累计曲线，观察双累计曲线的趋势是否有变化。

2.1.2　流域平均降雨量计算

由雨量站观测到的降雨量，只代表该雨量站所在处或较小范围的降雨情况，而实际工作中往往需要推求全流域或某一区域的面平均降雨量，常用的计算方法有以下几种：

2.1.2.1　算术平均法

当流域内地形起伏变化不大，雨量站分布比较均匀时，可根据各站同一时段内的降雨量用算术平均法推求。其计算式为：

$$\bar{P}=\frac{P_1+P_2+\cdots+P_n}{n}=\frac{1}{n}\sum_{i=1}^{n}P_i \tag{2-1}$$

式中　$\bar{P}$——流域或区域平均降雨量，mm；

P_i——各雨量站同时段（相同起讫时间）内的降雨量，mm。

n——雨量站数。

2.1.2.2　泰森多边形法

首先在流域地形图上将各雨量站（可包括流域外的邻近站）用直线连接成若干个三角形，且尽可能连成锐角三角形，然后作三角形各条边的垂直平分线，这些垂直平分线组成若干个不规则的多边形，如图 2-1 中实线所示。每个多边形内必然会有一个雨量站，它们的降雨量以 P_i 表示，如量得流域范围内各多边形的面积为 f_i，则流域平均降雨量可按下式计算：

$$\bar{P}=\frac{f_1P_1+f_2P_2+\cdots+f_nP_n}{f_1+f_2+\cdots+f_n}=\frac{1}{F}\sum_{i=1}^{n}f_iP_i=\sum_{i=1}^{n}A_iP_i \tag{2-2}$$

式中　F——所有多边形面积之和，即全流域面积，km^2；

A_i——各雨量站面积权重，即 $A_i=f_i/F$，以小数或百分率计。

此法能考虑雨量站或降雨量分布不均匀的情况，工作量也不大，故在生产实践中应用比较广泛。

2.1.2.3　等雨量线法

在较大流域或区域内，如地形起伏较大，对降水影响显著，且有足够的雨量站，则宜用等雨量线法推求流域平均雨量。如图 2-2 所示，先量算相邻两雨量线间的面积 f_i，再根据各雨量线的数值 P_i，就可以按下式计算：

$$\bar{P}=\frac{1}{F}\sum_{i=1}^{n}\left(\frac{P_i+P_{i+1}}{2}\right)f_i \tag{2-3}$$

此法比较精确，但对资料条件要求较高，且工作量大，因此应用上受到一定的限制，主要用于对典型大暴雨的分析。

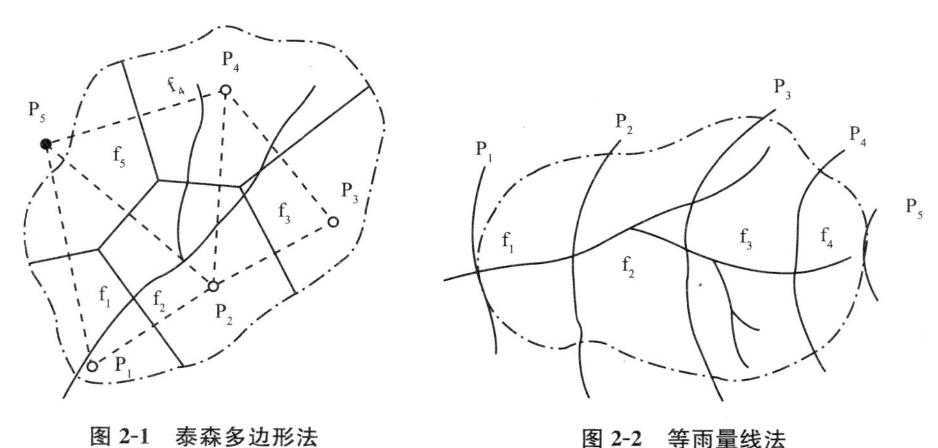

图 2-1　泰森多边形法　　　　图 2-2　等雨量线法

式（2-2）同式（2-3）形式相同，内在含义都是以面积为权重，因此等雨量线法实际上也是一种面积加权法。

综上所述，推求面平均降雨量的三种方法各自的适用条件不同，其中等雨量线法不仅考虑了各站控制面积，而且考虑了各站控制面积随降雨量的变化，因此精度最高；其次是泰森多边形法，此法虽考虑了各站控制面积，但认为控制面积固定不变，这与实际不符，因此精度较前者低；算术平均法只能用于雨量站分布均匀，面上降雨量变化不大的情况，否则精度更低。在实际工作中，方便且常用的是泰森多边形法。

2.1.3　年降水量频率计算与分析

（1）研究区平均年降雨量经验频率计算：

根据不同的情况采用上述相应的面平均降雨量计算方法求得研究区的平均年降水

量系列，进而求出其研究区平均降水量经验频率。

面平均降水量经验频率计算方法如下：根据计算好的面平均年降水量系列，把年降雨量按由大到小的顺序排列，用下式计算经验频率：

$$p = \frac{m}{n+1} \times 100\% \tag{2-4}$$

式中　p——频率，%；

n——样本容量；

m——年降雨量由大到小的排列序数。

（2）年降水量资料系列的特征值统计：

①均值。它反映年降水量资料系列分布中心的特征值。均值是系列中随机变量的平均数。

某一年降水系列随机变量 P_1，P_2，…，P_n，共有 n 项，均值计算公式为：

$$\bar{P} = \frac{P_1 + P_2 + \cdots + P_n}{n} = \frac{1}{n}\sum_{i=1}^{n} P_i \tag{2-5}$$

式中　$\bar{P}$——多年平均降水量，mm；

P_i——第 i 年的年降水量，mm；

n——样本容量。

②离散程度。均方差、变差系数（又称离散系数）

$$均方差：\sigma_P = \sqrt{\frac{\sum_{i=1}^{n}(P_i - \bar{P})^2}{n-1}} \tag{2-6}$$

式中　σ_P——年降水量资料系列的均方差，mm；

其他符号意义同前。

$$变差系数：C_V = \frac{\sigma_P}{\bar{P}} = \frac{1}{\bar{P}}\sqrt{\frac{\sum_{i=1}^{n}(P_i - \bar{P})^2}{n-1}} \tag{2-7}$$

③偏态系数 C_S。采用适线法求算。

④反映降水量年际变化的常用特征值。除均值 $\bar{P}$、变差系数 C_V 外，还有最大（P_{max}）与最小（P_{min}）、最大和最小之比率（$\frac{P_{max}}{P_{min}}$）、年变率的多年变化等，这些都可从多年降水量资料系列中统计出来。年降水量的变差系数 C_V 值表示年降水量相对变化情况，一般说来，C_V 大，年降水量变化亦大；最大、最小分别反映了丰、枯年降水的情况，$\frac{P_{max}}{P_{min}}$ 值越大，年降水量变化越大，丰枯水差距也越大。

（3）年降水量系列频率计算：

为说明年降水量系列频率计算方法，举实例列于表 2-1，绘出该实例的年降水量系列的频率适线曲线，如图 2-3 所示，并求 $p = 1\%$、0.1% 的设计值 P_p。

表 2-1 某区面平均年降雨量系列及经验频率计算表

年份	降雨量/mm	按从大到小排序序号	降雨量/mm	经验频率/%
1983	804.7	1	1 235.4	3.23
1984	749.7	2	1 002.2	6.45
1985	682.0	3	853.6	9.68
1986	644.0	4	838	12.90
1987	737.1	5	804.7	16.13
1988	1 002.2	6	800.1	19.35
1989	594.3	7	772.3	22.58
1990	615.2	8	763	25.81
1991	772.3	9	751.6	29.03
1992	637.0	10	749.7	32.26
1993	621.0	11	737.1	35.48
1994	424.4	12	702.9	38.71
1995	763.0	13	682	41.94
1996	504.8	14	661.6	45.16
1997	702.9	15	657.1	48.39
1998	653.5	16	653.5	51.61
1999	507.4	17	644	54.84
2000	559.0	18	637	58.06
2001	405.5	19	621	61.29
2002	333.6	20	615.2	64.52
2003	1 235.4	21	594.3	67.74
2004	588.5	22	588.5	70.97
2005	657.1	23	577	74.19
2006	800.1	24	559	77.42
2007	838.0	25	544.6	80.65
2008	661.6	26	507.4	83.87
2009	853.6	27	504.8	87.10
2010	577.0	28	424.4	90.32
2011	751.6	29	405.5	93.55
2012	544.6	30	333.6	96.77
多年平均	674.04			

经频率适线计算得多年平均降雨量为 674.04mm，系列的变差系数 $C_V=0.26$，偏态系数 $C_S=0.572$，适线图如图 2-3 所示。根据皮尔逊Ⅲ型曲线的离均系数 Φ_P 值表查 $\Phi_{1\%}=2.7304$，$\Phi_{0.1\%}=3.918$，各频率对应的降雨量为：

$$p_{1\%}=(\Phi_P C_V+1)\bar{p}=1152.5437$$

$$p_{0.1\%}=(\Phi_P C_V+1)\bar{p}=1360.671$$

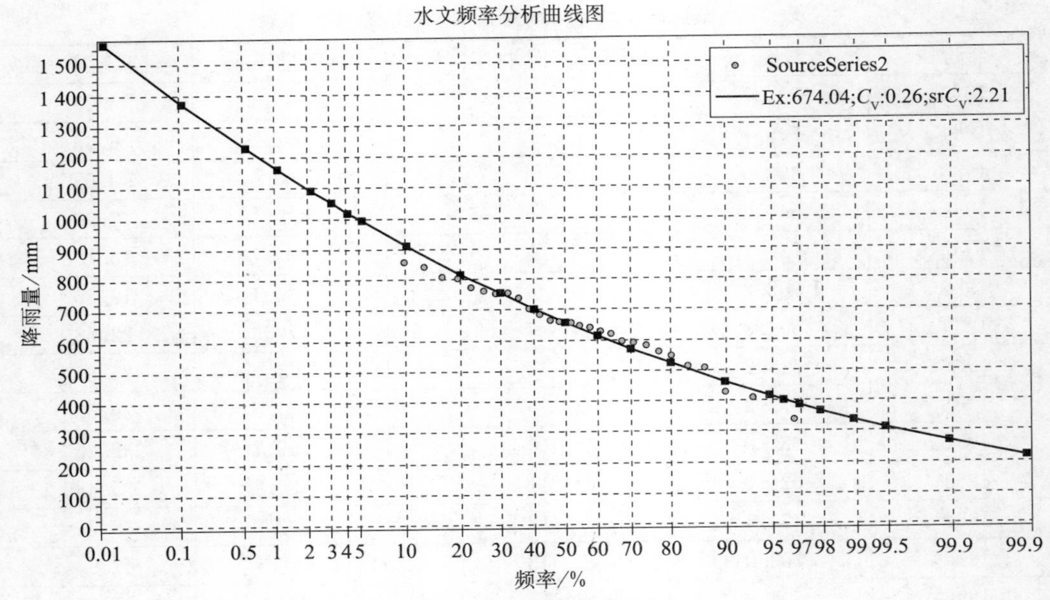

图 2-3　某区年降水量频率曲线图

2.1.4　降水资源量计算

对一个流域或一个封闭地区，该区某年降水资源量，其计算公式为：

$$W_{Pi} = F \cdot P_i \tag{2-8}$$

式中　W_{Pi} —— 计算区年降水资源量，m^3；

F ——计算区面积，m^2；

P_i ——计算区某年降水量，mm。

该区多年平均年降水资源量计算公式为：

$$\bar{W}_P = F \cdot \bar{P} \tag{2-9}$$

式中　$\bar{W}_P$ —— 计算区多年平均年降水资源量，m^3；

$\bar{P}$ ——计算区多年平均年降水量，mm；

其他符号意义同前。

2.1.5　降水量的时空分布

2.1.5.1　降水量的时程分布

降水量的时程分布是指降水量在时间上的分配，一般包括年内分配和年际变化。

(1) 多年平均连续最大四个月占全年降水量百分率及相应的月份：

选择资料质量较好、实测系列长且分布比较均匀的代表站，分析其多年平均连续最大四个月降水量占多年平均年降水量的百分率及其出现时间，粗略地反映年内降雨量分布的集中程度和发生月份。

(2) 代表站不同频率年降水量月分配过程：

对不同降水类型的区域，分区选择代表站，采用水文统计法计算各代表站不同频率（如偏丰水年频率 $p=20\%$，平水年频率 $p=50\%$，偏枯水年频率 $p=75\%$，枯水年频率 $p=95\%$ 等）年降水量，在此基础上采用水文分析计算中的长系列法或代表年法求出各频率的年降水量月分配。

（3）降水量的年际变化：

①统计各代表站年降水量变差系数 C_V 值或绘制 C_V 等值线图：

年降水量变差系数 C_V 值反映年降水量的年际变化。C_V 值大，说明年降水量系列比较离散，即年降水量的相对变化幅度大。

②极值比：

除了用变差系数 C_V 反映年降水量的年际变化幅度，通常在水资源评价中还用极值比法。即

$$K_m=\frac{P_{max}}{P_{min}} \tag{2-10}$$

式中 K_m —— 极值比；

P_{max} ——年降水量系列中的最大值，mm；

P_{min} ——年降水量系列中的最小值，mm。

K_m 值受分析系列的长短影响很大，在进行地区比较时，应注意比较系列的同步性。

③年降水量丰枯分级统计：

选择一定数量具有长系列降水资料的代表站，分析旱涝周期变化、连涝连旱和大范围的旱涝出现年份及其变化规律。结合频率分析计算，可将年降水量划分为 5 级：丰水年（$p<12.5\%$），偏丰年（$p=12.5\%\sim37.5\%$），平水年（$p=37.5\%\sim62.5\%$），偏枯水年（$p=62.5\%\sim87.5\%$），枯水年（$p>87.5\%$），以此分析多年丰、枯变化规律。

2.1.5.2 降水量的空间分布

降水量的空间分布是指降水量在空间上的分配。它可用降水量等值线图来反映，包括多年平均降水量等值线图及多年连续最大四个月平均降水量等值线图等，并用简洁的语言概述评价区域降水量的量级、高值区、低值区等分布情况，然后进一步分小区域描述各区特点。

例如，对中国的降水量空间分布规律描述为：中国年降水量地区分布极不平衡。从东南沿海向西北内陆递减。各地区差别很大，大致是沿海多于内陆，南方多于北方，山区多于平原，山地中暖湿空气的迎风坡多于背风坡。我国降水量空间分布的基本趋势，是从东南沿海向西北内陆递减，而且愈向内陆，减少愈为迅速。若以 400mm 等雨量线为界，把我国分为两大部分，以东为东亚季风所控制的湿润部分，以西大都属中亚干旱部分，这与我国内流区与外流区的分界线很近似，而且这条界线在我国自然现象及农林牧业生产发展上也有重要意义。在湿润部分，等雨量线呈东北—西南走向，降水量随纬度高而递减。以大致与秦岭—淮河线相符的 800mm 等雨量线界，南部是我国水文循环最活跃的区域，长江两岸降水量 1 000～1 200mm，江南丘陵和南岭山地大多超过 1 400mm，广东沿海丘陵及台湾、海南岛大部分可达 2 000mm 以上，是我国最多雨地区。北部湾深受台风影响，年降水亦特别多，超过

2 000mm。云南西部和西藏东角察隅、波密一带主要受西南季风影响，形成一个范围较小的多雨区，年降水量达到 1 400mm 以上。在上述多雨区之间，昆明、贵阳以北以及四川盆地，则形成相对少雨区，年降水量一般在 800～1 000mm。秦岭—淮河线以北，大部分地区水分循环不十分活跃，气候也不显得很湿润，淮河流域及秦岭山地大部在 800～1 000mm，黄河下游、华北平原为 500～750mm，东北平原已减少到 400～600mm，但长白山地超过 800mm，鸭绿江流域可达 1 200mm 以上，成为我国北方降水最多的地区。

在《山东省水资源综合规划》（2007 年）中对山东省降水量的空间分布描述为：由于受地理位置、地形等因素的影响，山东省年降水量在地区分布上很不均匀。从全省 1956—2000 年平均年降水量等值线图上可以看出，年降水量总的分布趋势是自鲁东南沿海向鲁西北内陆递减。1956—2000 年平均年降水量从鲁东南的 850mm 向鲁西北的 550mm 递减，等值线多呈西南一东北走向。600mm 等值线自鲁西南菏泽市的鄄城，经济宁市的梁山、德州市的齐河、滨州市的邹平、淄博市的临淄、潍坊市的昌邑、烟台市的莱州、龙口至蓬莱县的东部。该等值线西北部大部分是平原地区，多年平均年降水量均小于 600mm；该等值线的东南部，均大于 600mm，其中崂山、泰山和昆嵛山由于地形等因素影响，其年降水量达 1 000mm 以上。根据山东省各地年降水量的分布，按照全国年降水量五大类型地带划分标准，山东省除日照市绝大部分地区、临沂市中南部、枣庄市东南部、青岛市崂山水库上游及泰山、昆嵛山附近的局部地区多年平均年降水量在 800mm 以上为湿润带外，其他地区均为过渡带。

2.2　蒸发量计算

蒸发是影响水资源数量的重要水文要素，评价计算内容应包括水面蒸发、陆面蒸发和干旱指数。

2.2.1　蒸发概述

蒸发是自然界水循环的基本环节之一，它是地面或地下的水由液态或固态化为水汽，并返回大气的物理过程，也是重要的水量平衡要素，对径流有直接影响。据估计，我国南方地区年降水量的 30％～50％，北方地区年降水量的 80％～95％都消耗于蒸发，余下的部分才形成径流。

蒸发的大小可用蒸发量或蒸发率表示，蒸发量是指某一时段如日、月、年内总蒸发的水层深度，以 mm 计。蒸发率是指单位时间的蒸发量，也称蒸发速度，以 mm/min 或 mm/h 计。

流域或区域上的蒸发，包括水面蒸发、土壤蒸发和植物散发。

（1）水面蒸发

水面蒸发是指江、河、水库、湖泊和沼泽等地表水体水面上的蒸发现象。水面蒸发是最简单的蒸发方式，属饱和蒸发。影响水面蒸发的主要因素是温度、湿度、风速和气压等气象条件。一般由器测法和间接计算法确定水面蒸发。

(2) 土壤蒸发

土壤蒸发是指水分从土壤中以水汽形式逸出地面的现象。它比水面蒸发要复杂得多，除了受上述气象条件的影响外，还与土壤结构、土壤含水量、地下水位的高低、地势和植被等因素密切相关。

蒸发面在一定气象条件下充分供水时的最大蒸发量或蒸发率称为蒸发能力。水面蒸发自始至终处在充分供水条件下进行，所以它一直按蒸发能力蒸发。而土壤含水量可能是饱和的，也可能是非饱和的，情况复杂。

(3) 植物散发

土壤中的水分经植物根系吸收，输送到叶面，散发到大气中去，称为植物散发。植物散发过程是一种生物物理过程，它比水面蒸发和土壤蒸发更为复杂。

由于植物生长在土壤中，植物散发与植物覆盖下的土壤蒸发实际上是并存的，因此研究植物散发往往和土壤蒸发合并进行，两者总称为陆面蒸发。

(4) 流域蒸发

实际工作中需要知道流域（或区域）范围内的综合蒸发量，即流域总蒸发量，常称为流域蒸发。一般情况下流域内的水面占总面积的比重很小，故总蒸发量主要取决于陆面蒸发，但直接测定陆面蒸发很困难。

2.2.2 蒸发量计算

(1) 水面蒸发

水面蒸发一般用蒸发能力表示。蒸发量常用蒸发水层的深度（mm）表示。水面蒸发量常用蒸发器进行观测。常用的蒸发器有 20cm 直径蒸发皿，口径为 80cm 的带套盆的蒸发器，口径为 60cm 的埋在地表下的带套盆的 E601 蒸发器。后者观测条件比较接近天然水体，代表性和稳定性都较好。但这三者都属于小型蒸发皿，观测到的蒸发量与天然水体水面上的蒸发量仍有显著的差别。观测资料表明，当蒸发器的直径超过 3.5m 时，蒸发器观测的蒸发量与天然水体的蒸发量才基本相同。因此，用上述蒸发器观测的蒸发量数据，都得乘以折算系数，才能作为天然水体蒸发量的估算值，见式(2-11)。折算系数一般通过与大型（如面积为 $100m^2$）蒸发池的对比观测资料确定。折算系数随蒸发皿（器）的直径而异，且与月份及所在地区有关，应用时应根据具体情况取其相应的值。

在水资源评价中，水面蒸发量计算应选取资料质量较好、面上分布均匀且观测年数较长的蒸发站作为统计分析的依据，选取的测站应尽量与降水选用站相同，不同型号蒸发器观测的水面蒸发量，应统一换算为 E601 型蒸发器的蒸发量。

$$E_{水} = \alpha E_{器} \tag{2-11}$$

式中 $E_{水}$——天然水体蒸发量，mm；

$E_{器}$——某种蒸发器测得的水面蒸发量，mm；

α——蒸发器的折算系数。

(2) 流域蒸发

在实际工作中，往往需要知道一个流域的总蒸发量。一个流域的下垫面极其复杂，其中包括河流、湖泊、土壤、岩石和不同的植被等，因此流域总蒸发量应包括流域内各类蒸发量的总和。从现有技术条件看，要精确求出各项蒸发量有困难。现行估算流域蒸发量的方法有以下两大类：

①在闭合流域内，通过全流域水量平衡分析来求出，即

$$\bar{E}=\bar{P}-\bar{R} \tag{2-12}$$

式中　$\bar{E}$——流域多年平均年蒸发量，mm；

$\bar{P}$——流域多年平均年降水量，mm；

$\bar{R}$——流域多年平均年径流量，mm。

②根据水热平衡或热量平衡原理，通过对气象要素的分析，建立地区经验公式进行计算。

2.2.3　蒸发量时空分布分析

在水资源评价中，一般要对蒸发量做时空分布分析，主要包括绘制蒸发量等值线图，并分析年内分配、年际变化及地区分布特征。

（1）蒸发量的时间分布

同降水和径流一样，蒸发量在时间上的变化也是水资源评价的重要内容，蒸发量的时间分布包括年内和年际变化分析。

在一年内，不同的月份由于蒸发条件不同，蒸发量也不同。蒸发量大，表明气候干燥、炎热，植（作）物生长需水量较多。对蒸发量年内分布的分析应包括了解不同月份及不同季节蒸发量所占总蒸发量的百分比。

蒸发量的年际变化分析可参考降水的年际变化分析方法进行相应分析。

以上蒸发量的时间分布分析应对水面蒸发和流域蒸发分别进行。

（2）蒸发量的空间分布

一个地区蒸发量在面上的分布特点可用蒸发量等值线表示，并用简洁的语言概述评价区域蒸发量的空间分布。在《山东省水资源综合规划》（2007 年）中对蒸发量的空间分布描述为：山东省 1980—2000 年平均年蒸发量在 900～1 200mm，总体变化趋势是由鲁西北向鲁东南递减。鲁北平原区的武城、临清和庆云、无棣两地，以及泰沂山北的济南、章丘、淄博一带是全省的高值区，年蒸发量在 1 200mm 以上。泰沂山南的徂徕山、莲花山一带是低值区，年蒸发量低于 1 100mm。鲁东南的青岛、日照、郯城一带是全省年蒸发量最小地区，在 900mm 左右。

2.2.4　干旱指数

干旱指数宜采用年水面蒸发量与年降水量的比值表示，是反映气候干湿程度的指标。干旱指数小于 1，表明该地区蒸发能力小于降水量，气候湿润；干旱指数大于 1，表明该地区蒸发能力大于降水量，气候偏于干旱。干旱指数越大，干旱程度就越严重。我国气候干湿分带与干旱指数的关系见表 2-2。

表 2-2 我国气候干湿分带与干旱指数的关系

气候分带	干旱指数
十分湿润	<0.5
湿 润	0.5～1.0
半湿润	1～3
半干旱	3～7
干 旱	>7

根据《山东省水资源综合规划》（2007 年），山东省代表站水面蒸发量及干旱指数见表 2-3。

表 2-3 山东省代表站水面蒸发量及干旱指数表

地市名	站名	蒸发量/mm	干旱指数	地市名	站名	蒸发量/mm	干旱指数
济南	章丘	1 299.8	2.0	潍坊	诸城	1 015.3	1.5
济南	长清	1 207.1	2.1	青岛	平度	1 096.2	2.0
淄博	淄博	1 249.0	2.0	临沂	临沂	1 076.3	1.3
淄博	沂源	1 111.3	1.6	临沂	临沭	923.0	1.2
枣庄	枣庄	1 157.2	1.4	临沂	费县	1 094.0	1.4
东营	垦利	1 155.0	2.4	烟台	莱阳	1 052.0	1.7
东营	广饶	1 097.0	2.1	烟台	海阳	972.4	1.6
济宁	汶上	1 053.0	1.8	日照	日照	905.1	1.1
济宁	嘉祥	1 148.0	1.7	临沂	蒙阴	1 128.0	1.5
济宁	微山	1 012.4	1.5	临沂	沂南	1 123.0	1.4
泰安	肥城	1 054.0	1.7	临沂	郯城	889.2	1.1
德州	武城	1 272.1	2.5	泰安	宁阳	905.2	1.7
德州	临邑	1 151.0	2.1	莱芜	莱芜	1 067.3	1.6
德州	庆云	1 205.0	2.4	潍坊	昌邑	1 133.0	2.1
聊城	临清	1 307.0	2.5	潍坊	昌乐	1 205.0	2.1
聊城	茌平	1 201.2	2.2	潍坊	临朐	1 119.2	2.0
聊城	莘县	1 148.0	2.1	潍坊	安丘	1 111.0	1.9
滨州	邹平	1 108.3	2.0	青岛	即墨	1 086.0	1.5
滨州	阳信	1 186.0	2.4	青岛	胶南	975.6	1.4
滨州	滨州	1 164.8	2.2	烟台	栖霞	1 151.0	1.8
菏泽	鄄城	1 027.9	1.8	烟台	龙口	1 109.5	2.1
菏泽	东明	1 031.0	1.8	威海	威海	1 127.0	1.8
菏泽	单县	982.7	1.5	威海	文登	941.0	1.5

第3章　地表水资源量计算

地表水资源量是河流、湖泊、水库等地表水体中由当地降水形成的可以逐年更新的动态水量，用天然河川径流量表示。人们通常把河流“动态”资源——河川径流，即水文站测量的控制断面流量，近似作为地表水资源，它包括了上游径流流入量和当地地表产水量。因此，可通过对河川径流的分析计算地表水资源量。它要求计算各典型年及多年平均的径流量，同时研究河川径流的时空变化规律，用以评价地表水，为直接利用或调节控制地表水资源提供依据。

3.1　地表水资源计算中资料的搜集与处理

3.1.1.1　资料的搜集

收集径流资料的要求与收集降水资料的要求基本相同，主要内容有：

①选取研究区及相关的水文站（或其它类型的站点）的径流资料；

②收集研究区自然地理方面的资料，如地质、土壤、植被和气象资料等；

③收集研究区水利工程及其他相关资料。

3.1.1.2　资料的审查

径流资料的审查原则和方法与前面介绍的降水资料审查相同。

3.1.1.3　径流资料的处理

径流资料的处理包括资料的插补延长和资料的还原。资料的插补延长方法与前面介绍的降水资料的插补延长方法相同。资料的还原计算包括水量平衡法、降雨径流相关法、模型计算法等。

3.2　河川径流量计算

根据研究区的气象及下垫面条件，综合考虑气象、水文站点的分布情况，河川径流量的计算可采用代表站法、等值线法、水文比拟法等。

3.1.2.1 河川径流年与多年平均径流量计算

代表站法是指在研究区内选择有代表性的测站（包括流域产、汇流条件、资料条件等均有代表性），计算其多年平均径流量与不同频率的径流量，然后采用面积加权法或综合分析法把代表站的计算成果推广到整个研究区的方法。因此该法的关键是求得代表站的径流成果后，如何处理好与面积有关的各类问题。当研究区与代表站所控制面积的各种条件基本相似时，代表站法依据所选代表站个数和区域下垫面条件的不同而采取不同的计算形式。

（1）代表站法：

1）单一代表站

①当区域内可选择一个代表站并基本能够控制全区，且上下游产水条件差别不大，可用式（3-1）、式（3-2）计算研究区的逐年径流量及多年平均径流量。

$$W_{\mathrm{d}} = \frac{F_{\mathrm{d}}}{F_{\mathrm{r}}} \cdot W_{\mathrm{r}} \tag{3-1}$$

$$\bar{W}_{\mathrm{d}} = \frac{F_{\mathrm{d}}}{F_{\mathrm{r}}} \cdot \bar{W}_{\mathrm{r}} \tag{3-2}$$

式中 W_{d}、W_{r}——分别为研究区、代表站年径流量，亿 m^3；

F_{d}、F_{r}——分别表示研究区和代表站的控制面积，km^2；

$\bar{W}_{\mathrm{d}}$、$\bar{W}_{\mathrm{r}}$——分别为研究区、代表站多年平均径流量，亿 m^3。

②若代表站不能控制全区大部分面积，或上下游产水条件又有较大的差别时，则应采用与研究区产水条件相近的部分代表流域的径流量及面积（如区间径流量与相应的集水面积），代入式（3-1）推求全区逐年径流量或相应的多年平均径流量。

2）多个代表站

当区域内可选择两个（或两个以上）代表站时，若研究区域内气候及下垫面条件差别较大，则可按气候、地形、地貌等条件，将全区划分为两个（或两个以上）研究区域，每个研究区均按式（3-1）计算分区逐年径流量，相加后得全区相应的年径流量。计算公式为

$$W_{\mathrm{d}} = \frac{F_{\mathrm{d1}}}{F_{\mathrm{r1}}} \cdot W_{\mathrm{r1}} + \frac{F_{\mathrm{d2}}}{F_{\mathrm{r2}}} \cdot W_{\mathrm{r2}} + \cdots + \frac{F_{\mathrm{d}n}}{F_{\mathrm{r}n}} \cdot W_{\mathrm{r}n} \tag{3-3}$$

式中 W_{r1}、W_{r2}、…、$W_{\mathrm{r}n}$——各代表站年径流量，亿 m^3；

F_{r1}、F_{r2}、…、$F_{\mathrm{r}n}$——各代表站控制流域面积，km^2；

W_{d}——研究区年径流量，亿 m^3。

若研究区内气候及下垫面条件差别不大，产汇流条件相似，式（3-3）可改写为如下形式，即

$$W_{\mathrm{d}} = \frac{F_{\mathrm{d}}}{F_{\mathrm{r1}} + F_{\mathrm{r2}} + \cdots + F_{\mathrm{r}n}}(W_{\mathrm{r1}} + W_{\mathrm{r2}} + \cdots + W_{\mathrm{r}n}) \tag{3-4}$$

同理，可采用上述方法计算多年平均径流量。

3）当研究区与代表站的流域自然地理条件差别过大时

当代表站的代表性不是很突出时，例如自然条件相差较大，此时不能简单的仅用面积为权重计算年与多年平均径流量，而应当选择其他一些对产水量有影响的指标，以对研究区的年与多年平均径流量进行修正。这种修正主要有以下几个方面。

①引用多年平均降水量进行修正：在面积为权重的计算基础上，再考虑代表站和研究区降水条件的差异，可进行如下修正：

$$W_d = \frac{F_d \cdot \bar{P}_d}{F_r \cdot \bar{P}_r} W_r \tag{3-5}$$

式中　$\bar{P}_d$、$\bar{P}_r$——分别为研究区和代表站的多年平均降雨量，mm；

其他符号意义同前。

②引用多年平均年径流深进行修正：

$$W_d = \frac{F_d \cdot \bar{R}_d}{F_r \cdot \bar{R}_r} W_r \tag{3-6}$$

式中　$\bar{R}_d$、$\bar{R}_r$——分别为研究区和代表站的多年平均径流深，mm；

其他符号意义同前。

③引用多年平均降雨量和多年平均径流系数进行修正：该法不仅考虑了多年平均降雨量的影响，而且考虑了下垫面对产水量的综合影响，引用多年平均径流系数（$\bar{\alpha}$）可进行修正。

$$W_d = \frac{F_d \cdot \bar{P}_d \cdot \bar{\alpha}_d}{F_r \cdot \bar{P}_r \cdot \bar{\alpha}_r} W_r \tag{3-7}$$

式中　$\bar{\alpha}_d$、$\bar{\alpha}_r$——分别表示研究区与代表站的多年平均径流系数，无因次；

$\bar{P}_d$、$\bar{P}_r$——分别表示研究区与代表站的多年平均降水量，mm 。

其他符号意义同前。

④引用年降水量或年径流深修正：当研究区和代表站有足够的实测降雨和径流资料时，可以用该法进行修正。即在以面积为权重的基础上，代入式（3-5）或式（3-6）进行逐年计算，进一步可求得多年平均径流量。

（2）等值线法

用年或多年平均的径流深等值线法，推求研究区的年或多年平均的径流，是一种常用的方法。通常在研究区缺乏实测资料时，而大区域（包括研究区）有足够资料，用这种方法是可行的。

（3）其他方法

研究区年与多年平均径流量还可以用降雨径流相关法、水文比拟法、水文模型法等进行求算。

3.1.2.2 河川径流不同频率径流量计算

用代表站法求得的研究区逐年径流量系列，在此基础上采用水文统计法进行频率分析计算，即可推求研究区不同频率的年径流量及多年平均径流量。

3.3　河川径流量的时空分布

3.3.1　时间分布

受多种因素综合影响的河川径流年内及年际分配有很大差别，在开发利用水资源时，研究它具有现实意义。

（1）多年平均径流的年内分配

常用多年平均的月径流过程、多年平均的连续最大四个月径流百分率和枯水期径流百分率表示年内分配。

①多年平均的月径流过程线常用直方图或列表法的形式，一目了然地描述出径流的年内分配，既直观又清楚。

②最大四个月的径流总量占多年径流总量的百分数。

③枯水期径流百分率是指枯水期径流量与年径流量比值的百分数。根据灌溉、养鱼、发电、航运等用水部门的不同要求，枯水期可分别选 5—6 月，1—5 月或 11 月至翌年 4 月等。

以下是以不同的形式描述径流的年内分配。例如，山东省多年平均 6—9 月天然径流量占全年的75%左右，其中 7、8 两月天然径流量约占全年的57%，而枯季 8 个月的天然径流量仅占全年径流量的 25%左右。河川径流年内分配高度集中的特点，给水资源的开发利用带来了困难，严重制约了山东省经济社会的快速健康发展。表 3-1 及图 3-1 分别用列表和图的形式说明了沭河水文站控制断面多年平均年径流量年内分配的情况。

（2）不同频率年径流年内分配

①典型年法：以典型年的年内分配作为相应频率设计年内分配过程，这种方法叫典型年法。选择典型年时，应当使典型年径流量接近某一频率的径流量，并要求其月分配过程不利于用水部门的要求和径流调节。在实际工作中可根据某一频率的年径流量，挑选年径流量接近的实测年份若干个，然后分析比较其分配过程，从中挑选资料质量较好，月分配不利的年份为典型年，再用同倍比或同频率法求出相应频率的径流年内分配过程。例如，某区域河流某控制断面的不同频率年径流的典型年年内分配见表 3-2。

②随机分析法：采用典型年法计算径流年内分配过程时，相同频率的不同年份的

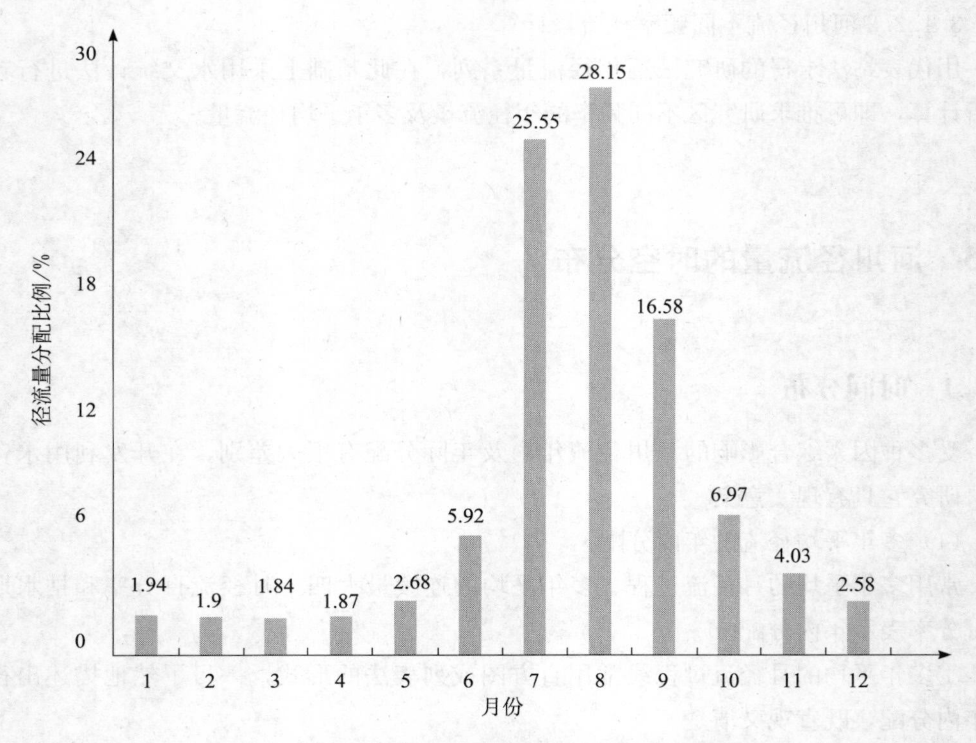

图 3-1　沭河水文站多年平均径流量年内分配图

年径流量的年内分配形式往往有很大差别。用指定频率的年径流量控制选择典型年，由此确定不同需水期，供水量的水量分配，容易产生较大的误差。若根据需水期或供水期（季节或某一时段）逐年系列进行频率计算，求得不同频率的相应时段的水量，以此为控制选择典型年，将其径流分配过程作为该频率的径流年内分配过程，这种方法称为随机分析法。

③对于省内河流，可以直接查用各省、市、自治区编制的水文手册或水文图集中的不同频率年径流年内分配过程。

（3）径流的年际变化

径流的年际变化，可用年径流变差系数 C_V 值反映。一般情况下，年径流变差系数愈大，径流年际间变化愈大；反之亦然。

除了用变差系数 C_V 反映径流量的年际变化幅度，通常在水资源评价中还用极值比法，即径流最大值与最小值的比值。

年径流的周期变化规律可通过差积分析、方差分析、累计平均过程线及滑动平均过程线等方法分析得到，这些方法的结果都能反映年径流变化的周期。

对年径流连续丰水和连续枯水变化规律的分析十分重要。此外，选择资料质量好，实际系列较长的代表站，通过对丰、平、枯水年的周期分析及连丰、连枯变化规律分析研究河川径流量的多年变化。目前采用实测系列长的代表站，通过对年径流系列的频率

表 3-1 沭河水文站多年平均径流量年内分配表

月份	1	2	3	4	5	6	7	8	9	10	11	12	全年	连续最大四个月		枯水期	
														径流量	起止月份	径流量	选择月份
径流量/万 m^3	1 623.21	1 589.07	1 544.42	1 568.06	2 245.71	4 964.20	21 414.34	23 594.39	13 894.50	5 841.47	3 375.13	2 161.66	83 816.16	64 744.7	7—10	6 324.76	1—4
百分比/%	1.94	1.90	1.84	1.87	2.68	5.92	25.55	28.15	16.58	6.97	4.03	2.58	100	77.25		7.55	

表 3-2 某区域河流控制断面的不同频率年径流的典型年年内分配

频率	典型年份	各月分配/%											
		1	2	3	4	5	6	7	8	9	10	11	12
p=25%	1965	1.8	1.4	1.1	1.1	0.8	1.0	25.5	38.8	24.8	1.3	1.4	1.0
p=50%	1962	0.4	0.8	0.7	0.6	0.5	3.0	38.8	17.2	7.7	8.9	11.2	10.2
p=75%	1967	0.6	1.3	1.1	6.7	0.5	9.3	34.6	24.1	10.0	5.2	3.3	3.3

计算，可将径流量划分为 5 级：丰水年（$p<12.5\%$），偏丰年（$p=12.5\%\sim37.5\%$），平水年（$p=37.5\%\sim62.5\%$），偏枯水年（$p=62.5\%\sim87.5\%$），枯水年（$p>87.5\%$），统计分析连丰、连枯年出现的规律，提出研究区中连丰、连枯的年数及其频率，为水资源开发利用提供依据。

例如《山东省水资源综合规划》（2007 年）中对山东省径流量的年内分配和年际变化分析结果如下：

从年径流量的变差系数 C_V 来看，天然径流量的年际变化幅度比降水量的变化幅度要大得多。对 1956—2000 年系列而言，全省平均年径流量的变差系数 C_V 为 0.60，各水文控制站年径流量变差系数 C_V 一般在 0.54～1.34。

从年径流量极值比来看，全省最大年径流量 6 684 228 万 m^3，发生在 1964 年；最小年径流量 450 136 万 m^3，发生在 1989 年，极值比为 14.8。全省各水文站历年最大年径流量与最小年径流量的比值在 7.8～5 056。其中，胶东半岛区和胶莱大沽区各水文站极值比较大，大部分站点的极值比都大于 70。全省年径流量极值比最大的水文站是福山站，极值比为 5 056，最大年径流量出现在 1964 年，是 70 780 万 m^3，最小年径流量出现在 1989 年，仅 14 万 m^3；全省极值比最小的站是官庄站，比值为 7.8。

山东省天然径流量不仅年际变化幅度大，而且有连续丰水年和连续枯水年现象。三年（包括三年）以上的连续枯水年有四个：1966—1969 年、1977—1979 年、1981—1984 年及 1986—1989 年，最小年径流量出现在 1986—1989 年；三年（包括三年）以上的连续丰水年仅有 1960—1965 年，最大年径流量出现在该时段。长时间连丰、连枯给水资源开发利用带来很大的困难，特别是 1981—1984 年和 1986—1989 年两个连续枯水期的出现，严重影响了工农业生产和城乡人民的生活。

3.3.2　空间分布

年径流的空间分布主要取决于降水的空间分布，同时也受下垫面的影响。描述年径流空间变化的方法是用年径流深或多年平均年径流深等值线图。

例如，从山东省 1956—2000 年平均年径流深等值线图上可以看出：总的分布趋势是从东南沿海向西北内陆递减，等值线走向多呈西南—东北走向。多年平均年径流深多在 25～300mm。鲁北地区、湖西平原区、泰沂山以北及胶莱河谷地区，多年平均年径流深都小于 100mm。其中鲁西北地区的武城、临清、冠县一带是全省的低值区，多年平均年径流深尚不足 25mm。鲁中南及胶东半岛山丘地区，年径流深都大于 100mm，其中蒙山、五莲山、崂山及枣庄东北部地区，年径流深达 300mm 以上，是山东省径流的高值区。高值区与低值区的年径流深相差 10 倍以上。根据全国划分的五大类型地带，山东省大部分地区属于过渡带，少部分地区属于多水带和少水带。

3.4　分区地表水资源分析计算

分区地表水资源量，即现状条件下的区域天然径流量。根据河流径流情势，水资源分布特点及自然地理条件，按其相似性进行分区。水资源分区除考虑水资源分布特征及自然条件的相似性或一致性外，还需兼顾水系和行政区划的完整性，满足农业规划、流域规划、水资源估算和供需平衡分析等要求。我国水资源分区为一级、二级和三级分区，行政分区为省级、地级和县级分区。

根据区域的气候及下垫面条件，综合考虑气象、水文站点的分布，实测资料年限与质量等情况，可采用代表站法、等值线法、年降水径流相关法、水文比拟法等（参见 3.2、3.3 节）来计算分区地表水资源量及其时空分布。

例如金栋梁等[9]在《长江流域分区地表水资源量评价》一文中得到的长江二级分区地表水资源及不同频率的水资料量见表 3-3、表 3-4。

表 3-3　长江二级区地表水资源组成

二级区	地表水资源量/亿 m^3	百分比/%	地表水资源深/mm
金沙江	1 535	16.14	325.9
岷沱江	1 032.9	10.86	626.9
嘉陵江	704.1	7.40	443.5
乌江	538.7	5.66	619.4
上干区间	656.5	6.90	546.3
洞庭湖	2 011.4	21.15	766.7
汉江	560.1	5.89	360.3
鄱阳湖	1 384.4	14.55	853.1
中干区间	534.3	5.62	552.4
太湖	136.5	1.43	364.3
下干区间	418.7	4.40	452.8
长江上游	4 467.2	46.96	446.0
长江中游	4 490.2	47.21	663.4
长江下游	555.2	5.83	427.3
全流域	9 512.6	100	526.0

表 3-4　长江流域各二级区不同频率地表水资源量

二级区	均值/亿 m^3	变差系数/偏差系数		不同频率地表水资源量值/亿 m^3			
金沙江	1 535	C_V	C_S	$W_{20\%}$	$W_{50\%}$	$W_{75\%}$	$W_{95\%}$
岷沱江	1 032.9	0.14	0.28	1 719	1 520	1 382	1 197
嘉陵江	704.1	0.10	0.20	1 116	1 032	961	868

续表

二级区	均值/亿 m^3	变差系数/偏差系数		不同频率地表水资源量值/亿 m^3			
乌江	538.7	0.22	0.44	831	690	591	472
上干区间	656.5	0.18	0.36	672	533	474	388
洞庭湖	2 011.4	0.19	0.38	2 333	1 001	1 750	1 428
汉江	560.1	0.35	0.70	717	538	420	286
鄱阳湖	1 384.4	0.30	0.60	1 717	1 343	1 080	775
中干区间	534.3	0.29	0.58	657	518	422	310
太湖	136.5	0.48	0.96	186	126	89	49
下干区间	418.7	0.34	0.68	532	402	318	218
长江上游	4 467.2	0.10	0.20	4 825	4 467	4 154	3 752
长江中游	4 490.2	0.20	0.40	5 209	4 445	3 862	3 143
长江下游	555.2	0.34	0.68	705	533	422	289
全流域	9 512.6	0.13	0.26	10 559	9 417	8 656	7 610

根据《山东省水资源综合规划》（2007 年），山东省分区地表水资源量见表 1-3、表 1-4。

3.5　出境、入境、入海地表水量计算

入境水量是天然河流经区域边界流入区内的河川径流量，出境水量是天然河流经区域边界流出区域的河川径流量，入海水量是天然河流从区域边界流入海洋的水量。在水资源分析评价计算中，一般应当分别计算多年平均及不同频率年（或其他时段）出境、入境、入海水量，同时要研究出境、入境、入海水量的时空分布规律，以满足水资源供需分析的需要。

3.5.1　多年平均及不同频率年出境、入境、入海水量计算

出境、入境、入海水量计算应选取评价区边界附近的或河流入海口水文站，根据实测径流资料采用不同方法换算为出、入境断面的或入海断面的逐年水量，并分析其年际变化趋势。应该注意的是出境、入境、入海水量的计算，必须在实测径流资料已经还原的基础上进行。

（1）代表站法

当区域内只有一条河流过境时，若其入境（或出境）、入海处恰有径流资料年限较长且具有足够精度的代表站，该站多年平均及不同频率的年径流量，即为计算区域相应的入境（或出境）、入海水量。

在大多数情况下，代表站并不恰好处于区域边界上。例如，某区域入境代表站位于区内，其集水面积与本区面积有一部分相重复，这时需首先计算重复面积上的逐年产水量，然后从代表站对应年份的水量中予以扣除，从而组成入境逐年水量系列，经

频率计算后得多年平均及不同频率年入境水量。若入境代表站位于区域的上游，则需在代表站逐年水量系列的基础上，加上代表站以下至区域入境边界部分面积的逐年产水量，按同样方法推求多年平均及不同频率年入境水量。多年平均及不同频率年出境、入海水量，按以上同样方法进行计算。

（2）水量平衡法

河流上、下断面的年水量平衡方程式可以写成：

$$W_{下} = W_{上} + W_{支} - W_{蒸发} - W_{渗漏} + W_{地下} - W_{引、提} + W_{回归} \pm \Delta W_{槽蓄} \quad (3\text{-}8)$$

式中 $W_{上}$、$W_{下}$——上、下断面的年径流量；

$W_{支}$——年区间加入水量；

$W_{蒸发}$——河道水面蒸发量；

$W_{渗漏}$——河道渗漏量；

$W_{地下}$——地下水补给量；

$W_{引、提}$——河道上、下游断面之间的引水和提水量；

$W_{回归}$——回归水量；

$\Delta W_{槽蓄}$——河槽蓄水变化量。

式（3-8）中各变量的单位均为亿 m^3 或万 m^3。当过境河流的上、下断面恰与区域上、下游边界重合时，公式（3-8）便可改写为：

$$W_{出} = W_{入} + W_{支} - W_{蒸发} - W_{渗漏} + W_{地下} - W_{引、提} + W_{回归} \pm \Delta W_{槽蓄} \quad (3\text{-}9)$$

式中 $W_{出}$、$W_{入}$——区域年出境、入境水量，亿 m^3 或万 m^3。

其他符号意义同前。

当已知 $W_{入}$（或 $W_{出}$）和式（3-9）右端其他各分量时，由式（3-9）便可求得 $W_{出}$（或 $W_{入}$）。

当区域内有几条河流过境或入海时，需逐年将各河流的年入（出）境、入海水量相加，组成区域逐年总入（出）境、入海水量系列，经频率计算后得多年平均及不同频率的入（出）境、入海水量。根据各用水部门的不同要求，有时需要推求多年平均及不同频率的季（月）入（出）境、入海水量，其计算方法与其类同。

3.5.2 时空分布

入（出）境、入海水量的时间分布主要用年内分配、年际变化来反映。可参照本章（3.2、3.3 节）介绍的有关方法分析。在一般情况下，入（出）境、入海水量的年内分配可用正常年水量的月分配过程或连续最大四个月、枯水期水量占年水量的百分率等来反映，也可分析指定频率年入（出）境、入海水量的年内分配形式。入（出）境、入海水量的年际变化，可用代表站年入（出）境、入海水量的变差系数表示，也可通过入（出）境、入海水量的周期变化规律和连丰、连枯变化规律来反映。

第4章　地下水资源量计算

地下水资源是水资源的重要组成部分，对其计算是水资源评价的一项重要内容。本章的主要内容是根据《地下水资源量及可开采量补充细则（试行）》（水利部，水利水电规划设计总院，2002年10月，以下简称《补充细则》）的内容确定。

4.1　有关概念

①地下水是指赋存于地表面以下岩土空隙中的饱和重力水。

②地下水在垂向上分层发育。赋存在地表面以下第一含水层组内、直接受当地降水和地表水体补给、具有自由水位的地下水，称为潜水；赋存在潜水以下、与当地降水和地表水体没有直接补排关系的各含水层组的地下水，称为承压水。

③浅层地下水——埋藏相对较浅、由潜水及与当地潜水具有较密切水力联系的弱承压水组成的地下水称为浅层地下水。

④深层承压水——埋藏相对较深、与当地浅层地下水没有直接水力联系的地下水，称为深层承压水。深层承压水分层发育，潜水以下各含水层组的深层承压水依次称为第2、3、4、……含水层组深层承压水，其中，第2含水层组深层承压水不包括弱承压水。

⑤地下水资源量——指地下水中参与水循环且可以更新的动态水量（不含井灌回归补给量）。

⑥地下水可开采量——指在可预见的时期内，通过经济合理、技术可行的措施，在不引起生态环境恶化条件下允许从含水层中获取的最大水量。

4.2　资料搜集

需要详细调查统计的基础资料主要有：

①地形、地貌及水文地质资料；

②水文气象资料；
③地下水水位动态监测资料；
④地下水实际开采量资料；
⑤因开发利用地下水引发的生态环境恶化状况；
⑥引灌资料；
⑦水均衡试验场、抽水试验等成果，前人的有关研究、工作成果；
⑧其他有关资料。

4.3 地下水类型区的划分

地下水类型区（以下简称“类型区”）按3级划分，同一类型区的水文及水文地质条件比较相近，不同类型区之间的水文及水文地质条件差异明显。各级类型区名称及划分依据见表4-1。

表4-1 地下水资源计算类型区名称及划分依据

<table>
<tr><th colspan="2">Ⅰ级类型区</th><th colspan="2">Ⅱ级类型区</th><th colspan="2">Ⅲ级类型区</th></tr>
<tr><th>划分依据</th><th>名称</th><th>划分依据</th><th>名称</th><th>划分依据</th><th>名称</th></tr>
<tr><td rowspan="12">区域地形地貌特征</td><td rowspan="8">平原区</td><td rowspan="12">次级地形地貌特征、含水层岩性及地下水类型</td><td rowspan="2">一般平原区</td><td rowspan="12">水文地质条件、地下水埋深、包气带岩性及厚度</td><td>均衡计算区</td></tr>
<tr><td>⋮</td></tr>
<tr><td rowspan="2">内陆盆地平原区</td><td>均衡计算区</td></tr>
<tr><td>⋮</td></tr>
<tr><td rowspan="2">山间平原区（包括山间盆地平原区、山间河谷平原区和黄土高原台塬区）</td><td>均衡计算区</td></tr>
<tr><td>⋮</td></tr>
<tr><td rowspan="2">沙漠区</td><td>均衡计算区</td></tr>
<tr><td>⋮</td></tr>
<tr><td rowspan="4">山丘区</td><td rowspan="2">一般山丘区</td><td>均衡计算区</td></tr>
<tr><td>⋮</td></tr>
<tr><td rowspan="2">岩溶山区</td><td>均衡计算区</td></tr>
<tr><td>⋮</td></tr>
</table>

Ⅰ级类型区划分2类：平原区和山丘区。平原区系指海拔高程相对较低、地面起伏不大、第四系松散沉积物较厚的宽广平地，地下水类型以第四系孔隙水为主（被平原区围裹、面积不大于1 000 km²的山丘，可划归平原区）；山丘区系指海拔高程相对较高、地面绵延起伏、第四系覆盖物较薄的高地，地下水类型包括基岩裂隙水、岩溶

水和零散的第四系孔隙水。山丘区与平原区的交界处具有明显的地形坡度转折，该处即为山丘区与平原区之间的界线。

Ⅱ级类型区划分 6 类。其中，平原区划分 4 类：一般平原区、内陆盆地平原区、山间平原区（包括山间盆地平原区、山间河谷平原区和黄土台塬区，下同）和沙漠区。一般平原区指与海洋为邻的平原区；内陆盆地平原区指被山丘区环抱的内陆性平原区，该区往往与沙漠区接壤；山间平原区指四周被群山环抱、分布于非内陆性江河两岸的平原区；沙漠区指发育于干旱气候区的地面波状起伏、沙石裸露、植被稀疏矮小的平原区，又称荒漠区；山丘区划分 2 类：一般山丘区和岩溶山区。一般山丘区指由非可溶性基岩构成的山地（又称一般山区）或丘陵（又称一般丘陵区），地下水类型以基岩裂隙水为主；岩溶山区指由可溶岩构成的山地，地下水类型以岩溶水为主。

Ⅲ级类型区划分是在Ⅱ级类型区划分的基础上进行的。每个Ⅱ级类型区，首先根据水文地质条件划分出若干水文地质单元，然后再根据地下水埋深、包气带岩性及厚度等因素，将各水文地质单元分别划分出若干个均衡计算区，称Ⅲ级类型区。均衡计算区是各项资源量的最小计算单元。

4.4　水文地质参数的确定方法

水文地质参数是各项补给量、排泄量以及地下水蓄变量计算的重要依据。应根据有关基础资料（包括已有资料和开展观测、试验、勘察工作所取得的新成果资料），进行综合分析、计算，确定出适合于当地近期条件的参数值。

4.4.1.1　给水度 μ 值

给水度是指饱和岩土在重力作用下自由排出的重力水的体积与该饱和岩土体积的比值。μ 值大小主要与岩性及其结构特征（如岩土的颗粒级配、孔隙裂隙的发育程度及密实度等）有关；此外，第四系孔隙水在浅埋深（地下水埋深小于地下水毛细管上升高度）时，同一岩性，μ 值随地下水埋深减小而减小。

确定给水度的方法很多，目前，在区域地下水资源量评价工作中常用的方法有：

（1）抽水试验法

抽水试验法适用于典型地段特定岩性给水度测定。在含水层满足均匀无限（或边界条件允许简化）的地区，可采用抽水试验测定的给水度成果。

（2）地中渗透仪测定法和筒测法

通过均衡场地中渗透仪测定（测定的是特定岩性给水度）或利用特制的测筒进行筒测，即利用测筒（一般采用截面积为 3 000 cm^2 的圆铁筒）在野外采取原状土样，在室内注水令土样饱和后，测量自由排出的重力水体积，以排出的重力水体积与饱和土样体积的比值定量为该土样的给水度。这两种测定方法直观、简便，特别是筒测法，可测定黏土、亚黏土、亚砂土、粉细砂、细砂等岩土的给水度 μ 值。

(3) 实际开采量法

该方法适用于地下水埋深较大(此时，潜水蒸发量可忽略不计)且受侧向径流补排、河道补排和渠灌入渗补给都十分微弱的井灌区的给水度 μ 值测定。根据无降水时段(称计算时段)内观测区浅层地下水实际开采量、潜水水位变幅，采用下式计算给水度 μ 值：

$$\mu = \frac{Q_{开}}{F \cdot \Delta h} \tag{4-1}$$

式中 $Q_{开}$——计算时段内观测区浅层地下水实际开采量，m^3；

Δh——计算时段内观测区浅层地下水平均水位降幅，m；

F——观测区面积，m^2。

在选取计算时段时，应注意避开动水位的影响。为提高计算精度，可选取开采强度较大、能观测到开采前和开采后两个较稳定的地下水水位且开采前后地下水水位降幅较大的集中开采期作为计算时段。

(4) 其他方法

在浅层地下水开采强度大、地下水埋藏较深或已形成地下水水位持续下降漏斗的平原区(又称超采区)，可采用年水量平衡法及多元回归分析法推求给水度 μ 值。

值得注意的是：由于岩土组成与结构的差异，给水度 μ 值在水平、垂直两个方向变化较大。目前，μ 值的试验研究与各种确定方法都还存在一些问题，影响 μ 值的测试精度。因此，应尽量采用多种方法计算，相互对比验证，并结合相邻地区确定的 μ 值进行综合分析，合理定量。

4.4.1.2 降水入渗补给系数 α 值

降水入渗补给系数是降水入渗补给量 P_r 与相应降水量 P 的比值，即 $\alpha = P_r/P$。影响 α 值大小的因素很多，主要有包气带岩性、地下水埋深、降水量大小和强度、土壤前期含水量、地形地貌、植被及地表建筑设施等。目前，确定 α 值的方法主要有地下水水位动态资料计算法、地中渗透仪测定法和试验区水均衡观测资料分析法等。

(1) 地下水水位动态资料计算法

在侧向径流较微弱、地下水埋藏较浅的平原区，根据降水后地下水水位升幅 Δh 与变幅带相应埋深段给水度 μ 值的乘积(即 $\mu \cdot \Delta h$)与降水量 P 的比值计算 α 值。计算公式：

$$\alpha_{年} = \frac{\mu \cdot \sum \Delta h_{次}}{P_{年}} \tag{4-2}$$

式中 $\alpha_{年}$——年均降水入渗补给系数，无因次；

$\sum \Delta h_{次}$——年内各次降水引起的地下水水位升幅的总和，mm；

$P_{年}$——年降水量，mm。

该计算法是确定区域 α 值的最基本、常用的方法。$\alpha_{年}$ 在单站(分析 α 值选用的地下水水位动态监测井)上取多年平均值，分区上取各站多年平均 α 值的算术平均值(站点在分区上均匀分布时)或面积加权(泰森法)平均值(站点在分区上不均匀分布时)。做出不同岩性的降水入渗补给系数 α、地下水埋深 Z 与降水量 P 之间的关系曲线(即 $P \sim \alpha \sim Z$ 曲线)，并根据该关系曲线推求不同 P、Z 条件下的 α 值。

在西北干旱区，一年内仅有少数几次降水对地下水有补给作用，这几次降水称有效降水，这几次有效降水量之和称为年有效降水量（$P_{年有效}$）。$P_{年有效}$ 相应的 α 值称为年有效降水入渗补给系数（$\alpha_{年有效}$）。$\alpha_{年有效}$ 为年内各次有效降水入渗补给地下水水量之和（$\mu \cdot \sum \Delta h_{次}$）与年内各次有效降水量之和 $P_{年有效}$ 的比值，即：

$$\alpha_{年有效} = \frac{\mu \cdot \sum \Delta h_{次}}{P_{年有效}} \tag{4-3}$$

采用 $\alpha_{年有效}$ 计算降水入渗补给量 P_r 时，应用统计计算的 $P_{年有效}$，不得采用 $P_{年}$。

分析 α 值应选用具有较长地下水水位动态观测系列的观测井资料，受地下水开采、灌溉、侧向径流、河渠渗漏影响较大的长观资料，不适宜作为分析计算 α 值的依据。选取水位升幅 Δh 前，必须绘制地下水水位动态过程线图，在图中标示出各次降水过程（包括次降水量及其发生时间）和浅层地下水实际开采过程（包括实际开采量及其发生时间），不能仅按地下水水位观测记录数字进行演算。

目前，地下水水位长观井的监测频次以 5 日为多，选用观测频次为 5 日的长观资料计算 α 值，往往由于漏测地下水水位峰谷值而产生较大误差。因此，使用这样的水位监测资料计算 α 值时，需要对计算成果进行修正。修正公式如下：

$$\alpha_{1日} = K'' \cdot \alpha_{5日} \tag{4-4}$$

式中　$\alpha_{1日}$——根据逐日地下水水位观测资料计算的 α 值，即修正后的 α 值，无因次；

$\alpha_{5日}$——根据 5 日地下水水位观测资料计算的 α 值，即需要修正的 α 值，无因次；

K''——修正系数，无因次。修正系数 K'' 是根据逐日观测资料，分别摘取 5 日观测数据计算 $\alpha_{5日}$ 和利用逐日观测数据计算 $\alpha_{1日}$，以 $\alpha_{1日}$ 与 $\alpha_{5日}$ 的比值确定的，即 $K'' = \frac{\alpha_{1日}}{\alpha_{5日}}$。

（2）地中渗透仪法

采用水均衡试验场地中渗透仪测定不同地下水埋深、岩性、降水量的 α 值，直观、快捷。但是，地中渗透仪测定的 α 值是特定的地下水埋深、岩性、降水量和植被条件下的值，地中渗透仪中地下水水位固定不变，与野外地下水水位随降水入渗而上升的实际情况不同。因此，当将地中渗透仪测算的 α 值移用到降水入渗补给量均衡计算区时，要结合均衡计算区实际的地下水埋深、岩性、降水量和植被条件，进行必要的修正。当地下水埋深不大于 2m 时，地中渗透仪测得的 α 值偏大较多，不宜使用。

（3）其他方法

在浅层地下水开采强度大、地下水埋藏较深且已形成地下水水位持续下降漏斗的平原区（又称超采区），可采用水量平衡法及多元回归分析法推求降水入渗补给系数 α 值。

4.4.1.3　潜水蒸发系数 C 值

潜水蒸发系数是指潜水蒸发量 E 与相应计算时段的水面蒸发量 E_0 的比值，即 $C = E/E_0$。水面蒸发量 E_0、包气带岩性、地下水埋深 Z 和植被状况是影响潜水蒸发系数 C 的主要因素。可利用浅层地下水水位动态观测资料通过潜水蒸发经验公式拟合分析计算。

潜水蒸发经验公式（修正后的阿维里扬诺夫公式）：

$$E = k \cdot E_0 \cdot (1 - \frac{Z}{Z_0})^n \tag{4-5}$$

式中　Z_0——极限埋深，m，即潜水停止蒸发时的地下水埋深，黏土 Z_0 =5m 左右，亚黏土 Z_0 =4m 左右，亚砂土 Z_0 =3m 左右，粉细砂 Z_0 =2.5m 左右；

n——经验指数，无因次，一般为 1.0～2.0；

k——作物修正系数，无因次，无作物时 k 取 0.9～1.0，有作物时 k 取 1.0～1.3；

Z——潜水埋深，m；

E、E_0——潜水蒸发量和水面蒸发量，mm。

还可根据水均衡试验场地中渗透仪对不同岩性、地下水埋深、植被条件下潜水蒸发量 E 的测试资料与相应水面蒸发量 E_0 计算潜水蒸发系数 C。分析计算潜水蒸发系数 C 时，使用的水面蒸发量 E_0 为 E601 型蒸发器的观测值，应用其它型号的蒸发器观测资料时，应换算成 E601 型蒸发器的数值。

4.4.1.4　灌溉入渗补给系数 β 值

灌溉入渗补给系数 β（包括渠灌田间入渗补给系数 $\beta_{渠}$ 和井灌回归补给系数 $\beta_{井}$）是指田间灌溉入渗补给量 h_r 与进入田间的灌水量 $h_{灌}$（渠灌时，$h_{灌}$ 为进入斗渠的水量；井灌时，$h_{灌}$ 为实际开采量，下同）的比值，即 $\beta = h_r/h_{灌}$。影响 β 值大小的因素主要是包气带岩性、地下水埋深、灌溉定额及耕地的平整程度。确定灌溉入渗补给系数 β 值的方法有：

（1）利用公式 $\beta = h_r/h_{灌}$ 直接计算。公式中，h_r 可用灌水后地下水水位的平均升幅 Δh 与变幅带给水度 μ 的乘积（即 $h_r = \mu \cdot \Delta h$，h_r 与 Δh 均以深度表示）计算；$h_{灌}$ 可采用引灌水量（用深度表示）或根据次灌溉定额与年灌溉次数的乘积（即年灌水定额，用深度表示）计算。

（2）根据野外灌溉试验资料，确定不同土壤岩性、地下水埋深、次灌溉定额时的 β 值。

（3）在缺乏地下水水位动态观测资料和有关试验资料的地区，可采用降水前土壤含水量较低、次降水量大致相当于次灌溉定额情况下的次降水入渗补给系数 $\alpha_{次}$ 值近似地代表灌溉入渗补给系数 β 值。

（4）在降水量稀少（降水入渗补给量甚微）、田间灌溉入渗补给量基本上是地下水唯一补给来源的干旱区，选取灌区地下水埋深大于潜水蒸发极限埋深的计算时段（该时段内潜水蒸发量可忽略不计），采用下式计算灌溉入渗补给系数 β 值：

$$\beta = \frac{Q_{开} \pm \mu \cdot \Delta h}{h_{灌}} \tag{4-6}$$

式中　$Q_{开}$——计算时段内灌区平均浅层地下水实际开采量，m；

Δh——计算时段内灌区平均地下水水位变幅，m，计算时段初地下水水位较高（或地下水埋深较小）时取负值，计算时段末地下水水位较高（或地下水埋深较小）时取正值；

$h_{灌}$——计算时段内灌区平均田间灌水量，m，包括井灌水量和渠灌水量。

4.4.1.5　渠系渗漏补给系数 m 值

渠系渗漏补给系数 m 是指渠系渗漏补给量 $Q_{渠系}$ 与渠首引水量 $Q_{渠首引}$ 的比值，即：$m=Q_{渠系}/Q_{渠首引}$。渠系渗漏补给系数 m 值的主要影响因素是渠道衬砌程度、渠道两岸包气带和含水层岩性特征、地下水埋深、包气带含水量、水面蒸发强度以及渠系水位和过水时间。可按下列方法分析确定 m 值。

(1) 根据渠系有效利用系数 η 确定 m 值

渠系有效利用系数 η 为灌溉渠系送入田间的水量与渠首引水量的比值，在数值上等于干、支、斗、农、毛各级渠道有效利用系数的连乘积，为方便起见，渠系渗漏补给量可主要计算干、支两级渠道，斗、农、毛三级渠道的渠系渗漏补给量并入田间入渗补给量中，故 η 值在使用上是干、支两级渠道有效利用系数的乘积。计算公式：

$$m=\gamma\cdot(1-\eta) \tag{4-7}$$

式中　　γ—修正系数。

渠首引水量 $Q_{渠首引}$ 与进入田间的水量 $Q_{渠首引}\cdot\eta$ 之差为 $Q_{渠首引}(1-\eta)$。实际上，渠系渗漏补给量应是 $Q_{渠首引}(1-\eta)$ 减去消耗于湿润渠道两岸包气带土壤（称浸润带）和浸润带蒸发的水量、渠系水面蒸发量、渠系退水量和排水量。修正系数 γ 为渠系渗漏补给量与 $Q_{渠首引}(1-\eta)$ 的比值，可通过有关测试资料或调查分析确定。γ 值的影响因素较多，主要受水面蒸发强度和渠道衬砌程度控制，其次还受渠道过水时间长短、渠道两岸地下水埋深以及包气带岩性特征和含水量多少的影响。γ 值的取值范围一般在 0.3～0.9，水面蒸发强度大（即水面蒸发量 E_0 值大）、渠道衬砌良好、地下水埋深小、间歇性输水时，γ 取小值；水面蒸发强度小（即水面蒸发量 E_0 值小）、渠道未衬砌、地下水埋深大、长时间连续输水时，γ 取大值。

(2) 根据渠系渗漏补给量计算 m 值

当灌区引水灌溉前后渠道两岸地下水水位只受渠系渗漏补给和渠灌田间入渗补给影响时，可采用下式计算 m 值：

$$m=\frac{Q_{渠补}-Q_{渠灌}}{Q_{渠首引}} \tag{4-8}$$

$$Q_{渠补}=Q_{渠系}+Q_{渠灌}$$

式中　$Q_{渠灌}$ ——田间入渗补给量，万 m^3；

　　　$Q_{渠补}$ ——渠系渗漏补给量，$Q_{渠系}$ 与 $Q_{渠灌}$ 之和，万 m^3。

渠系渗漏补给量 $Q_{渠系}$ 可根据渠道两岸渠系渗漏补给影响范围内渠系过水前后地下水水位升幅、变幅带给水度 μ 值等资料计算；$Q_{渠灌}$ 可根据渠系渗漏补给影响范围之外渠灌前后地下水水位升幅、变幅带给水度 μ 值等资料计算。分析计算时，渠系引水量应扣除渠系下游退水量及引出计算渠系的水量，并注意将各级渠道输水渗漏的水量按规定分别计入渠系（干、支两级）渗漏补给量及渠灌田间（斗、农、毛）入渗补给量内。

(3) 利用渗流理论计算公式确定 m 值

利用渗流理论计算公式（如考斯加柯夫自由渗流、达西渗流和非稳定流等，具体公式参考有关水文地质书籍）求得渠系渗漏补给量 $Q_{渠系}$，进而用下式确定 m 值：

$$m=Q_{渠系}/Q_{渠首引} \tag{4-9}$$

在应用式（4-8）、式（4-9）计算 m 值时，需注意避免在 $Q_{渠系}$ 中含有田间灌溉入渗补给量。

4.4.1.6　渗透系数 K 值

渗透系数为水力坡度（又称水力梯度）等于1时的渗透速度（单位：m/d）。影响渗透系数 K 值大小的主要因素是岩性及其结构特征。确定渗透系数 K 值有抽水试验、室内仪器（吉姆仪、变水头测定管）测定、野外同心环或试坑注水试验以及颗粒分析、孔隙度计算等方法。其中，采用稳定流或非稳定流抽水试验，并在抽水井旁设有水位观测孔，确定 K 值的效果最好。上述方法的计算公式及注意事项、相关要求等可参阅有关水文地质书籍。

4.4.1.7　导水系数、弹性释水系数、压力传导系数及越流系数

导水系数 T 是表示含水层导水能力大小的参数，在数值上等于渗透系数 K 与含水层厚度 M 的乘积（单位：m^2/d），即 $T = K \cdot M$。T 值大小的主要影响因素是含水层岩性特征和厚度。

弹性释水系数 μ^*（又称弹性贮水系数）是表示当承压含水层地下水水位变化1m时从单位面积（$1m^2$）含水层中释放（或贮存）的水量。μ^* 的主要影响因素是承压含水层的岩性及埋藏部位。μ^* 的取值范围一般为 $10^{-4} \sim 10^{-5}$。

压力传导系数 a（又称水位传导系数）是表示地下水的压力传播速度的参数，在数值上等于导水系数 T 与释水系数（潜水时为给水度 μ，承压水时为弹性释水系数 μ^*）的比值（单位：m^2/d），即：$a = T/\mu$ 或 $a = T/\mu^*$。a 值大小的主要影响因素是含水层的岩性特征和厚度。

越流系数 Ke 是表示弱透水层在垂向上的导水性能，在数值上等于弱透水层的渗透系数 K'' 与该弱透水层厚度 M'' 的比值，即 $Ke = K''/M''$（式中，Ke 的单位为m/（d·m）或1/d，K'' 的单位为m/d，M'' 的单位为m）。影响 Ke 值大小的主要因素是弱透水层的岩性特征和厚度。

T、μ^*、a、Ke 等水文地质参数均可用稳定流抽水试验或非稳定流抽水试验的相关资料分析计算，计算公式等可参阅有关水文地质书籍。

4.4.1.8　缺乏有关资料地区水文地质参数的确定

缺乏地下水水位动态观测资料、水均衡试验场资料和其它野外的或室内的试验资料的地区，可根据类比法原则，移用条件相同或相似地区的有关水文地质参数。移用时，应根据移用地区与被移用地区间在水文气象、地下水埋深、水文地质条件等方面的差异，进行必要的修正。

4.5　浅层地下水矿化度分区的确定方法

根据地下水水质评价中地下水矿化度分区成果，对平原区矿化度 $M \leqslant 1g/L$、$1g/L < M \leqslant 2g/L$、$2g/L < M \leqslant 3g/L$、$3g/L < M \leqslant 5g/L$ 和 $M > 5g/L$ 等5个范围的地下水资源量进行评价。其中，$M \leqslant 1g/L$、$1g/L < M \leqslant 2g/L$ 两个矿化度范围的地下水资源量可参与水资源总量评价，其余各矿化度范围的地下水资源量可不参与水资源总量评价。山丘区地下水资源量不进行矿化度分区。

4.6　平原区各项补给量、排泄量、地下水资源量及蓄变量的计算

计算各地下水Ⅲ级类型区（或均衡计算区）近期条件下各项补给量、排泄量以及地下水总补给量、地下水资源量和地下水蓄变量，并将这些计算成果分配到各计算分区（即水资源三级区套地级行政区）中。

4.6.1　平原区各项补给量的计算方法

补给量包括降水入渗补给量、河道渗漏补给量、库塘渗漏补给量、渠系渗漏补给量、渠灌田间入渗补给量、人工回灌补给量、山前侧向补给量和井灌回归补给量。

4.6.1.1　降水入渗补给量

降水入渗补给量是指降水（包括坡面漫流和填洼水）渗入到土壤中并在重力作用下渗透补给地下水的水量。降水入渗补给量一般采用下式计算：

$$P_r = 10^{-1} \cdot P \cdot \alpha \cdot F \tag{4-10}$$

式中　P_r ——降水入渗补给量，万 m^3；

P ——降水量，mm；

α ——降水入渗补给系数；

F ——均衡计算区计算面积，km^2。

4.6.1.2　河道渗漏补给量

当河道水位高于河道岸边地下水水位时，河水渗漏补给地下水。

河道渗漏补给量可采用下述两种方法计算。

（1）水文分析法

该方法适用于河道附近无地下水水位动态观测资料但具有完整的计量河水流量资料的地区。计算公式：

$$Q_{河补} = (Q_{上} - Q_{下} + Q_{区入} - Q_{区出}) \cdot (1-\lambda) \cdot \frac{L}{L'} \tag{4-11}$$

式中　$Q_{河补}$ ——河道渗漏补给量，万 m^3；

$Q_{上}$、$Q_{下}$ ——分别为河道上、下水文断面实测河川径流量，万 m^3；

$Q_{区入}$ ——上、下游水文断面区间汇入该河段的河川径流量，万 m^3；

$Q_{区出}$ ——上、下游水文断面区间引出该河段的河川径流量，万 m^3；

λ ——修正系数，即上、下两个水文断面间河道水面蒸发量、两岸浸润带蒸发量之和占（$Q_{上} - Q_{下} + Q_{区入} - Q_{区出}$）的比率，可根据有关测试资料分析确定；

L ——计算河道或河段的长度，m；

L' ——上、下两水文断面间河段的长度，m。

（2）地下水动力学法（剖面法）

当河道水位变化比较稳定时，可沿河道岸边切割剖面，通过该剖面的水量即为河

水对地下水的补给量。单侧河道渗漏补给量采用达西公式计算：

$$Q_{河补} = 10^{-4} \cdot K \cdot I \cdot A \cdot L \cdot t \tag{4-12}$$

式中 $Q_{河补}$——单侧河道渗漏补给量，万 m^3；

K——剖面位置的渗透系数，m/d；

I——垂直于剖面的水力坡度；

A——单位长度河道垂直于地下水流向的剖面面积，m^2/m；

L——河道或河段长度，m；

t——河道或河段过水（或渗漏）时间，d。

若河道或河段两岸水文地质条件类似且都有渗漏补给时，则式（4-12）计算的 $Q_{河补}$ 的 2 倍即为该河道或河段两岸的渗漏补给量。剖面的切割深度应是河水渗漏补给地下水的影响带（该影响带的确定方法参阅有关水文地质书籍）的深度；当剖面为多层岩性结构时，K 值应取用计算深度内各岩土层渗透系数的加权平均值。

利用式（4-12）计算多年平均单侧河道渗漏补给量时，I、A、L、t 等计算参数应采用多年平均值。

4.6.1.3 库塘渗漏补给量

当位于平原区的水库、湖泊、塘坝等蓄水体的水位高于岸边地下水水位时，库塘等蓄水体渗漏补给岸边地下水。计算方法有：

（1）地下水动力学法（剖面法）

沿库塘周边切割剖面，利用式（4-12）计算，库塘不存在两岸补给情况。

（2）出入库塘水量平衡法

计算公式：

$$Q_{库} = Q_{入库} + P_{库} - E_0 - Q_{出库} - E_{浸} \pm Q_{库蓄} \tag{4-13}$$

式中 $Q_{库}$——库塘渗漏补给量，万 m^3；

$Q_{入库}$、$Q_{出库}$——分别为入库塘水量和出库塘水量，万 m^3；

E_0——库塘的水面蒸发量（采用 E601 蒸发器的观测值或换算成 E601 型蒸发器的蒸发量），万 m^3；

$P_{库}$——库塘水面的降水量，万 m^3；

$E_{浸}$——库塘周边浸润带蒸发量，万 m^3；

$Q_{库蓄}$——库塘蓄变量（即年初、年末库塘蓄水量之差，当年初库塘蓄水量较大时取“+”值，当年末库塘蓄水量较大时取“−”值），万 m^3。

利用式（4-13）计算多年平均库塘渗漏补给量时，$Q_{入库}$、$Q_{出库}$、$P_{库}$、E_0、$E_{浸}$、$Q_{库蓄}$ 等应采用多年平均值。

4.6.1.4 渠系渗漏补给量

渠系是指干、支、斗、农、毛各级渠道的统称。渠系水位一般均高于其岸边的地下水水位，故渠系水一般均补给地下水。渠系水补给地下水的水量称为渠系渗漏补给量。计算方法有：

（1）地下水动力学法（剖面法）

沿渠系岸边切割剖面，计算渠系水通过剖面补给地下水的水量，采用式（4-12）计算。

（2）渠系渗漏补给系数法

计算公式：

$$Q_{渠系} = m \cdot Q_{渠首引} \tag{4-14}$$

式中　$Q_{渠首引}$——渠首引水量，万m^3；

m——渠系渗漏补给系数。

利用地下水动力学法或渠系渗漏补给系数法，即利用式（4-12）或式（4-14）计算多年平均渠系渗漏补给量$Q_{渠系}$时，相关计算参数应采用多年平均值。

4.6.1.5　渠灌田间入渗补给量

渠灌田间入渗补给量是指渠灌水进入田间后，入渗补给地下水的水量。可将斗、农、毛三级渠道的渗漏补给量纳入渠灌田间入渗补给量。渠灌田间入渗补给量可利用下式计算：

$$Q_{渠灌} = \beta_{渠} \cdot Q_{渠田} \tag{4-15}$$

式中　$Q_{渠灌}$——渠灌田间入渗补给量，万m^3；

$\beta_{渠}$——渠灌田间入渗补给系数；

$Q_{渠田}$——渠灌水进入田间的水量（应用斗渠渠首引水量），万m^3。

利用式（4-15）计算多年平均渠灌田间入渗补给量时，$Q_{渠田}$采用多年平均值，$\beta_{渠}$采用近期地下水埋深和灌溉定额条件下的分析成果。

4.6.1.6　人工回灌补给量

人工回灌补给量是指通过井孔、河渠、坑塘或田面等方式，人为地将地表水等灌入地下且补给地下水的水量。可根据不同的回灌方式采用不同的计算方法。例如，井孔回灌，可采用调查统计回灌量的方法；河渠、坑塘或田面等方式的人工回灌补给量，可分别按计算河道渗漏补给量、渠系渗漏补给量、库塘渗漏补给量或渠灌田间入渗补给量的方法进行计算。

4.6.1.7　地表水体补给量

地表水体补给量是指河道渗漏补给量、库塘渗漏补给量、渠系渗漏补给量、渠灌田间入渗补给量及以地表水为回灌水源的人工回灌补给量之和。由河川基流量形成的地表水体补给量，可根据地表水体中河川基流量占河川径流量的比率确定。

4.6.1.8　山前侧向补给量

山前侧向补给量是指发生在山丘区与平原区交界面上，山丘区地下水以地下潜流形式补给平原区浅层地下水的水量。山前侧向补给量可采用剖面法利用达西公式计算：

$$Q_{山前侧} = 10^{-4} \cdot K \cdot I \cdot A \cdot t \tag{4-16}$$

式中　$Q_{山前侧}$——山前侧向补给量，万m^3；

K——剖面位置的渗透系数，m/d；

I——垂直于剖面的水力坡度；

A——剖面面积，m^2；

t——时间，采用365d。

采用式（4-16）计算多年平均山前侧向补给量时，应同时满足以下4点技术要求：

①水力坡度I应与剖面相垂直，不垂直时，应根据剖面走向与地下水流向间的夹

角，对水力坡度I值按余弦关系进行换算；剖面位置应尽可能靠近补给边界（即山丘区与平原区界线）。

②渗透系数K值，可采用垂向全剖面混合试验成果，也可采用分层试验成果。采用后者时，应按不同含水层和弱透水层的厚度取用加权平均值。

③在计算多年平均山前侧向补给量时，水力坡度I值采用多年平均值。

④切割剖面的底界一般采用当地浅层地下水含水层的底板；沿山前切割的剖面线一般为折线，应分段分别计算各折线段剖面的山前侧向补给量，并以各分段计算结果的总和作为全剖面的山前侧向补给量。

4.6.1.9 井灌回归补给量

井灌回归补给量是指井灌水（系浅层地下水）进入田间后，入渗补给地下水的水量，井灌回归补给量包括井灌水输水渠道的渗漏补给量。井灌回归补给量可利用下式计算：

$$Q_{井灌} = \beta_{井} \cdot Q_{井田} \tag{4-17}$$

式中 $Q_{井灌}$——井灌回归补给量，万m^3；

$\beta_{井}$——井灌回归补给系数；

$Q_{井田}$——井灌水进入田间的水量（使用浅层地下水实际开采量中用于农田灌溉的部分），万m^3。

利用式（4-17）计算多年平均井灌回归补给量时，$Q_{井田}$采用多年平均值，$\beta_{井}$采用近期地下水埋深和灌溉定额条件下灌溉入渗补给系数的分析成果。

4.6.2 平原区地下水总补给量、地下水资源量

平原区各项多年平均补给量之和为多年平均地下水总补给量。平原区多年平均地下水总补给量减去多年平均井灌回归补给量，其差值即为平原区多年平均地下水资源量。

4.6.3 平原区各项排泄量、总排泄量的计算方法

排泄量包括潜水蒸发量、河道排泄量、侧向流出量和浅层地下水实际开采量。

4.6.3.1 潜水蒸发量

潜水蒸发量是指潜水在毛细管作用下，通过包气带岩土向上运动造成的蒸发量（包括棵间蒸发量和被植物根系吸收造成的叶面蒸散发量两部分）。计算方法主要有以下两种。

（1）潜水蒸发系数法

$$E = 10^{-1} \cdot E_0 \cdot C \cdot F \tag{4-18}$$

式中 E——潜水蒸发量，万m^3；

E_0——水面蒸发量（采用E601型蒸发器的观测值或换算成E601型蒸发器的蒸发量），mm；

C——潜水蒸发系数；

F——计算面积，km^2。

利用式（4-18）计算多年平均潜水蒸发量时，计算参数E_0、C应采用多年平均值。

(2) 经验公式计算法

采用潜水蒸发经验公式，即式（4-5），计算用深度表示的潜水蒸发量（mm），再根据均衡计算区的计算面积，换算成用体积表示的潜水蒸发量（万 m^3）。采用此法计算均衡计算区多年平均潜水蒸发量时，Z 、E_0 等计算参数应采用多年平均值。

4.6.3.2　河道排泄量

当河道内河水水位低于岸边地下水水位时，河道排泄地下水，排泄的水量称为河道排泄量。计算方法、计算公式同河道渗漏补给量的计算。

4.6.3.3　侧向流出量

以地下潜流形式流出计算区的水量称为侧向流出量。一般采用地下水动力学法（剖面法）计算，即沿均衡计算区的地下水下游边界切割计算剖面，利用式（4-16）计算侧向流出量。

4.6.3.4　浅层地下水实际开采量

各均衡计算区的浅层地下水实际开采量应通过调查统计得出。可采用各均衡计算区多年平均浅层地下水实际开采量调查统计成果作为各相应均衡计算区的多年平均浅层地下水实际开采量。

4.6.3.5　总排泄量的计算方法

均衡计算区内各项多年平均排泄量之和为该均衡计算区的多年平均总排泄量。

4.6.4　平原区浅层地下水蓄变量的计算方法

浅层地下水蓄变量是指均衡计算区计算时段初浅层地下水储存量与计算时段末浅层地下水储存量的差值。通常采用下式计算：

$$\Delta W = 10^2 \cdot (h_1 - h_2) \cdot \mu \cdot F/t \tag{4-19}$$

式中　ΔW——年浅层地下水蓄变量，万 m^3；

h_1——计算时段初地下水水位，m；

h_2——计算时段末地下水水位，m；

μ——地下水水位变幅带给水度；

F——计算面积，km^2；

t——计算时段长度，a。

利用式（4-19）计算多年平均浅层地下水蓄变量时，h_1 、h_2 应分别采用多年间起、讫年份的年均值。当 $h_1 > h_2$（或 $Z_1 < Z_2$）时，ΔW 为“+”；当 $h_1 < h_2$（或 $Z_1 > Z_2$）时，ΔW 为“−”；当 $h_1 = h_2$（或 $Z_1 = Z_2$）时，$\Delta W = 0$ 。

4.6.5　平原区水均衡分析

水均衡是指均衡计算区或计算分区内多年平均地下水总补给量（$Q_{总补}$）与总排泄量（$Q_{总排}$）的均衡关系，即 $Q_{总补} = Q_{总排}$ 。在人类活动影响和均衡期间代表多年的年数并非足够多的情况下，水均衡还与均衡期间的浅层地下水蓄变量（ΔW）有关，因此，在实际应用水均衡理论时，一般指均衡期间多年平均地下水总补给量、总排泄量和浅层地下水蓄变量三者之间的均衡关系，即：

$$Q_{总补} - Q_{总排} \pm \Delta W = X \tag{4-20}$$

$$\frac{X}{Q_{总补}} \cdot 100\% = \delta \tag{4-21}$$

式中 X——绝对均衡差，万 m^3；

δ——相对均衡差,%。

$|X|$ 值或 $|\delta|$ 值较小时，可近似判断为 $Q_{总补}$ 、$Q_{总排}$ 、ΔW 三项计算成果的计算误差较小，亦即计算精确程度较高；$|X|$ 值或 $|\delta|$ 值较大时，可近似判断为 $Q_{总补}$ 、$Q_{总排}$ 、ΔW 三项计算成果的计算误差较大，亦即计算精确程度较低。

为提高计算成果的可靠性，对平原区的各个水资源分区逐一进行水均衡分析，当水资源分区的 $|\delta| > 20\%$ 时，要对该水资源分区的各项补给量、排泄量和浅层地下水蓄变量进行核算，必要时，对某个或某些计算参数做合理调整，直至其 $|\delta| \leqslant 20\%$ 为止。

4.7 山丘区排泄量、入渗量和地下水资源量的计算方法

4.7.1 山丘区各项排泄量的计算方法

排泄量包括河川基流量、山前泉水溢出量、山前侧向流出量、浅层地下水实际开采量和潜水蒸发量。

4.7.1.1 河川基流量计算方法

河川基流量是指河川径流量中由地下水渗透补给河水的部分，即河道对地下水的排泄量。河川基流量是一般山丘区和岩溶山区地下水的主要排泄量，可通过分割河川径流量过程线的方法计算。

(1) 选用水文站的技术要求

为计算河川基流量选择的水文站应符合下列要求：

①选用水文站具有一定系列长度的比较完整、连续的逐日河川径流量观测资料；

②选用水文站所控制的流域闭合，地表水与地下水的分水岭基本一致；

③按地形地貌、水文气象、植被和水文地质条件，选择各种有代表性的水文站；

④单站选用水文站的控制流域面积宜介于 300～5 000km² 之间，为了对上游各选用水文站河川基流分割的成果进行合理性检查，还应选用少量的单站控制流域面积大于 5 000km² 且有代表性的水文站；

⑤在水文站上游建有集水面积超过该水文站控制面积 20%以上的水库，或在水文站上游河道上有较大引、提水工程，以及从外流域向水文站上游调入水量较大，且未做还原计算的水文站，均不宜作为河川基流分割的选用水文站。

(2) 单站年河川基流量的分割方法

根据选用水文站实测逐日河川径流资料，点绘河川径流过程线，采用直线斜割法分割单站不少于 10 年的年实测河川径流量中的河川基流量。若选用水文站有河川径流还原水量，应对分割的成果进行河川基流量还原。河川基流量还原水量的定量方法是：

首先，根据地表水资源量中河川径流还原水量在年内的分配时间段，利用分割的实测河川基流量成果，分别确定相应时间段内分割的河川基流量占实测河川径流量的比率（即各时间段基流比）；然后，以各时间段的基流比乘以相应时间段的河川径流还原水量，乘积即为该时间段的河川基流还原水量；最后，将年内各时间段的河川基流还原水量相加，即为该年的河川基流还原水量。进行了河川基流还原后的河川基流量，为相应选用水文站还原后的河川径流量中的河川基流量。

直线斜割法是比较常用的方法，对于年河川径流过程属于单洪峰型或双洪峰型时特别适用。在逐日河川径流过程线上分割河川径流量时，枯季无明显地表径流的河川径流量（过程线距离时间坐标较近且无明显起伏）应全部作为河川基流量（俗称清水流量）；自洪峰起涨点至河川径流退水段转折点（又称拐点）以直线相连，该直线以下部分即为河川基流量。在逐日河川径流过程线上，洪峰起涨点比较明显和容易确定，而退水段的转折点往往不容易分辨。因此，准确判定退水段的转折点是直线斜割法计算单站河川基流量的关键。确定退水段的转折点最常用的方法是综合退水曲线法（此外，还有消退流量比值法、消退系数比较法等，可参阅有关书籍）。

采用综合退水曲线法确定、判断退水段转折点的具体做法是：首先，绘制年逐日河川径流量过程线（以下简称"过程线"）；在该过程线上，将各个无降水影响的退水段曲线（以下简称"退水曲线"）绘出（即在过程线上描以特殊色调）；将各个退水曲线在该年河川径流过程线坐标系上做水平移动，使各个退水曲线的尾部（即退水曲线发生时间段的末端）重合，并做出这一组退水曲线的外包线，该外包线称为综合退水曲线；再将此综合退水曲线绘制在与河川径流过程线坐标系相同的透明纸上；然后，将描绘在透明纸上的综合退水曲线，在始终保持透明纸上的坐标系与河川径流过程线坐标系的横纵坐标总是平行的条件下，移动透明纸，使透明纸上的综合退水曲线的尾部与河川径流过程线上的各个退水段曲线的尾部重合，则综合退水曲线与河川径流过程线上各个退水段曲线的交叉点或分叉点，即为相应各个退水段的退水转折点。

在我国南方雨量比较丰沛的地区，洪水频繁发生，河川径流过程线普遍呈连续峰型，当采用直线斜割法有困难时，可采用加里宁试算法分割河川基流量。加里宁试算法，是根据河川基流量一般由基岩裂隙地下水所补给的特点，并假定地下水含水层向河道排泄的水量（即河川基流量）与地表径流量（包括坡面漫流量和壤中流量）之间存在比例关系，利用试算法确定合理的比例系数，再通过对水均衡方程的反复演算得出年河川基流量。计算公式可参阅有关专著。为保证加里宁试算法分割的河川基流量与直线斜割法分割的河川基流量一致，当选用加里宁试算法分割河川基流量时，要求对两种分割方法（即直线斜割法和加里宁试算法）的成果进行对比分析，必要时，对加里宁试算法的分割成果进行修正。

（3）单站年河川基流量系列的计算

根据单站不少于 10 年的年河川基流量分割成果，建立该站河川径流量（R）与河川基流量（R_g）的关系曲线（R 及 R_g 均采用还原后的水量），即 $R \sim R_g$ 关系曲线，再根据该站未进行年河川基流量分割年份的河川径流量（采用还原和修正后的资料），

从 $R \sim R_g$ 关系曲线中分别查算各年的河川基流量。

（4）计算分区河川基流量系列的计算

计算分区内，可能有一个或几个选用水文站控制的区域，还可能有未被选用水文站所控制的区域。可按下列计算步骤计算各计算分区年河川基流量系列：

首先，在计算分区内，计算各选用水文站控制区域逐年的河川基流模数，计算公式：

$$M_{0基i}^{j} = \frac{R_{g站i}^{j}}{f_{站i}} \tag{4-22}$$

式中　$M_{0基i}^{j}$——选用水文站 i 在 j 年的河川基流模数，万 m^3/km^2；

$R_{g站i}^{j}$——选用水文站 i 在 j 年的河川基流量，万 m^3；

$f_{站i}$——选用水文站 i 的控制区域面积，km^2。

其次，在计算分区内，根据地形地貌、水文气象、植被、水文地质条件类似区域逐年的河川基流模数，按照类比法原则，确定未被选用水文站所控制的区域逐年的河川基流模数。

最后，按照面积加权平均法的原则，利用下式计算各计算分区年河川基流量系列：

$$R_{gj} = \sum M_{0基i}^{j} \cdot F_i \tag{4-23}$$

式中　R_{gj}——计算分区 j 年的河川基流量，万 m^3；

$M_{0基i}^{j}$——计算分区选用水文站 i 控制区域 j 年的河川基流模数或未被选用水文站所控制的 i 区域 j 年的河川基流模数，万 m^3/km^2；

F_i——计算分区内选用水文站 i 控制区域的面积或未被水文控制站所控制的 i 区域的面积。

4.7.1.2　逐年山前泉水溢出量的计算方法

泉水是山丘区地下水的重要组成部分。山前泉水溢出量是指出露于山丘区与平原区交界线附近，且未计入河川径流量的诸泉水水量之和。在调查统计各泉水流量的基础上进行分析计算。

（1）逐年单泉年均流量的调查统计

对在山前出露且未计入河川径流量的泉逐一进行逐年的年均流量调查统计。缺乏年均流量资料的年份，可根据邻近年份的年均流量采用趋势法进行插补。

（2）逐年单泉山前泉水溢出量的计算：

采用下式计算单泉年山前泉水溢出量

$$Q_{单泉i} = 3\,153.6 \times q_i \tag{4-24}$$

式中　$Q_{单泉i}$—— i 年单泉年山前泉水溢出量，万 m^3；

q_i—— i 年单泉年均山前泉水流量，m^3/s。

（3）计算分区逐年山前泉水溢出量的计算

将计算分区内各单泉逐年的山前泉水溢出量对应相加，即为该计算分区的逐年的山前泉水溢出量。

4.7.1.3　逐年山前侧向流出量的计算方法

山前侧向流出量是指山丘区地下水以地下潜流形式向平原区排泄的水量。该量即为平原区的山前侧向补给量，计算公式同平原区山前侧向补给量。

采用式（4-16）计算逐年的山前侧向流出量（水力坡度 I 分别采用逐年的年均值）。缺乏水力坡度 I 资料的年份，可根据邻近年份的山前侧向流出量采用趋势法进行插补。

4.7.1.4　逐年浅层地下水实际开采量和潜水蒸发量的计算方法

（1）逐年浅层地下水实际开采量的计算

浅层地下水实际开采量是指发生在一般山丘区、岩溶山区（包括未单独划分为山间平原区的小型山间河谷平原）的浅层地下水实际开采量（含矿坑排水量），从该量中扣除在用水过程中回归补给地下水部分的剩余量，称为浅层地下水实际开采净消耗量。采用调查统计方法估算山丘区浅层地下水实际开采量及开采净消耗量。

调查统计各计算分区尽可能多的年份的浅层地下水实际开采量，并根据用于农田灌溉的水量和井灌定额等资料，估算井灌回归补给量，以浅层地下水实际开采量与该年井灌回归补给量之差作为相应年份的浅层地下水实际开采净消耗量。具有较大规模地下水开发利用期间，缺乏统计资料年份的浅层地下水实际开采量和开采净消耗量，可根据邻近年份的年浅层地下水实际开采量和开采净消耗量采用趋势法进行插补。

（2）逐年潜水蒸发量的计算

潜水蒸发量是指发生在未单独划分为山间平原区的小型山间河谷平原的浅层地下水，在毛细管作用下，通过包气带岩土向上运动造成的蒸发量（包括棵间蒸发量和被植物根系吸收造成的叶面蒸散发量两部分）。各计算分区年潜水蒸发量的计算方法同平原区，即采用式（4-18）估算。

逐一进行年潜水蒸发量的估算，缺乏地下水埋深等相关资料的年份，可根据邻近年份的潜水蒸发量采用趋势法进行插补。

4.7.2　山丘区总排泄量、入渗量和地下水资源量的计算方法

山丘区近期下垫面条件下降水入渗补给量系列的计算方法

（1）山丘区逐年总排泄量和降水入渗补给量的计算方法

山丘区河川基流量、山前泉水溢出量、山前侧向流出量、浅层地下水实际开采量和潜水蒸发量之和为山丘区总排泄量。从山丘区总排泄量中扣除回归补给地下水部分为山丘区浅层地下水资源量，亦即山丘区降水入渗补给量。

山丘区逐年各项排泄量之和为山丘区逐年总排泄量。山丘区逐年总排泄量与逐年回归补给地下水量之差为山丘区逐年降水入渗补给量。

（2）利用山丘区降水入渗补给量与降雨量的相关关系（$Pr_{山} \sim P_{山}$）推求降水入渗补给量

首先，根据已有的一定长度的逐年降水入渗补给量 $Pr_{山}$ 和对应的逐年降水量 $P_{山}$，建立 $Pr_{山} \sim P_{山}$ 关系曲线，分析其合理性之后，即可利用 $Pr_{山} \sim P_{山}$ 关系曲线由降水量查算其对应的降水入渗补给量。

（3）山丘区多年平均年地下水资源量的计算方法

山丘区降水入渗补给量的多年平均值即为山丘区多年平均年地下水资源量。

4.8　山丘、平原混合区多年平均地下水资源量的计算

在多数水资源分区内，往往存在山丘和平原混合在一起的区域，由山丘区和平原区构成的各计算分区多年平均地下水资源量采用下式计算：

$$Q_{资} = P_{r山} + Q_{平资} - Q_{侧补} - Q_{基补} \tag{4-25}$$

式中　$Q_{资}$——计算分区多年平均地下水资源量；

$P_{r山}$——山丘区多年平均降水入渗补给量，亦即山丘区多年平均地下水资源量；

$Q_{平资}$——平原区多年平均地下水资源量；

$Q_{侧补}$——平原区多年平均山前侧向补给量；

$Q_{基补}$——平原区河川基流量形成的多年平均地表水体补给量。

4.9　南方地区地下水资源量的简化计算法

4.9.1　平原区多年平均地下水资源量计算方法

在南方，分布面积较大的一般平原区有长江中下游平原区、杭嘉湖平原区、长江三角洲平原区、珠江三角洲平原区、韩江三角洲平原区、琼北台地平原区和浙闽沿海平原区等；分布面积较大的山间平原区有成都平原区、江汉平原区、洞庭湖平原区、鄱阳湖平原区、南阳盆地平原区和汉中盆地平原区等。这些平原区，大多缺乏连续的浅层地下水水位动态观测资料和水文地质资料，难以按前面的方法进行各项补给量、排泄量计算。目前，在南方，除个别平原区（如琼北台地平原区等）外，大多数平原区浅层地下水的开发利用程度很低。因此，可利用简化计算法，具体如下：

（1）确定平原区的地域分布，量算各平原区分属的各水资源计算分区的面积；确定各计算分区中水稻田和旱地的地域分布，量算水稻田和旱地的面积。

（2）分别计算：水稻田水稻生长期（含泡田期）的多年平均地下水补给量，水稻田旱作期及旱地的多年平均降水入渗补给量、灌溉入渗补给量和潜水蒸发量，其中，灌溉入渗补给量为地表水体补给量，应将本水资源一级区引水中河川基流量形成的灌溉入渗补给量单独计算出来。计算工作中，除收集降水量、水面蒸发量、引灌水量等水文气象资料外，还应尽量收集当地零散的浅层地下水水位（或埋深）资料、包气带岩性资料以及水稻田水稻生长期渗透率试验资料，分别采用下列方法进行粗略的估算：

①水稻田水稻生长期的近期多年平均地下水补给量的计算方法

采用下式计算：

$$Q_{水生} = 10^{-1} \times \varphi \times F_{水} \times t'' \tag{4-26}$$

式中　$Q_{水生}$——水稻田水稻生长期地下水补给量，万 m^3；

φ——渗透率，mm/d；

$F_{水}$——水稻田面积，km^2；

t''——水稻田水稻生长期的天数，d。

利用式（4-26）计算多年平均地下水补给量时，φ 采用灌溉试验站多年平均或平水年资料。

水稻田水稻生长期潜水蒸发量近似按“0”处理。

②水稻田旱作期及旱地的近期多年平均降水入渗补给量、灌溉入渗补给量和潜水蒸发量的计算方法

根据当地降水量、引灌水量和水面蒸发量资料，以及当地的浅层地下水水位（或埋深）、包气带岩性资料，引用条件相近的北方地区有关水文地质参数，参照北方平原区的相关计算方法，分别估算水稻田旱作期和旱地的近期多年平均降水入渗补给量、灌溉入渗补给量和潜水蒸发量。

（3）平原区内计算分区多年平均地下水资源量的计算方法

计算分区内水稻田水稻生长期多年平均地下水补给量与水稻田旱作期及旱地的多年平均降水入渗补给量和灌溉入渗补给量之和，近似作为平原区内计算分区的多年平均地下水资源量。

4.9.2　山丘区多年平均地下水资源量计算方法

南方的山丘区，由于缺乏有关地质资料，可以按一般山丘区和岩溶山区的地域分布计算逐年河川基流量，并以河川基流量系列近似作为山丘区地下水资源量（亦即降水入渗补给量）系列。以河川基流量的多年平均值，作为山丘区近期多年平均地下水资源量。

4.9.3　各计算分区多年平均地下水资源量计算方法

各计算分区内，平原区近期多年平均地下水资源量与山丘区多年平均河川基流量之和，再扣除平原区水稻田旱作期及旱地中由本水资源一级区引水中河川基流量形成的灌溉入渗补给量，近似作为相应计算分区的多年平均地下水资源量。

4.10　南方总水资源量中地表与地下水重复量的计算

各计算分区地下水资源量与地表水资源量间的重复计算量的计算方法要求采用下式计算：

$$Q_{重} = Q_{山} + Q_{水生} + \frac{Pr_{水旱}}{Q_{水旱}} \cdot E_{水旱} - Q_{基补} \tag{4-27}$$

式中　$Q_{重}$——计算分区多年平均地下水资源量与地表水资源量间的重复计算量，万 m^3；

$Q_{山}$——计算分区中山丘区多年平均地下水资源量（即河川基流量），万 m^3；

$Q_{水生}$ ——计算分区中平原区水稻田水稻生长期多年平均地下水补给量，万 m^3；

$Q_{水旱}$ ——计算分区中平原区水稻田旱作期及旱地多年平均地下水资源量（即降水入渗补给量与灌溉入渗补给量之和），万 m^3；

$P_{r\ 水旱}$ ——计算分区中平原区水稻田旱作期及旱地多年平均降水入渗补给量，万 m^3；

$E_{水旱}$ ——计算分区中平原区水稻田旱作期及旱地多年平均潜水蒸发量，万 m^3；

$Q_{基补}$ ——计算分区中平原区水稻田旱作期及旱地由本水资源一级区河川基流量形成的多年平均灌溉入渗补给量，万 m^3。

4.11　地下水资源的时空分布

4.11.1.1　地下水资源的地域分布特征

地下水资源的地区分布受地形、地貌、水文气象、水文地质条件及人类活动等多种因素影响，各地差别很大，可以用地下水资源模数在地域上的分布图表示。总体是平原区大于山丘区，山前平原区大于黄泛平原区，岩溶山区大于一般山区。

①山丘区地下水一般为基岩裂隙水和岩溶水，补给来源单一，主要接受大气降水补给，地下水资源的地区分布随着降水量的地区分布的变化和水文地质条件的优劣而产生差异。

②平原区地下水以孔隙水为主，补给来源主要是大气降水和地表水体，其次是山前侧渗补给。地下水资源的地区分布除与大气降水地区分布、水文地质条件的差异有关外，与人类活动影响程度也有一定关系，所以平原区地下水资源的地区分布也十分不均。

4.11.1.2　地下水资源的年际变化

地下水资源的年际变化可以用地下水资源年系列的变差系数 C_V 的大小表示。地下水资源量与降水量的变化密切相关，地下水资源量的年际变化幅度比降水量的年际变化幅度大，山丘区地下水资源量的年际变化幅度大于平原区。降水入渗补给量的年际变化，基本代表地下水资源量年际变化。

第5章　水资源总量计算

5.1　水资源总量计算

一定区域内的水资源总量是指当地降水形成的地表和地下水量，即地表径流量与降水入渗补给量之和。水资源总量并不等于地表水资源量与地下水资源量的简单相加，需扣除两者重复量。水资源总量计算的目的是分析评价在当前自然条件下可用水资源量的最大潜力，从而为水资源的合理开发利用提供依据。一定区域水资源总量的计算公式可以写成：

$$W_{总} = W_{地表} + W_{地下} - W_{重复} \tag{5-1}$$

式中　$W_{总}$——水资源总量，万 m^3或亿 m^3；

$W_{地表}$——地表水资源量，万 m^3或亿 m^3；

$W_{地下}$——地下水资源量，万 m^3或亿 m^3。

$W_{重复}$——地表水和地下水之间相互转化的重复水量，万 m^3或亿 m^3。

在大多数情况下，水资源总量的计算项目包括多年平均水资源总量和不同频率水资源总量。若区域内的地貌条件单一（全部为山丘区或平原区），式（5-1）中右端各分量的计算比较简单；若区域内既包括山丘区又包括平原区，水资源总量的计算则比较复杂。下面就不同的情况的水资源总量计算方法介绍如下。

5.2　多年平均水资源总量的计算

5.2.1.1　单一山丘区

这种类型的地区一般包括一般山丘区、岩溶山区、黄土高原丘陵沟壑区。地表水资源为当地河川径流量，地下水资源量按排泄量计算，相当于当地降水入渗补给量，山丘区地表水和地下水相互转化的重复量为河川基流量。山丘区多年平均水资源总量计算公式可由式（5-1）改写为：

$$\overline{W}_{山总}=\overline{W}_{山地表}+\overline{W}_{山地下}-\overline{W}_{山河川基} \tag{5-2}$$

式中　$\overline{W}_{山总}$——山丘区多年平均水资源总量，万 m^3或亿 m^3；

$\overline{W}_{山地表}$——山丘区多年平均地表水资源量，万 m^3或亿 m^3；

$\overline{W}_{山地下}$——山丘区多年平均地下水资源量，万 m^3或亿 m^3。

$\overline{W}_{山河川基}$——山丘区多年平均河川基流量，即地表水和地下水之间相互转化的重复水量，万 m^3或亿 m^3。

山丘区多年平均地表水资源量、地下水资源量、河川基流量的计算方法见前面第3、第4章相关内容。

5.2.1.2　单一平原区

这种类型区包括北方一般平原区、沙漠区、内陆闭合盆地平原区、山间盆地平原区、山间河谷平原区、黄土高原台塬阶地区，平原区地表水和地下水相互转化的重复量为平原区河川基流量和来自平原区地表水体渗漏补给量。单一平原区多年平均水资源总量计算公式可由式（5-1）改写为：

$$\overline{W}_{平总}=\overline{W}_{平地表}+\overline{W}_{平地下}-\overline{W}_{平河川基}-\overline{W}_{平表水渗补} \tag{5-3}$$

式中　$\overline{W}_{平总}$——平原区多年平均水资源总量，万 m^3或亿 m^3。

$\overline{W}_{平地表}$——平原区多年平均地表水资源量，万 m^3或亿 m^3；

$\overline{W}_{平地下}$——平原区多年平均地下水资源量，万 m^3或亿 m^3；

$\overline{W}_{平河川基}$——平原区多年平均河川基流量，万 m^3或亿 m^3；

$\overline{W}_{平表水渗补}$——来自平原区多年平均地表水体的补给量，万 m^3或亿 m^3。

平原区多年平均地表水资源量、地下水资源量、河川基流量及地表水体补给量的计算方法见前面第3、第4章相关内容。

5.2.1.3　多种地貌类型混合区

在多数水资源分区内，计算分区内既包括山丘区又包括平原区，水资源总量的计算则比较复杂，其复杂性主要在于重复量的计算上。这种混合区的重复水量包括两部分：

（1）同一地貌（山丘区或平原区）地表水与地下水的重复水量计算

①山丘区地表水和地下水相互转化的重复量，即山丘区河川基流量；

②平原区地表水和地下水相互转化的重复量，即平原区河川基流量和来自平原区地表水体渗漏补给量。

（2）不同类型区间的重复水量，即山丘区与平原区间的重复计算量。包括：

①山丘区河川径流量与平原区地下水补给量之间的重复量，即山丘区河川径流流经平原时对地下水的补给量；

②山前侧向补给量，即山区流入平原区的地下径流，属于山丘区、平原区地下水本身的重复量。

若计算区包括山丘区和平原区两大地貌单元，式（5-1）便可改写为：

$$\overline{W}_{总}=\overline{W}_{山总}+\overline{W}_{平总}-\overline{W}_{山、平重复} \tag{5-4}$$

式中　$\overline{W}_{总}$——全区（包括山丘区和平原区）多年平均水资源总量，万 m^3或亿 m^3；

$\overline{W}_{山总}$——山丘区多年平均水资源总量，万 m^3或亿 m^3；

$\overline{W}_{平总}$——平原区多年平均水资源总量，万 m^3或亿 m^3；

$\overline{W}_{山、平重复}$——山丘区与平原区间的多年平均重复水量，万 m^3或亿 m。包括山丘区河川径流量与平原区地下水补给量之间的重复量及山前侧向补给量，其计算方法参见第 4 章相关内容。

5.3　不同频率水资源总量的计算

不同频率水资源总量不能用典型年法或同频率相加法进行计算，必须首先求得区域内的水资源总量系列，然后通过频率计算进行。

有些受资料限制的地区，组成水资源总量的某些分量难以逐年求得，在这种情况下，作为近似估算，可在多年平均水资源总量的基础上，借助于河川径流量和降水入渗补给量系列近似推求水资源总量系列。山丘区可将逐年河川径流量乘以水资源总量均值与河川年径流值的比值后得出的系列，作为水资源总量系列 。平原区则以各年的河川径流量与降水入渗补给量之和，乘以水资源总量均值与上列两项之和的均值的比值后得出的系列，作为水资源总量系列。将山丘区和平原区水资源总量系列对应项逐年相加，即可求得全区域水资源总量系列。

5.4　水资源总量的年际变化

水资源总量有年际变化，可以统计计算其多年平均值及年际变化特征值 C_V 。

第6章　水资源可利用量评价

水资源可利用量是水资源总量的一部分。水资源可利用量的分析对流域或区域水资源开发利用、水资源合理配置及水资源保护的研究具有重要意义。

6.1　水资源可利用量概念与分析原则

水资源可利用量是不同水平年可供水量分析的基本依据，是水资源合理配置的前提。本章是根据“全国水资源综合规划”中《水资源可利用量估算方法（试行）》、《地表水资源可利用量计算补充技术细则》、《地下水资源量及可开采量补充细则（试行）》（水利部，水利水电规划设计总院，2002年）内容选定的。

6.1.1　水资源可利用量概念

水资源总量可利用量分为地表水可利用量和地下水可利用量（浅层地下水可开采量）。水资源总量可利用量为扣除重复水量的地表水资源可利用量与地下水资源可开采量。

地表水资源可利用量是指在可预见的时期内，在统筹考虑河道内生态环境和其他用水的基础上，通过经济合理、技术可行的措施，可供河道外生活、生产、生态用水的一次性最大水量（不包括回归水的重复利用）。地下水资源可利用量按浅层地下水资源可开采量考虑。地下水可开采量是指在可预见的时期内，通过经济合理、技术可行的措施，在不致引起生态环境恶化的条件下，允许从含水层中获取的最大水量。水资源可利用总量是指在可预见的时期内，在统筹考虑生活、生产和生态环境用水要求的基础上，通过经济合理、技术可行的措施，在当地水资源总量中可供一次性利用的最大水量。水资源可利用量是从资源的角度分析可能被消耗利用的水资源量。

6.1.2　水资源可利用量分析原则

水资源可持续利用分析计算遵循以下原则：

6.1.2.1　水资源可持续利用的原则

水资源可持续利用量是以水资源可持续开发利用为前提，水资源的开发利用要对经济社会的发展起促进和保障作用，且又不对生态环境造成破坏。水资源可利用量分析水资源合理开发利用的最大限度和潜力，将水资源的开发利用控制在合理的范围内，充分利用当地水资源和合理配置水资源，保障水资源的可持续利用。

6.1.2.2　统筹兼顾及优先保证最小生态环境需水的原则

水资源开发利用遵循高效、公平和可持续利用的原则，统筹协调生活、生产和生态等各项用水。同时为保持人与自然的和谐相处，保护生态环境，促进经济社会的可持续发展，必须确保生态环境最基本的需水要求。在统筹河道内与河道外各项用水中，应优先保证河道内最小生态环境需水要求。

6.1.2.3　以流域水系为系统的原则

水资源的分布以流域水系为特征。流域内的水资源具有水力联系，它们之间相互影响、相互作用，形成一个完整的水资源系统。水资源量是按流域和水系独立计算的，同样，水资源可利用量也应按流域和水系进行分析，以保持计算成果的一致性、准确性和完整性。

6.1.2.4　因地制宜的原则

由于受地理条件和经济发展的制约，各地水资源条件、生态环境状况和经济社会发展程度不同，各地水资源开发利用的模式也不同。因此，不同类型、不同流域水系的可利用量分析应根据资料条件和具体情况，选择相适宜的计算方法。

6.2　地表水资源可利用量计算

地表水资源可利用量是水资源开发利用规划和管理的科学依据之一，正确估算地表水资源可利用量是水资源综合规划和开发利用的一项重要工作。

6.2.1　基本要求

①水资源可利用量是反映宏观概念的数，是反映可能被消耗利用的最大极限值，在定性分析方面要进行全面和综合的分析，以求定性准确；在定量计算方面不宜过于繁杂，力求计算的内容简单明了，计算方法简捷可操作性强。

②地表水资源可利用量以流域和水系为单元分析计算，以保持成果的独立性、完整性。对于大江大河干流可按重要控制站点，分为若干区间段；控制站以下的三角洲地区和下游平原区，应单独进行分析。各流域可根据资料条件和具体情况，确定计算的河流水系或区间，并选择控制节点，然后计算地表水资源可利用量。

对长江、黄河、珠江、松花江等大江大河还要对干流重要控制节点和主要二级支流进行可利用量计算。大江大河又可分为上中游、下游，干、支流，并按照先上游、后下游，先支流、后干流依次逐级进行计算。上游、支流汇入下游、干流的水量应扣除上游、支流计算出的可利用量，以避免重复计算。

③根据流域内的自然地理特点及水资源条件，划分相应的地表水可利用量计算的类型。全国地表水可利用量计算的类型可以划分为：大江大河、沿海独流入海诸河、内陆河及国际河流4种类型。

④本书水资源可利用量计算内容主要为多年平均水资源量的可利用量，且是进行不考虑水质影响下的可利用量计算。对于为满足水功能要求，在不同水平年水资源保护及水环境治理要达到的目标和应采取的措施，计算不同水平年可供利用的水量，本书不做介绍。

6.2.2 影响地表水资源可利用量的主要因素

（1）自然条件

自然条件发展包括水文气象条件和地形地貌、植被、包气带和含水层岩性特征、地下水埋深、地质构造等下垫面条件。这些条件的优劣，直接影响地表水资源量和地表水资源可利用量的大小。

（2）水资源特性

地表水资源数量、质量及其时空分布、变化特性以及由于开发利用方式等因素的变化而导致的未来变化趋势等，直接影响地表水资源可利用量的定量分析。

（3）经济社会发展及水资源开发利用技术水平

经济社会的发展水平既决定水资源需求量的大小及其开发利用方式，也是水资源开发利用资金保障和技术支撑的重要条件。随着科学技术的进步和创新，各种水资源开发利用措施的技术经济性质也会发生变化。显然，经济社会及科学技术发展水平对地表水资源可利用量的定量也是至关重要的。

（4）生态环境保护要求

地表水资源可利用量受生态环境保护的约束，为维护生态环境不再恶化或为逐渐改善生态环境状况都需要保证生态用水，在水资源紧缺和生态环境脆弱的地区应优先考虑生态环境的用水要求。可见，生态环境状况也是确定地表水资源可利用量的重要约束条件。此外，地表水体的水质状况以及为了维护地表水体具有一定的环境容量均需保留一定的河道内水量，从而影响地表水资源可利用量的定量。

6.2.3 地表水可利用量估算方法概述

（1）地表水资源总量包括可利用量和不可利用量两部分。地表水可利用量的概念前面已有介绍；不可利用的地表水资源量包括不可以被利用水量和不可能被利用水量。不可以被利用水量是指不允许利用的水量，以免造成生态环境恶化及被破坏的严重后果，即必须满足的河道内生态环境用水量；不可能被利用水量是指受种种因素和条件的限制，无法被利用的水量。主要包括：超出工程最大调蓄能力和供水能力的洪水量；在可预见时期内受工程经济技术性影响不可能被利用的水量；在可预见的时期内超出最大用水需求的水量。

（2）在估算地表水资源可利用量时，应从以下几个方面加以分析：

①必须考虑地表水资源的合理开发。所谓合理开发是指要保证地表水资源在自然界的水文循环中能够继续得到再生和补充，不致显著地影响到生态环境。地表水资源

可利用量的大小受生态环境用水量多少的制约，在生态环境脆弱的地区，这种影响尤为突出。将地表水资源的开发利用程度控制在适度的可利用量之内，即做到合理开发，既会对经济社会的发展起促进和保障作用，又不至于破坏生态环境；无节制、超可利用量的开发利用，在促进了一时的经济社会发展的同时，会给生态环境带来不可避免的破坏，甚至会带来灾难性的后果。

②必须考虑地表水资源可利用量是一次性的，回归水、废污水等二次性水源的水量都不能计入地表水资源可利用量内。

③必须考虑确定的地表水资源可利用量是最大可利用水量。所谓最大可利用水量是指根据水资源条件、工程和非工程措施以及生态环境条件，可被一次性合理开发利用的最大水量。然而，由于河川径流的年内和年际变化都很大，难以建设足够大的调蓄工程将河川径流全部调蓄起来，因此，实际上不可能通过工程措施将河川径流量全部利用完。此外，还需考虑河道内用水需求以及国际界河的国际分水协议等，所以，地表水资源可利用量应小于河川径流量。

④伴随着经济社会的发展和科学技术水平的提高，人类开发利用地表水资源的手段和措施会不断增多，河道内用水需求以及生态环境对地表水资源开发利用的要求也会不断变化，显然，地表水资源可利用量在不同时期将会有所变化。

(3) 在估算地表水资源可利用量时，应根据流域水系的特点和水资源条件，遵守下列原则：

①在水资源紧缺及生态环境脆弱的地区，应优先考虑最小生态环境需水要求，可采用从地表水资源量中扣除维护生态环境的最小需水量和不能控制利用而下泄的水量的方法估算地表水资源可利用量；

②在水资源较丰沛的地区，上游及支流重点考虑工程技术经济因素可行条件下的供水能力，下游及干流主要考虑满足较低标准的河道内用水；

沿海地区独流入海的河流，可在考虑技术可行、经济合理措施和防洪要求的基础上，估算地表水资源可利用量；

③国际河流应根据有关国际协议及国际通用的规则，结合近期水资源开发利用的实际情况估算地表水资源可利用量。

可以看出，在估算地表水资源可利用量时，应先确定并扣除河道内生态环境用水(包括湿地湖泊生态环境用水等)，因此，地表水资源可利用量的估算与生态环境需水量的确定密切相关。

(4) 估算方法

估算方法分为倒算法与正算法（倒扣计算法与直接计算法）。

①倒算法是用多年平均水资源量减去不可以被利用水量和不可能被利用水量中的汛期下泄洪水量的多年平均值，得出多年平均水资源可利用量。可用式（6-1）表示：

$$W_{\text{地表水可利用量}} = W_{\text{地表水资源量}} - W_{\text{河道内需水量外包}} - W_{\text{洪水弃水}} \tag{6-1}$$

倒算法一般用于北方水资源紧缺地区。

②正算法是根据工程最大供水能力或最大用水需求的分析成果，以用水消耗系数（耗水率）折算出相应的可供河道外一次性利用的水量。可用式（6-2）或式（6-3）表示：

$$W_{地表水可利用量} = k_{用水消耗系数} \times W_{最大供水能力} \tag{6-2}$$

或

$$W_{地表水可利用量} = k_{用水消耗系数} \times W_{最大用水需求} \tag{6-3}$$

正算法用于南方水资源较丰沛的地区及沿海独流入海河流，其中式（6-2）一般用于大江大河上游或支流水资源开发利用难度较大的山区，以及沿海独流入海河流，式（6-3）一般用于大江大河下游地区。

6.2.4 地表水可利用量估算方法中各项水量计算

地表水资源可利用量计算涉及的各项水量包括：河道内生态环境需水量、河道内生产需水量、汛期下泄洪水量、工程最大供水能力相应的供水量和最大用水需求量等。

6.2.4.1 河道内生态环境需水分类及其计算

河道内生态环境需水量主要包括下列需水量：河流维持河道基本功能的最小流量、改善城市景观河道内需水量、维持湖泊湿地生态功能的最小水量、保持一定水环境容量的水量、维持河湖水生生物生存的水量、河道冲沙输沙水量、冲淤保港水量、防止河口淤积、海水入侵、维系河口生态平衡的入海水量等。各类生态环境需水量的计算方法如下：

（1）河流最小生态环境需水量

河流最小生态环境需水量即维持河道基本功能（防止河道断流、保持水体一定的稀释能力与自净能力）的最小流量，是指维系河流的最基本环境功能不受破坏所必须在河道中常年流动着的最小水量阈值。需要考虑河流水体维持原有自然景观，使河流不萎缩断流，并能基本维持生态平衡。

通常采用的计算方法：

①以多年平均径流量的百分数（北方地区一般取10%～20%，南方地区一般取20%～30%）作为河流最小生态环境需水量。计算公式为：

$$W_r = \frac{1}{n}\left(\sum_{i=1}^{n} W_i\right) \times K \tag{6-4}$$

式中 W_r——河流最小生态环境需水量；

W_i——第 i 年的径流量（水资源量）；

K——选取的百分数；

n 为统计年数。

②根据近10年最小月平均流量或90%频率最小月平均流量，计算多年平均最小生产需水量。计算公式为：

$$W_r = 12 \times \mathrm{Min}(W_{ij}) = 12 \times \mathrm{Min}\,(W_{ij})_{P=90\%} \tag{6-5}$$

式中 W_r——河流最小生态环境需水量；

$\mathrm{Min}(W_{ij})$——近10年最小的月径流量；

$\mathrm{Min}\,(W_{ij})_{P=90\%}$——90%频率最小月径流量。

③典型年法

选择满足河道基本功能、未断流，又未出现较大生态环境问题的某一年作为典型年，将典型年最小月平均流量或月径流量，作为满足年生态环境需水的平均流量或月平均的径流量。公式为：

$$W_r = 12 \times W_{最小月径流量} = 365 \times 0.000\,864 \times Q_{最小月平均流量} \tag{6-6}$$

（2）城市河湖景观需水量

城市景观河道内生态环境需水量是与水的流动有关联的穿城河道与通河湖泊，为改善城市景观需要保持河湖水体流动的河道内水量。根据改善城市生态环境的目标和水资源条件确定。

城市河湖景观需水量计算方法有：

①城市水面面积比例法

$$W_{河湖} = \beta_n \times S \times E \tag{6-7}$$

或

$$W_{河湖} = \lambda \times S_g \times P \times E \tag{6-8}$$

式中　$W_{河湖}$——城市河湖景观需水量；

β_n——城市河湖水面面积占城市市区面积的比率；水面面积一般应占城市市区面积的1/6为宜，如果考虑城市绿地的效应，则该指标应适当降低，一般在5%～15%较为合适；

S——城市市区面积；

E——河湖水面蒸发量。

λ——绿地折合成水面面积的折算系数，若按通常在计算绿化面积时将水面面积的一半计为绿化面积，则λ为2；

S_g——城市市区人均绿地面积，我国推荐的城市绿地面积为7～11m^2/人；

P——城市（包括县级市）城镇人口；

E——河湖水面蒸发量；

②人均水量法

根据城市河湖建设情况，为满足城市景观和娱乐休闲的需要，推算城市河湖景观需水量。

$$W_{河湖} = \alpha \times \mathrm{P} \tag{6-9}$$

式中　α——人均城市河湖需水基准值，一般为20m^3/人；

P——城市（包括县级市）城镇人口；

其他符号同前。

城市河湖景观用水量计算，需要收集城市市区规划面积、城市人口、水面面积等资料，并根据改善城市生态环境的目标和水资源条件来确定城市河湖景观最小需水量。城市河湖景观需水应注意河道内与河道外生态环境需水的区别，一般情况下，为保持河湖一定的水面而补充被消耗的水量为河道外需水，为保持穿城河道和通河湖泊的流动性，而需要的水量为河道内需水。有些城市利用处理后的污废水改善城市河湖水环境，这部分水量不是一次性用水，这些河湖可不计生态需水量。

（3）通河湿地恢复与保护需水量

湿地生态环境需水量一般为维持湿地生态和环境功能所消耗的、需补充的水量。由于通河湿地这些水量是靠天然河道的水量自然补充的，可以作为河道内需水考虑。湿地生态环境需水量包括湿地蒸发渗漏损失的补水量、湿地植物需水量、湿地土壤需水量、野生生物栖息地需水量等。

根据湿地、湖泊洼地的功能确定满足其生态功能的最低生态水位，具有多种功能的湿地需进行综合分析确定，据此确定相应的水面面积和容量，并推算出在维持最低生态水位情况下的水面蒸发耗水量（水面蒸发量与水面降水量之差值）及渗漏损失水量，确定湖泊、洼淀最小生态需水量。在计算出湿地的各项需水量后，分析确定通河湿地恢复与保护需水量。

（4）环境容量需水量

环境容量需水量是维系和保护河流的最基本环境功能（保持水体一定的稀释能力、自净能力）不受破坏，所必须在河道中常年流动着的最小水量。因人类活动影响所造成的水污染，导致河流的基本环境功能衰退，有些地区采取清水稀释的办法改善水环境状况，这不是倡导的办法，不在环境需水量的考虑范畴之列。环境容量需水计算方法同河流最小生态环境需水量计算。

（5）冲沙输沙及冲淤保港水量

冲沙输沙水量是为了维持河流中下游冲刷与侵蚀的动态平衡，须在河道内保持的水量。输沙需水量主要与输沙总量和水流的含沙量的大小有关。水流的含沙量则取决于流域产沙量的多少、流量的大小以及水沙动力条件。一般情况下，根据来水来沙条件，可将全年冲沙输沙需水分为汛期和非汛期输沙需水。对于北方河流而言，汛期的输沙量约占全年输沙总量的80%。但汛期含沙量大，输送单位泥沙的用水量比非汛期小得多。根据对黄河的分析，汛期输送单位泥沙的用水量为30～40m³/t，非汛期为100m³/t。

汛期输沙需水量计算公式为：

$$W_{m1} = S_1 / C_{\max} \tag{6-10}$$

或

$$W_{m1} = S_1 \times C_{us1} \tag{6-11}$$

式中 W_{m1}——汛期输沙需水量；

S_1——多年平均汛期输沙量；

C_{WS1}——多年平均汛期输送单位泥沙用水量；

$C_{\max}$——多年最大月平均含沙量的平均值，可用下式计算：

$$C_{\max} = \frac{1}{N}\sum_{i=1}^{N}\max(C_{ij}) \tag{6-12}$$

式中 C_{ij}——第i年j月的平均含沙量；

N——统计年数。

非汛期输沙需水量计算公式为：

$$W_{m2} = S_2 \times C_{us2} \tag{6-13}$$

式中 W_{m2}——非汛期输沙需水量；

S_2——多年平均非汛期输沙量；

C_{WS2}——多年平均非汛期输送单位泥沙用水量。

全年输沙需水量W_m为汛期与非汛期输沙需水量之和。

$$W_m = W_{m1} + W_{m2} \tag{6-14}$$

（6）水生生物保护水量

维持河流系统水生生物生存的最小生态环境需水量，是指维系水生生物生存与发展，即保存一定数量和物种的生物资源，河湖中必须保持的水量。

采用河道多年平均年径流量的百分数法计算需水量，百分数应不低于30%。

此外，还应考虑河道水生生物及水生生态保护对水质和水量的一些特殊要求，以及稀有物种保护的特殊需求。

对于较大的河流，不同河段水生生物物种及对水质、水量的要求不一样，可分段设定最小生态需水量。

(7) 最小入海水量

入海水量指维持河流系统水沙平衡、河口水盐平衡和生态平衡的入海水量。保持一定的入海水量是维持河口生态平衡（包括保持一定的生物数量与物种）所必需的。

最小入海水量，重点分析枯水年入海水量，在历史系列中选择未出现较大河口生态环境问题的最小月入海水量做参照。非汛期入海水量与河道基本流量分析相结合，汛期入海水量应与洪水弃水量分析相结合。

感潮河流为防止枯水期潮水上溯，保持河口地区不受海水入侵的影响，必须保持河道一定的防潮压咸水量。可根据某一设计潮水位上溯的影响，分析计算河流的最小入海压咸水量。也可在历史系列中，选择河口地区未受海水入侵影响的最小月入海水量，计算相应的入海月平均流量，作为防潮压咸的控制流量。

6.2.4.2　河道内生产需水量

河道内生产需水量主要包括航运、水力发电、水产养殖等部门的用水。河道内生产用水一般不消耗水量，可以“一水多用”，但要通过在河道中预留一定的水量给予保证。

(1) 航运需水量

航运需要根据航道条件保持一定的流量，以维持航道必要的深度和宽度。在设计航运基流时，根据治理以后的航道等级标准及航道条件，计算确定相应设计最低通航水深保证率的流量，以此作为河道内航运用水的控制流量。

航运需水量要与河道内生态环境需水量综合考虑，其超过河道内生态环境需水量的部分，要与河道外需水量统筹协调。

(2) 水力发电需水量

水力发电用水一般指为保持梯级电站、年调节及调峰等电站的正常运行，需要向下游下泄并在河道中保持一定的水量。水力发电一般不消耗水量，但要满足在特定时间和河段内保持一定水量的要求。在统筹协调发电用水与其他各项用水的基础上，计算确定水力发电需水量。

(3) 水产养殖需水量

河道内水产养殖用水主要指湖泊、水库及河道内养殖鱼类及其他水产品需要保持一定的水量。一般情况下，在考虑其他河道内生态环境和生产用水的条件下，河道内水产养殖用水的水量能得到满足，水产养殖用水对水质也有明确的要求，应通过对水源的保护和治理，满足其要求。

6.2.4.3　河道内总需水量

河道内总需水量是在上述各项河道内生态环境需水量及河道内生产需水量计算的基础上，分月取外包并将各月的外包值相加得出多年平均情况下的河道内总需水量。计算公式如下：

$$W_{河道内总需水量} = \sum_{j=1}^{n} \text{Max} W_{ij} \tag{6-15}$$

式中　W_{ij} 上述 i 项 j 月河道内需水量，$n = 1, \cdots, 12$。

6.2.4.4　下泄洪水量分析计算

（1）下泄洪水量的概念

下泄洪水量是指汛期不可能被利用的水量。对于支流而言，其下泄洪水量是指支流泄入干流的水量，对于入海河流是指最终泄弃入海的水量。下泄洪水量是根据最下游的控制节点分析计算的，不是指水库工程的弃水量，一般水库工程的弃水量到下游还可能被利用。

由于洪水量年际变化大，在几十年总弃水量长系列中，往往一次或数次大洪水弃水量占很大比重，而一般年份、枯水年份弃水较少，甚至没有弃水。因此，多年平均情况下的下泄洪水量计算，不宜采用简单的选择某一典型年的计算方法，而应以未来工程最大调蓄与供水能力为控制条件，采用天然径流量长系列资料，逐年计算汛期下泄的水量，在此基础上统计计算多年平均下泄洪水量。

对于下泄洪水量基于这样的认识：汛期水量中一部分可供当时利用，还有一部分可通过工程蓄存起来供以后利用，剩余水量即为不可能被利用下泄的洪水量。

（2）下泄洪水量的计算方法与步骤

将流域控制站汛期的天然径流量减去流域调蓄和耗用的最大水量，剩余的为下泄洪水量。

①确定汛期时段

各地进入汛期的时间不同，工程的调蓄能力和用户在不同时段的需水量要求也不同，因而在进行汛期下泄洪水量计算时所选择的汛期时段不一样。一般来说，北方地区，汛期时段集中，7—8 月是汛期洪水出现最多最大的时期，8—9 月汛后是水库等工程调蓄水量最多的时期，而 5—6 月是用水（特别是农业灌溉用水）的高峰期。因此，北方地区计算下泄洪水量，汛期时段选择 7—9 月为宜。南方地区，汛期出现的时间较长，一般在 4—10 月，又分成两个或多个相对集中的高峰期。南方地区中小型工程、引提水工程的供水能力所占比例大，同时用水时段也不像北方那样集中。因此，南方地区下泄洪水量计算，汛期时段宜分段选取，一般 4—6 月为一汛期时段，7—9 月为另一汛期时段，分别分析确定各汛期时段的控制下泄水量 W_m。

②计算汛期最大的调蓄和耗用水量 W_m

对于现状水资源开发利用程度较高、在可预期的时期内没有新工程的流域水系，可以根据近 10 年来实际用水消耗量（由天然径流量与实测径流量之差计算）中选择最大值，作为汛期最大用水消耗量。

对于现状水资源开发利用程度较高，但尚有新工程的流域水系，可在对新建工程供水能力与作用的分析基础上，对根据上述原则统计的近 10 年实际出现的最大用水消耗量，进行适当地调整，作为汛期最大用水消耗量。

对于现状水资源开发利用程度较低、潜力较大的地区，可根据未来规划水平年供水预测或需水预测的成果，扣除重复利用的部分，折算成用水消耗量。对于流域水系内具有调蓄能力较强的控制性骨干工程，分段进行计算，控制工程以上主要考虑上游的用水消耗量、向外流域调出的水量以及水库的调蓄水量；控制工程以下主要考虑下游区间的用水消耗量。全水系汛期最大调蓄及用水消耗量为上述各项相加之和。

③计算多年平均汛期的下泄洪水量 $W_{泄}$：

用控制站汛期天然径流系列资料 $W_{天}$ 减去 W_m 得出逐年汛期下泄洪水量 $W_{泄}$（若 $W_{天}-W_m<0$ 则 $W_{泄}$ 为0），并计算其多年平均值。

$$W_{泄}=\frac{1}{n}\times\sum_{i=1}^{n}(W_{i天}-W_{im}) \tag{6-16}$$

式中　$W_{泄}$——多年平均汛期下泄洪水量；

$W_{i天}$——第 i 年汛期天然径流量；

W_{im}——第 i 年流域汛期最大调蓄及用水消耗量；

n——系列年数。

6.2.4.5　工程最大供水能力估算

在一些大江大河上游及一些水资源较丰沛的山丘区，由于田高水低、人口稀少，建工程的难度较大，其经济技术性超出所能承受的合理范围。这些地区，在可预期的时期内，水资源的利用主要受制于供水工程的建设及其供水能力的大小。这些地区水资源可利用量计算，一般采用正算法，通过对现有工程和规划工程（包括向外流域调水的工程）最大的供水能力的分析，进行估算。

6.2.4.6　最大用水需求估算

在南方水资源丰沛地区的大江大河干流和下游，决定其水资源利用程度的主要因素是需求的大小。这些地区水资源可利用量计算采用正算法，通过需水预测分析，估算在未来可预期的时期内的最大需求量（包括向外流域调出的水量），据此估算水资源可利用量。

6.2.5　不同流域水系地表水可利用量的计算

6.2.5.1　海河、辽河流域地表水可利用量计算

（1）地表水可利用量计算一般采用倒算法计算并用正算法进行校核。倒算法是以多年平均地表水资源量减去最小生态环境需水量和多年平均的汛期下泄洪水量得出，正算法是根据近10年实际用水情况分析得出。

（2）生态环境需水量主要考虑维持河道基本功能的生态环境需水量。此外，还要考虑一些地区为改善城市景观、保护与恢复湖泊湿地，需要维持河湖水体流动的水量。

（3）汛期下泄洪水量或汛期入海水量，可在近10年中选择平水年份或偏丰、偏枯的年份，不要选择枯水年或偏枯年份，防止出现供水不足，形成缺水局面，而没有反映出汛期的最大用水需求；同时还要对用水是否合理进行分析，不要出现挤占生态用水情况。

6.2.5.2　黄河流域地表水可利用量计算

（1）地表水可利用量计算采用倒算法计算，正算法校核；

（2）按照先支流后干流、先上游后下游的顺序计算；

（3）支流与上游干流河道内生态环境用水主要为输沙冲沙水量、维持河道基本功能的最小生态环境需水等。黄河中下游干流，河道内生态环境需水除了要考虑输沙冲

沙水量、枯季河道基流外，还要考虑河口区湿地保护以及非汛期最小入海流量等。

6.2.5.3 淮河流域地表水可利用量计算

(1) 淮河流域在地理位置上地处我国南北过渡带，水资源兼有南北方的特征。淮河流域水资源开发利用程度较高。可利用量计算应分别采用倒算法和正算法，通过综合分析比较，确定计算成果。

(2) 淮河支流及上游干流，河道内生态环境需水主要为维持河道基本功能的水量。此外，还要统筹考虑航运、水力发电等河道内用水。

(3) 根据现有工程最大供水能力或汛期现状实际最大的用水消耗量，并考虑规划新建工程的供水能力与作用，分析确定控制汛期洪水下泄的水量或流量。

(4) 淮河下游情况复杂，对于这样复杂的地区，地表水可利用量分析计算要在弄清情况的基础上，采取定性分析和定量计算相结合的方法，进行简化计算。

6.2.5.4 松花江流域地表水可利用量计算

(1) 可利用量计算应分别采用倒算法和正算法，通过综合分析比较，确定计算成果。

(2) 河道内生态环境需水主要包括：非汛期河道基流、水生生物与生态保护用水、湿地保护与恢复用水等。此外，对有些地区还要适当考虑航运、水电等其他河道内用水。

(3) 松花江流域的大型控制性工程具有防洪、发电等综合功能，在考虑工程的调蓄与供水功能时要与防洪、发电等功能相互协调，在计算汛期下泄洪水量时要考虑防洪的要求和安排。

(4) 松花江上游干支流开发利用程度较高，下游支流和干流尚有潜力。采用正算法分析计算可利用量应在现有工程供水能力以及现状供用耗水量分析的基础上，充分考虑待建工程的供水能力及未来需水要求。

6.2.5.5 长江和珠江流域地表水可利用量计算

(1) 长江和珠江流域地表水可利用量计算采用正算法和倒算法计算，一般情况下选择两者中较小的结果。

(2) 河道内生态环境需水的主要功能有：维持水生生物生存，保持水体一定的自净能力，防止“水华”与湖泊富营养化等水污染事件的发生与蔓延，湖泊湿地保护与恢复，防止海水顶托、海水入侵，防止河口泥沙淤积及保护河口地区生态系统等。

(3) 长江和珠江流域水资源综合利用程度高，航运、水力发电、水产养殖等河道内用水也应统筹考虑。由于长江和珠江的水量大，航运、水力发电等河道内用水量也大，生态环境用水量一般都能得到满足。

(4) 长江和珠江上游及其支流，总体开发利用程度不高，尚有较大潜力，但也有一些地区，开发利用的难度大，经济合理和技术可行的开源工程已为数不多。这些地区可利用量计算以正算法为主，通过对开发利用潜力的分析，重点考虑采取工程措施所能达到的最大调蓄供水能力，或考虑未来发展，可能最大的供水需求。

(5) 下游、干流以正算法为主，要考虑枯水期对生态环境的影响，重点考虑水生生态需水和河道内用水。河口地区要重点考虑入海水量和河口区生态系统的保护。要充分考虑河道水生生物及水生生态保护对水质和水量的某些特殊要求，以及稀有物种保护对水资源的要求。

6.2.5.6　独流入海诸河地表水可利用量计算

(1) 独流入海诸河中较大的河流（钱塘江、闽江和韩江），可采用与长江和珠江及其支流相同的计算方法单独计算；

(2) 其余河流，一般以所处的区域组成计算单元（区内包括诸多直接入海的小河），根据现状地表水资源开发利用的程度，考虑进一步开发利用的潜力，并经综合比较分析，确定各区域独流入海诸河的最大开发利用程度，估算可利用量（正算法）。

6.2.5.7　内陆河水资源可利用量计算

(1) 新疆塔里木河和甘肃、内蒙古西部的黑河，单独对其进行计算；其余的诸多内陆河可不分水系，只分为西北内陆河区（包括内蒙古西部地区）、华北内陆河区和藏北内陆河区。藏北内陆河区基本为无人区，水资源可利用量可以认为是零，不需进行可利用量计算。其余两区可采用较为简化的方法估算可利用量。

(2) 内陆河地表水与地下水转换关系复杂，不宜单独分析计算。直接按水资源总量进行水资源可利用总量的分析计算。

(3) 有不少独立的小河，其水量无法利用，并且这些小河对天然生态保护有作用，这些水量也不该用于生产与生活用水，这部分水量应扣除，不能作为可利用量。内陆河还有些河流或河段，天然水质较差，不能满足用水户的要求，这部分水量也要扣除，不能作为可利用量。

(4) 内陆河水资源可利用量计算采用倒算法，从水资源总量中扣除河道内生态环境需水量（天然生态需水量），剩余的即为可利用量。河道内生态环境需水包括中游区维护天然生态保护目标所需的河道内生态需水量，以及下游区维持天然生态景观的最小河道内生态需水量。

(5) 内陆河一般划分为三段：上游出山口以上为产水区；中游人工绿洲集中的地区为主要用水区；下游以荒漠天然景观植被为主的地区为径流消耗消失区。

(6) 在内陆河区很难严格区分河道内生态环境需水量和河道外生态环境需水量，一般认为维持天然植被的生态环境需水量为河道内生态环境需水量，人工绿洲建设所需的生态需水量为河道外生态环境需水量。

6.2.5.8　国际河流地表水可利用量计算

出境国际河流应根据有关国际协议及国际通用的规则，结合近期水资源开发利用的实际情况，考虑未来当地需水增长及向外流域调水的可能，估算境内部分地表水资源的可利用量。

6.3　地表水资源可利用量计算实例

“全国水资源综合规划”中《水资源可利用量估算方法（试行）》及《地表水资源可利用量计算补充技术细则》中把全国水资源可利用量计算分为 94 个流域、水系或区间进行，选择其中3个水系作为典型进行分析计算。北方选择海滦河流域的滦河水系，南方选择长江的支流汉江水系，内陆河选择黑河流域。

6.3.1 滦河水系地表水可利用量计算 6.3.1.1 基本情况

滦河流域面积4.48万km²，多年平均年降水量556mm，年径流量42.106 2亿m³。滦河的控制站为滦县站，控制全流域面积的98%，自1929年开始有径流资料。滦河上游地处内蒙古高原，植被状况良好，汛期雨量不大，径流比较平稳。滦河中下游燕山迎风区是主要产水区，产水量较大的支流柳河、瀑河、洒河、青龙河等均在此区。滦河现有潘家口、大黑汀、桃林口3座大型控制性工程。现状地表水供水量19.3亿m³，用水消耗水量约为13.3亿m³，地表水资源消耗利用率32%。

6.3.1.2 计算方法

滦河水系可利用量计算采用倒算法，首先计算河道内生态环境需水量和多年平均下泄洪水量，最后用多年平均地表水资源量减去以上两项，得出多年平均情况下的地表水资源可利用量。滦河河道内生态环境需水主要为维持河道基本功能的生态环境需水，其他如湿地保护等河道内需水量都较小，在维持河道基本功能的需水得到满足的情况下，其他河道内用水也能满足。

6.3.1.3 河道内生态环境需水量计算

滦河河道内生态环境需水主要为维持河道基本功能的生态环境需水。对于维持河道基本功能的生态环境需水采用下列方法计算：

(1) 多年平均年径流量百分数：

以多年平均径流量的百分数作为河流最小生态环境需水量。滦河控制站滦县站1956—2000年系列天然年径流的多年平均值为42.106 2亿m³，根据滦河的情况，多年平均河流最小生态需水量取年径流量的10%～15%。$W_{生1}$ 与 $W_{生2}$ 分别取年径流量的10%与15%得出的计算结果。

①年径流量的10%

$$W_{生1} = 42.1062 \times 0.10 = 4.21 \text{亿 m}^3$$

②年径流量的15%

$$W_{生2} = 42.1062 \times 0.15 = 6.32 \text{亿 m}^3$$

(2) 最小月径流系列：

在滦县站1956—2000年天然月径流系列中，挑选每年最小的月径流量，组成45年最小月径流量系列，对此系列进行统计分析，取其 $P = 90\%$ 频率的特征值，作为年河道最小生态需水量的月平均值，计算多年平均河道最小生态的年需水量。

据滦县最小月径流量系列分析，$P = 90\%$ 频率情况下的月径流量为0.366亿m³。据此计算多年平均河道最小生态的年需水量 $W_{生3}$ 为：

$$W_{生3} = 0.366 \times 12 = 4.40 \text{亿 m}^3$$

(3) 近10年月径流量：

以滦县站1991—2000年天然月径流系列，进行统计分析，选择最小月径流量，作为年河道最小生态需水量的月平均值，计算多年平均河道最小生态的年需水量。

在滦县站1991—2000年天然月径流系列中，最小的月径流量出现在1997年5月，为 0.358 3 亿 m³。据此计算多年平均河道最小生态的年需水量 $W_{生4}$ 为：

$$W_{生4} = 0.3583 \times 12 = 4.23 \text{ 亿 m}^3$$

（4）典型年最小月径流量

在滦县站 1956—2000 年天然月径流系列中，选择能满足河道基本功能、未断流，又未出现较大生态环境问题的最枯月平均流量，作为年河道最小生态需水量的月平均值。由于 80 年代以来，滦河出现持续枯水年，存在较严重的缺水，出现挤占生态环境用水的现象，不宜选为典型。在 70 年代的月径流系列中选择典型比较合适。最好选择的典型年径流量与多年平均年径流量比较接近，以典型年中最小月径流量，作为年河道最小生态需水量的月平均值，计算多年平均河道最小生态的年需水量。

选择 1973 年为典型年：1973 年年径流量为 47.47 亿 m³，该年 1 月径流量为 0.496 1亿 m³。据此计算多年平均河道最小生态的年需水量 $W_{生5}$ 为：

$$W_{生5} = 0.4961 \times 12 = 5.47 \text{ 亿 m}^3$$

6.3.1.4　汛期下泄洪水量计算

滦河下游滦县站有较完整可靠的天然径流量和实测径流量系列资料，且滦河水资源开发利用程度相对较高，采用近 10 年中汛期最大的一次性供水量或用水消耗量，作为控制滦河汛期洪水下泄的水量 W_m 。一次性供水量或用水消耗量可采用滦县站汛期的天然径流量减去同期的入海水量得出。滦县站下游有岩山渠，从滦河滦县以下河道中引水到下游灌区，滦河入海水量应为滦县站实测径流量减去同期岩山渠引水量。滦河汛期一般出现在 6—9 月，但绝大部分年份的 6 月尚未出现大雨，该月的供水大部分为前一年汛末水库的蓄水，因而分析计算汛期下泄洪水量应将 6 月排除在外，按 7—9 月的统计分析汛期洪水量。具体操作：

（1）计算各年汛期的用水消耗量

根据滦县站 1991—2000 年 7—9 月天然径流、实测径流量和岩山渠引水量资料（岩山渠 1991—2000 年只有年引水量资料，采用该引水渠 1980—1988 年 7—9 月引水量占全年引水量的比例系数的多年平均值，推算岩山渠 1991—2000 年 7—9 月的引水量），计算各年汛期的用水消耗量。

$$W_{用} = W_{天} - W_{实} + W_{岩} \tag{6-17}$$

式中　$W_{用}$——滦河用水消耗量；

$W_{天}$——滦县站天然径流量；

$W_{实}$——滦县站实测径流量；

$W_{岩}$——岩山渠引水量。

（2）确定控制汛期洪水下泄的水量

从计算的 $W_{用}$ 中选择最大的。在计算的各年汛期用水消耗量中，1994 年最大，为 17.375 4 亿 m³，经分析该年汛期洪水量较大，实际供用水量正常合理，可以将该年汛期用水消耗量，作为控制滦河汛期洪水下泄的水量 W_m 。

（3）计算多年平均汛期下泄洪水量

根据以上确定的控制滦河汛期洪水下泄的水量 W_m ，采用滦县站 1956—2000 年 45 年汛期洪水量（天然）系列，逐年计算汛期下泄洪水量。汛期洪水量中大于 W_m 的部分作为下泄洪水量，汛期洪水量小于或等于 W_m ，则下泄洪水量为 0。根据算出的下泄洪水量系列，按式（6-16）计算多年平均下泄洪水量。

经对滦县站45年汛期（7—9月）的计算，计算得出滦河多年平均汛期的下泄洪水量为13.87亿m^3。

6.3.1.5 可利用量计算成果

根据以上计算的滦河多年平均最小生态环境需水量和汛期下泄洪水量，计算得出滦河多年平均地表水资源量的可利用量。上面采用不同方法计算出5套最小生态环境需水量结果，见表6-1。

表6-1 滦河最小生态环境需水量计算结果 单位：亿m^3

序 号	计 算 方 法	需水量
$W_{生1}$	年径流量10%	4.21
$W_{生2}$	年径流量15%	6.32
$W_{生3}$	最小月径流量系列（P=90%）	4.40
$W_{生4}$	近10年最小的月径流量	4.23
$W_{生5}$	典型年最小月径流量（1973年）	5.47

根据各种方法计算的结果，结合滦河的具体情况分析，滦河最小生态需水量建议采用年径流量百分数法计算的成果，设立两个方案，需水低方案取$W_{生1}$为4.21亿m^3，高方案取$W_{生2}$为6.32亿m^3。

滦河流域多年平均汛期下泄洪水量计算成果为13.87亿m^3。用滦河多年平均地表水资源量42.11亿m^3，减去最小生态需水量和下泄洪水量，计算出滦河多年平均情况下地表水资源可利用量。

根据以上生态需水和汛期下泄洪水量的计算结果，在河道内生态环境需水量采用低方案时，地表水可利用量为24.03亿m^3；生态需水采用高方案，可利用量为21.92亿m^3。多年平均地表水可利用量与地表水资源量相除，得出的地表水资源可利用率分别为57%和52%。

6.3.2 汉江水系地表水可利用量计算

6.3.2.1 基本情况

汉江是长江中游最大的支流，流域面积15.65万km^2，丹江口以上为汉江干流上游，面积9.49万km^2，汉江上游为山地丘陵区，内有多个降水和径流深的高值区。唐白河是汉江中游最大的支流，集水面积2.43万km^2。丹江口以下汉江干流中下游主要为平原，面积3.73万km^2，其中钟祥以下为江汉平原，地势平坦，河网交织，湖泊密布，是重要的经济区和用水区。汉江上游有丹江口、黄龙滩、石泉、安康这4座大型水库，其中丹江口水库是南水北调中线工程的源头。汉江流域多年平均地表水资源量为566亿m^3，其中丹江口以上流域为388亿m^3，丹江口以下（包括唐白河）为178亿m^3。丹江口是汉江上游的控制站，皇庄为汉江中游控制站。

6.3.2.2 计算方法

汉江地表水可利用量采用倒算法。河道内需水主要包括生态需水、航运用水及保护中下游河道水质的环境用水等，取其外包作为非汛期需扣除的河道内需水。汛期下泄洪水量采用分段计算法，丹江口以上考虑上游用水和南水北调中线工程向外流域的调水量。丹江口以上以丹江口作为控制站，丹江口以下采用皇庄作为控制站，分别计算确定汛期洪水下泄的控制水量 W_m（或流量），再计算汛期多年平均下泄洪水量。

6.3.2.3　河道内生态环境需水量计算

河道内需水主要包括生态需水、航运用水及保护中下游河道水质的环境用水。汉江生态需水主要为维持河道内水生生物生存的水量，采用 Tennant 法，以年平均流量的 30%作为河道内水生生物生存满意的流量。汉江多年平均年径流量为 566 亿 m^3，其 30%为 170 亿 m^3，折算成平均流量约为 540m^3/s。汉江中下游航运用水要满足丹江口—襄樊河段达Ⅴ级航道标准，襄樊—汉口河段达Ⅳ级航道标准。保护河道水质的环境用水是指防止下游河段发生“水华”事件，维持河道必要的流量。保护河道水质根本的出路在于严格限制污水直接排放，造成“水华”发生常常是起因于很难控制的面源污染，因此汉江中下游河道维持必要的流量，对保护生态环境非常重要。南水北调中线工程规划，在综合考虑汉江中下游河道航运与环境需水量的基础上，拟定丹江口水库下泄最小流量不小于 490m^3/s（其中襄樊—泽口河段最小流量不小于 500m^3/s）。综合考虑上述 3 项河道内用水，取其外包，汉江河道内需水按 540m^3/s 考虑。

6.3.2.4　汛期下泄洪水量计算

汉江的汛期历时较长，从 4 月至 10 月，可分为两个相对集中的高峰期。计算汛期下泄洪水量可将汛期分为两段，即 4—6 月与 7—9 月，分别计算各段的下泄洪水量。汉江丹江口以上地区用水量不大，丹江口以下的汉江中下游区是主要的用水区，另外丹江口水库是南水北调中线工程的水源地，承担向外流域调水的功能。汉江中下游多为中小型引提水工程，调蓄能力有限，且汛期的用水量也较小，汛期大部分洪水量将向长江下泄。具体计算步骤如下：

（1）丹江口以上用水消耗量

根据需水预测，丹江口上游 2010 年用水消耗量 23 亿 m^3。2030 年将会达到 25 亿 m^3，汛期 4—6 月和 7—9 月分别为 9 亿 m^3 和 6 亿 m^3。

（2）丹江口水库向外流域调出的水量

根据南水北调中线工程规划，丹江口水库多年平均向外流域调出的水量 97 亿 m^3。按 4—6 月调出量占总量的 35%，7—9 月调出量占总量的 15%计算，4—6 月和 7—9 月向外流域调出的水量分别为 34 亿 m^3 和 15 亿 m^3。

（3）丹江口水库汛期蓄水量

丹江口水库汛末蓄水将用于非汛期向汉江中下游和外流域供水，估算 7—9 月水库具备供水功能的蓄水量约为 55 亿 m^3。

（4）汉江中下游用水消耗量

根据需水预测，汉江中下游 2030 年需水量达到 160 亿 m^3，采用 1999 年汉江各部门实际用水的耗水率 50%计算，汉江中下游 2030 年用水消耗量为 80 亿 m^3。按 4—6 月占年总量的 35%，7—9 月占 25%计算，4—6 月和 7—9 月的用水消耗量分别为 28 亿 m^3 和 20 亿 m^3。

（5）汉江皇庄以上汛期最大调蓄与用水消耗量

汉江皇庄以上4—6月最大调蓄与用水消耗量 W_m 为同期丹江口以上用水消耗量9亿 m^3、丹江口水库向外流域调出水量34亿 m^3 与汉江中下游用水消耗量28亿 m^3 之和为71亿 m^3。7—9月 W_m 为同期丹江口以上用水消耗量6亿 m^3、丹江口水库向外流域调出水量15亿 m^3、丹江口水库汛期蓄水量55亿 m^3 与汉江中下游用水消耗量20亿 m^3 之和为96亿 m^3。

（6）皇庄下泄洪水量

采用皇庄站1956—2000年历年4—6月和7—9月天然径流量系列，按以上分析计算的4—6月和7—9月最大调蓄与用水消耗量 W_m（分别为71亿 m^3 和96亿 m^3），逐年计算下泄洪水量，4—6月多年平均下泄洪水量为44亿 m^3，7—9月为150亿 m^3，汛期4—9月合计也即全年为194亿 m^3。

（7）汉江下泄长江的洪水量

以上计算的是汉江皇庄控制站多年平均下泄的洪水量194亿 m^3，尚未考虑皇庄以下至入长江口区间的下泄水量。区间多年平均年径流量为57亿 m^3。由于这区间为江汉平原，基本没有调蓄工程，已将区间的用水考虑在以上计算的汉江中下游需水量预测的计算中，因此区间的天然径流量可以认为全部排入长江。多年平均情况下汉江全流域向长江下泄的水量为251亿 m^3。计算结果见表6-2。

表6-2 汉江下泄洪水量计算结果表　　单位：亿 m^3

项　目	全　年	4—6月	7—9月
丹江口以上用水消耗量	25	9	6
丹江口调出外流域水量	97	34	15
丹江口汛期蓄水量			55
汉江中下游用水消耗量	80	28	20
皇庄 W_m		71	96
皇庄天然径流量	509	133	230
皇庄下泄洪水量	194	44	150
皇庄以下天然径流量	57		
汉江全流域下泄洪水量	251		

6.3.2.5 可利用量计算成果

根据以上计算，汉江河道内生态环境及生产需水流量为540m^3/s，由于汛期4—9月河道内水量较大，并有洪水下泄至长江，汛期的河道内生态环境及生产需水量能得到满足，仅需在非汛期（1—3月与10—12月）考虑河道内生态环境及生产需水，按非汛期182天计算，需水量约为85亿 m^3。计算的多年平均汉江汛期排入长江的洪水量为251亿 m^3。汉江多年平均天然年径流量为566亿 m^3，减去以上两项水量，得出的多年平均情况下地表水资源可利用量为230亿 m^3。地表水资源可利用率达到40%，计算结果见表6-3。

表 6-3　汉江地表水资源可利用量计算结果表

项　目	数　量
汉江多年平均年径流量/亿 m^3	566
河道内生态环境及生产需水流量/（m^3/s）	540
非汛期河道内生态环境及生产需水量/亿 m^3	85
多年平均汛期下泄洪水量/亿 m^3	251
汉江多年平均地表水资源可利用量/亿 m^3	230
地表水资源可利用率/%	40

6.3.3　黑河流域可利用量计算

6.3.3.1　基本情况

黑河是我国第二大内陆河，现已形成东、中、西 3 个独立的子水系。其中东部子水系即黑河干流水系面积 11.6 万 km^2，占整个黑河流域面积的 80%以上，其情况复杂，涉及 3 省（自治区）、水事矛盾突出。本次计算可利用量是黑河的东部子水系（以下所称黑河均指黑河东部子水系）。

黑河出山口莺落峡以上为上游，面积 1.0 万 km^2，该区地处高寒山地，植被较好但生长缓慢，是主要的产水区。莺落峡至正义峡为中游，包括支流梨园河、马营河等面积为 2.56km^2。河道两岸地势平坦，光热资源充足，人工绿洲发育，是重要的灌溉农业经济区。正义峡以下为下游，面积为 8.04 万 km^2，主要为戈壁沙漠和剥蚀残山，气候极端干燥，生态环境极为脆弱，是我国北方沙尘暴的主要来源区之一。

黑河出山口多年平均天然径流量 24.75 亿 m^3，其中黑河干流莺落峡站 15.80 亿 m^3，梨园河梨园堡 2.37 亿 m^3，其它沿山支流 6.58 亿 m^3。黑河流域地下水资源主要由河川径流补给。地下水资源与河川径流不重复量约为 3.33 亿 m^3。天然水资源总量为 28.08 亿 m^3。

6.3.3.2　计算方法

黑河水资源可利用量采用水资源总量扣除河道内生态环境需水量（天然生态需水量）的方法计算。河道内生态环境需水包括维护天然生态保护目标所需的河道内生态需水量，以及维持下游区天然生态景观的最小河道内生态需水量。

6.3.3.3　河道内生态环境需水量计算

黑河河道内生态环境需水主要包括：

（1）黑河下游狼心山以下额济纳三角洲地区天然植被所需的生态需水。主要是植被生长期间的生理需水、棵间和斑块间潜水蒸发量和植被覆盖区非生长季节的潜水蒸发量。根据黑河流域近期治理规划要求，下游天然绿洲恢复到 20 世纪 80 年代中期规模，绿洲面积达到 650 万亩左右。估算生态需水量 7.5 亿 m^3。

（2）莺落峡至狼心山区间河道内损失的水量和沿河生态防护林消耗的水量。为了实现向黑河下游狼心山以下送 7.5 亿 m^3 生态用水，需要考虑沿途河道内的水量损失。地处干旱区的黑河中下游河段，特别是下游河段，蒸发渗漏损失大。20 世纪 90 年代从正义峡进入下游的水量约为 7.7 亿 m^3，而到达狼心山实际进入额济纳的水量只有 3 亿～5 亿 m^3。沿途减少的水量达 2.7 亿～4.7 亿 m^3，这其中有一部分是下游鼎新灌区和国防科研基地用水（估计为1.5亿～2.0亿m^3），其余的主要为河道内沿程损失的水量，为1.2亿～2.7亿m^3。据此估算正义峡至狼心山沿程损失的水量约为2.0亿m^3，莺落峡至正义峡损失的水量应小一些，约为1.0亿m^3。此外，中游河段两岸生态防护林消耗的水量约为2.0亿m^3。这样，莺落峡至狼心山区间河道内消耗水量和沿河生态防护林消耗的水量合计为5.0亿m^3。

6.3.3.4 可利用量计算成果

根据以上分析计算，黑河河道内生态环境需水量为12.5亿m^3，其中下游天然绿洲的生态需水量为7.5亿m^3，河道内损失和沿岸防护林消耗的水量为5.0亿m^3。黑河流域多年平均水资源总量为28.0亿m^3，减去河道内生态环境需水量12.5亿m^3，水资源总量的可利用量为15.5亿m^3，水资源消耗利用率55%。

6.4 地下水资源可利用量

地下水资源可利用量按浅层地下水资源可开采量考虑。地下水可开采量是指在可预见的时期内，通过经济合理、技术可行的措施，在不致引起生态环境恶化的条件下，允许从含水层中获取的最大水量。多年平均地下水总补给量是多年平均地下水可开采量的上限值。

6.4.1 平原区浅层地下水可开采量的计算方法

6.4.1.1 实际开采量调查法

实际开采量调查法适用于浅层地下水开发利用程度较高、浅层地下水实际开采量统计资料较准确、完整且潜水蒸发量不大的地区。若某地区，在1980—2000年，1980年年初、2000年年末的地下水水位基本相等，则可以该期间多年平均浅层地下水实际开采量近似确定为该地区多年平均浅层地下水可开采量。

6.4.1.2 可开采系数法

可开采系数法适用于含水层水文地质条件研究程度较高的地区。这些地区，浅层地下水含水层的岩性组成、厚度、渗透性能及单井涌水量、单井影响半径等开采条件掌握得比较清楚。

所谓可开采系数（ρ）是指某地区的地下水可开采量（$Q_{可开}$）与同一地区的地下水总补给量（$Q_{总补}$）的比值，即$\rho = Q_{可开}/Q_{总补}$，ρ应不大于1。确定了可开采系数ρ，就可以根据地下水总补给量$Q_{总补}$，确定出相应的可开采量$Q_{可开}$，即：$Q_{可开} = \rho \cdot Q_{总补}$。可开采系数$\rho$是以含水层的开采条件为定量依据：$\rho$值越接近1，说明含水层的开采条件越好；$\rho$值越小，说明含水层的开采条件越差。

确定可开采系数ρ时，应遵循以下基本原则：

①由于浅层地下水总补给量中，可能有一部分要消耗于水平排泄和潜水蒸发，故可开采系数ρ应不大于1；

②对于开采条件良好，特别是地下水埋藏较深、已造成水位持续下降的超采区，

应选用较大的可开采系数，参考取值范围为 0.8～1.0；

③对于开采条件一般的地区，宜选用中等的可开采系数，参考取值范围为 0.6～0.8；

④对于开采条件较差的地区，宜选用较小的可开采系数，参考取值范围为不大于 0.6。

6.4.1.3　多年调节计算法

多年调节计算法适用于已求得不同岩性、地下水埋深的各个水文地质参数，且具有为水利规划或农业区划制订的井、渠灌区的划分以及农作物组成和复种指数、灌溉定额和灌溉制度、连续多年降水过程等资料的地区。

地下水的调节计算，是将历史资料系列作为一个循环重复出现的周期看待，并在多年总补给量与多年总排泄量相平衡的原则基础上进行的。所谓调节计算，是根据一定的开采水平、用水要求和地下水的补给量，分析地下水的补给与消耗的平衡关系。通过调节计算，既可以探求在连续枯水年份地下水可能降到的最低水位，又可以探求在连续丰水年份地下水最高水位的持续时间，还可以探求在丰、枯交替年份在以丰补欠的模式下开发利用地下水的保证程度，从而确定调节计算期（可近似代表多年）适宜的开采模式、允许地下水水位降深及多年平均可开采量。

多年调节计算法有长系列和代表周期两种。前者选取长系列（如 1980—2000 年系列）作为调节计算期，以年为调节时段，并以调节计算期间的多年平均总补给量与多年平均总废弃水量之差作为多年平均地下水可开采量；后者选取包括丰、平、枯在内的 8～10 年一个代表性降水周期作为调节计算期，以补给时段和排泄时段为调节时段，并以调节计算期间的多年平均总补给量与难以夺取的多年平均总潜水蒸发量之差作为多年平均地下水可开采量。具体调节计算方法可参见有关专著 。

6.4.1.4　类比法

缺乏资料地区，可根据水文及水文地质条件类似地区可开采量计算成果，采用类比法估算可开采量。

应注意的是在生态环境比较脆弱的地区，应用上述各种方法（特别是应用多年调节计算法）计算平原区可开采量时，必须注意控制地下水水位。例如，为防止荒漠化，应以林草生长所需的极限地下水埋深作为约束条件；为预防海水入侵（或咸水入侵），应始终保持地下淡水水位与海水水位（或地下咸水水位）间的平衡关系。

6.4.2　山丘区多年平均地下水可开采量的计算方法

山丘区地下水可开采量是指以凿井方式开发利用的地下水资源量。由于山丘区水文地质条件及开采条件差异很大，地下水可开采量的计算，根据含水层类型、地下水富水程度、调蓄能力、开发利用情况等，以实际开采量和泉水流量（扣除已纳入地表水可利用量的部分）为基础，同时考虑生态恢复、地下水动态等，采用可开采系数法与实际开采量类比法等综合分析确定。各计算区可开采系数采用范围：岩溶山区为 0.70～0.85，一般山丘区为 0.55～0.75。

山丘区与平原区之间地下水可开采量的重复计算量包括山前侧渗补给量和本水资源一级区河川基流量形成的地表水体补给量的可开采量，即将两项补给量之和乘以相应计算分区的可开采系数计算得出。

6.5 水资源可利用总量

(1) 水资源可利用总量是指在可预见的时期内，在统筹考虑生活、生产和生态环境用水的基础上，通过经济合理、技术可行的措施在当地水资源中可资一次性利用的最大水量。

(2) 水资源可利用总量的计算，可采取地表水资源可利用量与浅层地下水资源可开采量相加，再扣除地表水资源可利用量与地下水资源可开采量两者之间重复计算量的方法估算。

$$W_{总可} = W_{地表可} + W_{地下可} - W_{重} \tag{6-18}$$

式中 $W_{总可}$——水资源可利用总量；

$W_{地表可}$——地表水资源可利用量；

$W_{地下可}$——浅层地下水资源可开采量；

$W_{重}$——重复计算量；其中：$W_{重} = \rho_{平可}(W_{渠渗} + W_{田渗}) + \rho_{山可}W_{基}$

$W_{渠渗}$——渠系渗漏补给量；

$W_{田渗}$——田间地表水灌溉入渗补给量；

$\rho_{平可}$——平原区可开采系数；

$\rho_{山可}$——山区可开采系数；

$W_{基}$—河川基流量。

根据《山东省水资源综合规划》(2007年)，山东全省当地水资源可利用总量为208.8亿m^3，其中淮河流域及山东半岛、黄河流域、海河流域分别为163.4亿m^3、15.2亿m^3、30.2亿m^3；全省水资源可利用率为68.9%，其中淮河、黄河、海河流域分别为67.8%、60.5%、81.3%。

第7章　水资源质量评价

水资源质量评价是合理开发利用和保护水资源的一项基本工作。水资源质量也可简称为水质，是指天然水及其特定水体中的物质成分、生物特征、物理性状和化学性质以及对于所有可能的用水目的和水体功能，其质量的适应性和重要性的综合特征。水质评价指按照评价目标，选择相应的水质参数、水质标准和评价方法，对水体的质量作出评定。评价水环境质量，一般都以国家或地方政府颁布的各类水质标准作为评价标准。在无规定水质标准的情况下，可采用水质基准或本水系的水质背景值作为评价标准。

按水资源质量评价的目的，可分为水资源利用的水质评价和水环境保护的水质评价；按水资源质量评价的目标和要素，可分为物理性状评价、化学性质评价、化学成分评价、生物特征评价等几方面；按水源水体类型，可分为地表水质量评价、地下水质量评价和降水水质评价等。在水资源开发利用和水环境保护的生产实际中，水质评价通常以各类水资源开发利用工程和水体类型作为评价主体，因此，本章将首先介绍水的特性、水质评价指标、水质评价标准，在此基础上按地表水水质评价、地下水水质评价和河流泥沙评价几个方面介绍主要的水质评价方法。

7.1　水的特性

水有很多特性，下面就天然水的物理、化学、生物特性作简要介绍。

7.1.1　水的物理特性

7.1.1.1　水的热学和溶解性质

(1) 热学性质

在元素周期表中，与氧同族的元素硫、硒和碲的氢化物分别为 H_2S、H_2Se、H_2Te。它们的热学性质见表7-1。

水的物理常数的特点及其对环境和对生物的重要性见表7-2。

表 7-1 周期表中氧及其同族元素的氢化物的热学性质

化合物	分子量	溶点/℃	溶解热	沸点/℃	蒸发热	偶极矩
H_2O	18	0.0	1.44	+100	9.72	1.84
H_2S	34	−85.5	0.57	−60.3	4.46	1.1
H_2Se	81	−65.7	0.6	−41.3	4.62	0.4
H_2Te	130	−51.0	1.0	−2.2	5.55	<0.2

表 7-2 纯水的物理常数及其重要性

性质	与其他物质对比	对环境和生物的重要性
状态	不同温度下，以固、液、气三态存在，常温下为液态	使全球水循环，维持地球生命物质的持水量并提供生命介质
密度	在 4℃时密度最大，冻结时膨胀	水体在冰冻时从水面开始，防止连底冻结，造成季节性温度分层，对水生生物越冬有重要意义
溶点和沸点	高	使地球表面的水经常处于液态
热容	高于除氨以外的任何液体	缓冲生物体内及地表温度的剧烈变化
蒸发热	液体中最高	缓冲温度的极端变化
表面张力	液体中最高	在云层和雨层中调节水滴大小，是细胞生理学中的控制因素
介电常数	所有液体中最高	
热传导	所有液体中最高	在细胞生理中具极重要作用
吸收辐射热	在红外和紫外光区甚强，在可见光区域内较小	无色、透明，对水体中生物活动（如光合作用）有重要控制作用，对大气温度有重要抑制作用
电离度	很小	中性物质，对维持生命体系极其重要
溶解性质	因其偶极性质，对离子化合物和极性分子是极佳的溶剂	在水文循环和生物系统中，对溶解物质的迁移极重要

除氨以外，水在一切已知液体中热容量最高。正因为它的热容量最高，像湖泊和海洋那样的大型水体，其温度基本保持不变。这种热缓冲作用，对于保护生命至关重要。

（2）溶解性质

水是极好的溶解剂。许多有机物和无机化合物如糖、醇、氨基酸和氨皆溶于水。水有能溶解有机分子的能力，对生命过程和地质化学过程都非常重要。

7.1.1.2 天然水的物理性质

自然界的水并不是纯净的。天然水均含有一定的杂质，这些杂质大体分为三类：一类为溶解物，包括钙、镁、钠、钾、铁、锰、硅等盐类和二氧化碳、氮气、氧气、硫化氢、沼气等；另一类是胶体物，为硅胶、腐殖质胶等；还有一类是悬浮物，包括细菌、藻类、原生动物、泥沙以及其他漂浮物。

评价天然水物理性质的主要分析项目有：水色、嗅和味、浑浊度、水温、固体物质、电导率等。

清洁的天然水是无色的，水层较深时常呈淡蓝色，水中含有较多的钙、镁离子时则呈深蓝色，这都属于正常水色。如果天然水中含有较多杂质，水色就变得五花八门。例如，受铁离子和锰离子污染的水呈黄褐色；受腐殖质污染的水呈棕黄色；藻类将水染成黄绿色；硫化氢进入水体后，由于氧化作用析出微细的胶体硫，从而使水变成翠绿色。根据水色的不同，可大体判断杂质的存在和水体受污染的程度。清洁的天然水是无味的，只有水中溶有较多致味物质时，水才会有各种味道。例如，含有较多氯化物的水有咸味；含较多诸如石膏、芒硝等硫酸盐的水有苦味；水中铜离子量超过 1.0mg/L 也会有苦味；受粪便或其他腐烂性有机物污染时，水会有臭味。在水流缓慢的坑塘中，一些藻类过度繁殖也会给水带来臭味。水的浑浊度指水中由泥沙、黏土和有机物等所造成悬浮物和胶体物对光线射透的阻碍程度，浑浊度与水流紊流搅动强度相关，枯水季节浊度较小，洪水季节浊度变大，浑浊度影响水生植物的光合作用，也影响水的用途。水温是各种水体的重要物理指标，水温影响化学反应速率和水体自净能力。气体在水中的溶解度随水温上升而下降，矿物质在水中的溶解度随水温上升而升高，水温影响水在工农业生产中的使用，鱼类对水温变化尤为敏感。水中的固体物质是除气体以外的主要污染物质，对水体质量影响极大。固体物按其颗粒大小、化学特性可分成沉降态、悬浮态、胶体态、溶解态。悬浮固体是指不能以常规的重力沉降法去除的非溶解性固体，黏土就是典型的胶体悬浮固体。天然水中的固体物主要来自地表径流和人类活动。电导率是溶液对电流的通过能力的度量，天然水的电导率较低。

7.1.2　水的化学特性

7.1.2.1　离子

天然水中含有多种元素。其中钾离子（K^{+}）、钠离子（Na^{+}）、钙离子（Ca^{2+}）、镁离子（Mg^{2+}）、碳酸氢根离子（HCO_3^-）、硝酸根离子（NO_3^-）、氯离子（Cl^-）和硫酸根离子（SO_4^{2-}）为天然水中常见的八大离子，占天然水中离子总量的 95%～99%。天然水中的这些主要离子的分类，常用来作为表征水体主要化学特征性指标。天然水中次要离子有铝（Al^{3+}）、砷（Ⅲ，As^{3+}）、钡（Ba^{2+}）、铜（Cu^{2+}）、锰（Mn^{2+}）、酸式硫酸根（HSO_4^-）、碳酸根（CO_3^{2-}）、氟根（F^-）、硫根（S^{2-}）等。

7.1.2.2　pH 值

pH 值是以氢离子浓度的负对数（以 10 为底），来度量水体中氢离子的活性指标。pH 值能直接或间接地影响水中存在的其他污染物的浓度和活性，它是天然水体生化系统的重要反映。

天然水按 pH 值的不同可以划分为如下五类：

强酸性　　pH<5.0，如铁矿矿坑积水。

弱酸性　　pH5.0～6.5，如地下水。

中性　　pH6.5～8.0，大部分淡水。

弱碱性　　pH8.0～10.0，海水。

强碱性　　pH>10.0，少数苏打型湖泊水。

大多数天然水为中性到弱碱性，pH 在 6.0～9.0。淡水的 pH 值多在 6.5～8.5，部分苏打型湖泊水的 pH 值可达 9.0～9.5，有的可能更高。海水的 pH 值一般在 8.0～8.4。地下水由于溶有较多的 CO_2，pH 一般较低，呈弱酸性。某些铁矿矿坑积水，由于 FeS_2 的氧化、水解，水的 pH 可能成强酸性，有的 pH 甚至可低至 2～3，这当然是很特殊的情况。

pH 值的变化将能影响弱酸和弱碱的分解程度，又依次影响许多化合物的毒性。例如氰化氢对鱼的毒性随着 pH 值的降低而增大，又如随着 pH 值的增大，NH_3 的浓度迅速增加。此外，金属化合物的可溶程度也受到 pH 值的影响。

7.1.2.3 硬度

硬度是一种溶解于水的二价金属离子的定量量度。水的总硬度指水中钙、镁离子的总浓度，其中包括碳酸盐硬度（即通过加热能以碳酸盐形式沉淀下来的钙、镁离子，故又叫暂时硬度）和非碳酸盐硬度（即加热后不能沉淀下来的那部分钙、镁离子，又称永久硬度）。

7.1.2.4 溶解气体

水中溶解的气体有氮（N_2）、氧（O_2）、二氧化碳（CO_2）、硫化氢（H_2S）、氨（NH_3）、甲烷（CH_4）等。这些气体在水中的浓度取决于气体在水中的溶解度。水中溶解的 CO_2 也称游离 CO_2，它与水中碳酸盐构成平衡体系。超过平衡量的部分称为侵蚀性二氧化碳，它对混凝土有很强的侵蚀作用。

有些天然水会溶解少量的硫化氢（H_2S）、氨（NH_3）、甲烷（CH_4）等。这些气体中往往来自厌氧条件下含硫、含氮有机物质或无机硫化合物在微生物作用下还原而产生。硫化氢和氨以及某些挥发性有机硫化物和氮化合物都有恶臭气味。地表水中 H_2S 含量如达 5mg/L，NH_3 达 2mg/L 以上就不能饮用。地下水则由于特殊地质环境，有时可含大量的 H_2S 气体。

7.1.2.5 痕量无机物

天然水中重要的有毒元素和化合物主要有：钡（Ba^{2+}）、镉（Cd^{2+}）、铬（Cr^{3+}、Cr^{6+}）、铜（Cu^{2+}）、铅（Pb^{2+}）、汞（Hg^{2+}）、镍（Ni^{2+}）、银（Ag^{+}）、锌（Zn^{2+}）、砷（As）、硒（Se）、氟化物（F^-）、氰化物（CN^-）等。这些物质的主要来源为：

①地质风化作用。这是环境中基线值或背景值的来源。

② 各种工业过程。在大多数的工业生产所产生的废水中均含有污染物。采矿、冶炼、金属的表面处理以及电镀、石油精炼、钢铁与化肥、制革工业、油漆和燃料制造等工业生产均可产生含毒性的废物和废水。如采矿场采矿过程中以及废矿石堆、尾矿场的淋溶作用等。

7.1.2.6 放射性物质

有些元素有一种或两种以上的放射性同位素，水中常见的放射性物质主要有碘^{131}、锶^{90}、铯^{137}和镭^{226}。

7.1.2.7 有机物质

各种水体中普遍存在化学性质和组成复杂的有机物，即使未遭受污染，也会发现水体中存有种类和浓度各异的有机物。人为活动导致大量有机物质排入水体，如工业废水和生活污水等。水中有机物通过直接或间接方式，影响水体物理、化学、生物性质。水中有机物从产生、存在和迁移转化过程与水生生物（包括微生物、浮游生物、鱼类）组成和生命活动（繁殖、生长、死亡）过程都存在十分密切的关系；水中有机物参与和调节水中氧化—还原、沉淀—溶解、络合—解离、吸附—解吸等一系列物理化学过程，从而影响许多无机成分（特别是重金属元素和过渡金属元素）的形态分布、迁移转化和生物活性，影响碳酸盐平衡和水体许多物理化学性质（水色、透明度、表面活性等）；水中广泛存在多种持久性有毒有机污染物，它们可被水生生物富集，进而通过食物链危害人类健康。因此，对水中有机物的深入研究对于水产养殖、水生生物学、水质保护均具有重要的理论和实践意义。

在天然水体中有机物含量一般较低，其来源包括两个方面：一是在水循环过程中所溶解和携带的有机成分；二是水生生物生命活动过程中所产生的各种有机物质。

水中有机物种类繁多，按其在水中的分散度的大小，可分为颗粒状有机物和溶解性有机物；按对水环境质量的影响和污染危害方式，可分为耗氧有机物与微量有毒有机物两大类；按结构复杂程度和产生方式，分为腐殖质类和非腐殖质类有机物。水中常见的有机有毒物如酚类化合物、农药、取代苯类化合物、多氯联苯等。

7.1.3　水的生物学特性

水中的生物由于在水体中的空间分布和生活方式不同可分为微生物和浮游生物两大类。从影响水质的角度来讲，水的生物特性主要是指直接影响水质的水生微生物。

微生物是指水中的病毒、细菌、真菌（霉菌和酵母菌）和放线菌及体型微小的藻类和原生动物。此类生物结构简单，形体微小，在水生物系统中处于低级水平。但它们生长繁殖快、分布广，与水体肥力大小及水质优劣关系十分密切。在检验水的质量的时候有一个很重要的指标——大肠杆菌含量，大肠杆菌是人和动物肠道中最著名的一种细菌，主要寄生于大肠内，约占肠道菌含量的1%，在水和食品中检出，可认为是被粪便污染的指标。大肠菌群数常作为饮水、食物或药物的卫生学标准。

（1）浮游生物是整个水体中实行浮游生活方式的动、植物总称，个体比较小，除少数物种可用肉眼鉴别以外，一般需借助显微镜才能看清。这类生物多半缺乏运动能力，在水中随波逐流。浮游生物包括浮游植物和浮游动物两类：

①浮游植物

藻类（浮游植物）是能进行光合作用并含有叶绿素的自养型浮游植物。主要有裸藻门、绿藻门、金藻门、黄藻门、硅藻门等。藻类和真菌的主要区别在于前者含有叶绿素，后者则无。除了叶绿素外，每种藻还可能含有红、棕、黄、蓝、橙中的一到两种色素，因而自然界中的藻类具有各种奇异的颜色。

②浮游动物

原生动物是单位细胞微生物，在自然界中，多数可自由生活，少数物种则寄生于从藻类到人类的各种宿主体内。大多数原生动物是好氧或兼厌氧生物，但也有厌氧的原生动物。重要成员有变形虫、草履虫等。轮虫是简单的多细胞动物。其头部有类似旋轮状纤毛，个体甚小，肉眼难见；轮虫在淡水水体中分布很广，以细菌为其主要食料，轮虫本身又是鱼类的主要食料。枝角类动物是小型甲壳动物，俗称水蚤或红虫，以藻类和原生动物为食料，生长繁殖极快。在有机物含量丰富的水体中，可形成拥挤种群，在流动水体中品种和数量较少，是幼鱼和鲢、鳙鱼的重要食料。同一种枝角类动物的成年个体在不同季节和不同的污染水体中有不同的外形。桡足类动物在地球上分布很广，其形状与枝角类有明显区别。

（2）水底生物。水底生物是生活在水底部的各种动、植物的统称，是个庞大的生态类群。它可分为水底植物和水底动物两类；按其生存的场所和生活方式不同，又可分成固着生物、附着生物、底栖生物和水底活动生物。

（3）游泳生物。这是一类有发达运动器官和很强运动能力的水生生物，包括各种鱼类及在水中游泳自如的其他动物。我国的淡水鱼类达 800 多种，其中经济鱼类也有 100 多种，广泛分布于江河湖海中。

7.2 水质评价指标

水质指标是指水样中除去水分子外所含其它物质的种类和数量，它是描述水质状况的一系列重要依据。确定的水质评价指标要有科学性、针对性、可比性、可操作性和可量化性。

能反映上节所述的水的物理、化学、生物等特性的指标均可作为评价水质的指标。大致可分为：

（1）物理指标。嗅味、温度、浑浊度、透明度、颜色等；

（2）化学指标：

①非专一性指标：电导率、pH 值、硬度、碱度、无机酸度等；

②无机物指标：有毒金属、有毒准金属、硝酸盐、亚硝酸盐、磷酸盐等；

③非专一性有机物指标：总耗氧量、化学需氧量、生化需氧量、总有机碳、高锰酸钾指数、酚类等；

④溶解性气体：氧气、二氧化碳等；

（3）生物指标。细菌总数、大肠菌群、藻类等；

（4）放射性指标。总 α 射线、总 β 射线、铀、镭、钍等。

有些指标用某一物理参数或某一物质的浓度来表示，是单项指标，如温度、pH 值、溶解氧等；而有些指标则是根据某一类物质的共同特性来表明在多种因素的作用下所形成的水质状况，称为综合指标，比如生化需氧量表示水中能被生物降解的有机物的污染状况，总硬度表示水中含钙、镁等无机盐类的多少。

在某些河流、湖泊等水体的水环境综合评价时，除以上一些指标外，有时也把与水质相关的水量、流速及水深等作为指标加入水体水环境综合评价之中。

7.3 水质评价标准

水质标准是环境标准的一种，是水质评价、水资源开发利用、水环境保护及其他相关的生产活动的重要依据。根据不同的用水要求，我国目前实施的水质标准有多个，例如，《生活饮用水卫生标准》（GB 5749—2006）、《地表水环境质量标准》（GB 3838—2002）、《地下水质量标准》（GB/T 14848—93）、《农田灌溉水质标准》（GB 5084—92）、《工业用水水质标准》等。以下是我国现行的水质标准的部分内容。

7.3.1.1 《生活饮用水卫生标准》（GB 5749—2006）

国家标准委和卫生部联合发布的《生活饮用水卫生标准》（GB 5749—2006）于 2012 年 7 月 1 日起在全国各地全部实施，部分内容摘编如下。

本标准规定了生活饮用水水质卫生要求、生活饮用水水源水质卫生要求、集中式供水单位卫生要求、二次供水卫生要求、涉及生活饮用水卫生安全产品卫生要求、水质监测和水质检验方法。本标准适用于城乡各类集中式供水的生活饮用水，也适用于分散式供水的生活饮用水。

生活饮用水水质应符合表 7-3 和表 7-5 的卫生标准。集中式供水出厂水中消毒剂限值、出厂水和管网末梢水中消毒剂余量均应符合表 7-4 的要求。

农村小型集中式供水和分散式供水的水质因条件限制，部分指标可暂按照表 7-6 执行，其余指标仍按表 7-3、表 7-4 和表 7-5 执行。

当发生影响水质的突发性公共事件时，经市级以上人民政府批准，感官性状和一般化学指标可适当放宽。

当饮用水中含有表 7-7 所列指标时，可参考表 7-7 限值评价。

表 7-3　水质常规指标及限值

指　标	限　值
1. 微生物指标①	
总大肠菌群/（MPN/100mL 或 CFU/100mL）	不得检出
耐热大肠菌群/（MPN/100mL 或 CFU/100mL）	不得检出
大肠埃希氏菌/（MPN/100mL 或 CFU/100mL）	不得检出
菌落总数/（CFU/mL）	100
2. 毒理指标	
砷/（mg/L）	0.01
镉/（mg/L）	0.005
铬/（六价，mg/L）	0.05
铅/（mg/L）	0.01
汞/（mg/L）	0.001
硒/（mg/L）	0.01
氰化物/（mg/L）	0.05
氟化物/（mg/L）	1.0
硝酸盐（以 N 计）/（mg/L）	10 （地下水源限制时为 20）
三氯甲烷/（mg/L）	0.06
四氯化碳/（mg/L）	0.002
溴酸盐（使用臭氧时）/（mg/L）	0.01
甲醛（使用臭氧时）/（mg/L）	0.9
亚氯酸盐（使用二氧化氯消毒时）/（mg/L）	0.7
氯酸盐（使用复合二氧化氯消毒时）/（mg/L）	0.7
3. 感官性状和一般化学指标	
色度（铂钴色度单位）	15
浑浊度（NTU—散射浊度单位）	1 水源与净水技术条件限制时为 3
臭和味	无异臭、异味
肉眼可见物	无
pH	不小于 6.5 且不大于 8.5
铝/（mg/L）	0.2
铁/（mg/L）	0.3
锰/（mg/L）	0.1
铜/（mg/L）	1.0

续表

指标	限值
锌/(mg/L)	1.0
氯化物/(mg/L)	250
硫酸盐/(mg/L)	250
溶解性总固体/(mg/L)	1 000
总硬度(以 $CaCO_3$ 计)/(mg/L)	450
耗氧量(COD_{Mn}法,以 O_2 计)/(mg/L)	3 水源限制,原水耗氧量>6mg/L 时为 5
挥发酚类(以苯酚计)/(mg/L)	0.002
阴离子合成洗涤剂/(mg/L)	0.3
4. 放射性指标②	指导值
总 α 放射性/(Bq/L)	0.5
总 β 放射性/(Bq/L)	1

①MPN 表示最可能数;CFU 表示菌落形成单位。当水样检出总大肠菌群时,应进一步检验大肠埃希氏菌或耐热大肠菌群;水样未检出总大肠菌群,不必检验大肠埃希氏菌或耐热大肠菌群。

②放射性指标超过指导值,应进行核素分析和评价,判定能否饮用。

表 7-4 饮用水中消毒剂常规指标及要求

消毒剂名称	与水接触时间	出厂水中限值	出厂水中余量	管网末梢水中余量
氯气及游离氯制剂(游离氯)/(mg/L)	至少 30min	4	≥0.3	≥0.05
一氯胺(总氯)/(mg/L)	至少 120min	3	≥0.5	≥0.05
臭氧(O_3)/(mg/L)	至少 12min	0.3		0.02 如加氯,总氯≥0.05
二氧化氯(ClO_2)/(mg/L)	至少 30min	0.8	≥0.1	≥0.02

表 7-5 水质非常规指标及限值

指标	限值
1. 微生物指标	
贾第鞭毛虫/(个/10L)	<1
隐孢子虫/(个/10L)	<1
2. 毒理指标	
锑/(mg/L)	0.005
钡/(mg/L)	0.7
铍/(mg/L)	0.002
硼/(mg/L)	0.5
钼/(mg/L)	0.07
镍/(mg/L)	0.02
银/(mg/L)	0.05
铊/(mg/L)	0.000 1
氯化氰(以 CN^- 计)/(mg/L)	0.07
一氯二溴甲烷/(mg/L)	0.1
二氯一溴甲烷/(mg/L)	0.06
二氯乙酸/(mg/L)	0.05

续表

指　　标	限　　值
1,2-二氯乙烷/（mg/L）	0.03
二氯甲烷/（mg/L）	0.02
三卤甲烷（三氯甲烷、一氯二溴甲烷、二氯一溴甲烷、三溴甲烷的总和）	该类化合物中各种化合物的实测浓度与其各自限值的比值之和不超过 1
1,1,1-三氯乙烷/（mg/L）	2
三氯乙酸/（mg/L）	0.1
三氯乙醛/（mg/L）	0.01
2,4,6-三氯酚/（mg/L）	0.2
三溴甲烷/（mg/L）	0.1
七氯/（mg/L）	0.000 4
马拉硫磷/（mg/L）	0.25
五氯酚/（mg/L）	0.009
六六六（总量）/（mg/L）	0.005
六氯苯/（mg/L）	0.001
乐果/（mg/L）	0.08
对硫磷/（mg/L）	0.003
灭草松/（mg/L）	0.3
甲基对硫磷/（mg/L）	0.02
百菌清/（mg/L）	0.01
呋喃丹/（mg/L）	0.007
林丹/（mg/L）	0.002
毒死蜱/（mg/L）	0.03
草甘膦/（mg/L）	0.7
敌敌畏/（mg/L）	0.001
莠去津/（mg/L）	0.002
溴氰菊酯/（mg/L）	0.02
2,4-滴/（mg/L）	0.03
滴滴涕/（mg/L）	0.001
乙苯/（mg/L）	0.3
二甲苯/（mg/L）	0.5
1,1-二氯乙烯/（mg/L）	0.03
1,2-二氯乙烯/（mg/L）	0.05
1,2-二氯苯/（mg/L）	1
1,4-二氯苯/（mg/L）	0.3
三氯乙烯/（mg/L）	0.07
三氯苯（总量）/（mg/L）	0.02
六氯丁二烯/（mg/L）	0.000 6
丙烯酰胺/（mg/L）	0.000 5
四氯乙烯/（mg/L）	0.04
甲苯/（mg/L）	0.7
邻苯二甲酸二（2-乙基己基）酯/（mg/L）	0.008
环氧氯丙烷/（mg/L）	0.000 4
苯/（mg/L）	0.01

续表

指　　标	限　　值
苯乙烯/（mg/L）	0.02
苯并[a]芘/（mg/L）	0.000 01
氯乙烯/（mg/L）	0.005
氯苯/（mg/L）	0.3
微囊藻毒素-LR/（mg/L）	0.001
3. 感官性状和一般化学指标	
氨氮（以N计）/（mg/L）	0.5
硫化物/（mg/L）	0.02
钠/（mg/L）	200

表7-6　农村小型集中式供水和分散式供水部分水质指标及限值

指　　标	限　　值
1. 微生物指标	
菌落总数/（CFU/mL）	500
2. 毒理指标	
砷/（mg/L）	0.05
氟化物/（mg/L）	1.2
硝酸盐（以N计）/（mg/L）	20
3. 感官性状和一般化学指标	
色度（铂钴色度单位）	20
浑浊度（NTU-散射浊度单位）	3 水源与净水技术条件限制时为5
pH（pH单位）	不小于6.5且不大于9.5
溶解性总固体/（mg/L）	1 500
总硬度（以$CaCO_3$计）/（mg/L）	550
耗氧量（COD_{Mn}法，以O_2计）/（mg/L）	5
铁/（mg/L）	0.5
锰/（mg/L）	0.3
氯化物/（mg/L）	300
硫酸盐/（mg/L）	300

表7-7　生活饮用水水质参考指标及限值

指　　标	限　　值
肠球菌/（CFU/100mL）	0
产气荚膜梭状芽孢杆菌/（CFU/100mL）	0
二（2-乙基己基）己二酸酯/（mg/L）	0.4
二溴乙烯/（mg /L）	0.000 05
二噁英/（2,3,7,8-TCDD，mg/L）	0.000 000 03
土臭素（二甲基萘烷醇）/（mg /L）	0.000 01
五氯丙烷/（mg/L）	0.03
双酚A/（mg/L）	0.01
丙烯腈/（mg/L）	0.1

续表

指　　标	限　值
丙烯酸/（mg/L）	0.5
丙烯醛/（mg/L）	0.1
四乙基铅/（mg /L）	0.000 1
戊二醛/（mg/L）	0.07
甲基异莰醇-2/（mg /L）	0.000 01
石油类（总量）/（mg/L）	0.3
石棉（>10mm）/（万/L）	700
亚硝酸盐/（mg/L）	1
多环芳烃（总量）/（mg /L）	0.002
多氯联苯（总量）/（mg /L）	0.000 5
邻苯二甲酸二乙酯/（mg/L）	0.3
邻苯二甲酸二丁酯/（mg/L）	0.003
环烷酸/（mg/L）	1.0
苯甲醚/（mg/L）	0.05
总有机碳（TOC）/（mg/L）	5
萘酚-b/（mg/L）	0.4
黄原酸丁酯/（mg /L）	0.001
氯化乙基汞/（mg /L）	0.000 1
硝基苯/（mg/L）	0.017
镭^{226}和镭^{228}/（pCi/L）	5
氡/（pCi/L）	300

7.3.1.2　《地表水环境质量标准》(GB 3838—2002)

我国1983年首次发布了《地表水环境质量标准》（GB 3838—83），1988年为第一次修订，1999年为第二次修订，目前使用的为第三次修订的《地表水环境质量标准》(GB 3838—2002)，本标准由国家环境保护总局、国家质量监督检验检疫总局发布，自2002年6月1日起实施。本标准将标准项目分为：地表水环境质量标准基本项目、集中式生活饮用水地表水源地补充项目和集中式生活饮用水地表水源地特定项目。地表水环境质量标准基本项目适用于全国江河、湖泊、运河、渠道、水库等具有使用功能的地表水水域；集中式生活饮用水地表水源地补充项目和特定项目适用于集中式生活饮用水地表水源地一级保护区和二级保护区。集中式生活饮用水地表水源地特定项目由县级以上人民政府环境保护行政主管部门根据本地区地表水水质特点和环境管理的需要进行选择，集中式生活饮用水地表水源地补充项目和选择确定的特定项目作为基本项目的补充指标。

本标准按照地表水环境功能分类和保护目标，规定了水环境质量应控制的项目及限值，以及水质评价、水质项目的分析方法和标准的实施与监督。

本标准适用于我国领域内江河、湖泊、运河、渠道、水库等具有使用功能的地表水水域。具有特定功能的水域，执行相应的专业用水水质标准。

依据地表水水域环境功能和保护目标，按功能高低依次划分为五类：

Ⅰ类　主要适用于源头水、国家自然保护区；

Ⅱ类　主要适用于集中式生活饮用水地表水源地一级保护区、珍稀水生生物栖息地、鱼虾类产卵场、仔稚幼鱼的索饵场等；

Ⅲ类　主要适用于集中式生活饮用水地表水源地二级保护区、鱼虾类越冬场、洄游通道、水产养殖区等渔业水域及游泳区；

Ⅳ类　主要适用于一般工业用水区及人体非直接接触的娱乐用水区；

Ⅴ类　主要适用于农业用水区及一般景观要求水域。

对应地表水上述五类水域功能，将地表水环境质量标准基本项目标准值分为五类，不同功能类别分为执行相应类别的标准值。水域功能类别高的标准值严于水域功能类别低的标准值。同一水域兼有多类使用功能的，执行最高功能类别对应的标准值。实现水域功能与达功能类别标准为同一含义。

地表水环境质量标准基本项目标准限制见表 7-8，集中式生活饮用水地表水源地补充项目标准限值见表 7-9，集中式生活饮用水地表水源地特定项目标准限值见表 7-10。

表 7-8　地表水环境质量标准基本项目标准限值　　单位：mg/L

序号	标准值分类项目		Ⅰ类	Ⅱ类	Ⅲ类	Ⅳ类	Ⅴ类
1	水温		人为造成的环境水温变化应限制在： 周平均最大温升≤1℃ 周平均最大温降≤2℃				
2	pH 值（量纲一）		6～9				
3	溶解氧	≥	饱和率 90%（或 7.5）	6	5	3	2
4	高锰酸盐指数	≤	2	4	6	10	15
5	化学需氧量（COD）	≤	15	15	20	30	40
6	五日生化需氧量（BOD_5）	≤	3	3	4	6	10
7	氨氮（NH_3-N）	≤	0.15	0.5	1.0	1.5	2.0
8	总磷（以 P 计）	≤	0.02（湖、库 0.01）	0.1（湖、库 0.025）	0.2（湖、库 0.05）	0.3（湖、库 0.1）	0.4（湖、库 0.2）
9	总氮（湖、库、以 N 计）	≤	0.2	0.5	1.0	1.5	2.0
10	铜	≤	0.01	1.0	1.0	1.0	1.0
11	锌	≤	0.05	1.0	1.0	2.0	2.0
12	氟化物（以 F^- 计）	≤	1.0	1.0	1.0	1.5	1.5
13	硒	≤	0.01	0.01	0.01	0.02	0.02
14	砷	≤	0.05	0.05	0.05	0.1	0.1
15	汞	≤	0.000 05	0.000 05	0.000 1	0.001	0.001
16	镉	≤	0.001	0.005	0.005	0.005	0.01
17	铬（六价）	≤	0.01	0.05	0.05	0.05	0.1
18	铅	≤	0.01	0.01	0.05	0.05	0.1
19	氰化物	≤	0.005	0.05	0.2	0.2	0.2
20	挥发酚	≤	0.002	0.002	0.005	0.01	0.1
21	石油类	≤	0.05	0.05	0.05	0.5	1.0
22	阴离子表面活性剂	≤	0.2	0.2	0.2	0.3	0.3
23	硫化物	≤	0.05	0.1	0.05	0.5	1.0
24	粪大肠菌群/（个/L）	≤	200	2 000	10 000	20 000	40 000

表 7-9　集中式生活饮用水地表水源地补充项目标准限值　　单位：mg/L

序号	项目	标准值
1	硫酸盐（以 SO_4^{2-} 计）	250
2	氯化物（以 Cl^- 计）	250
3	硝酸盐（以 N 计）	10
4	铁	0.3
5	锰	0.1

表 7-10　集中式生活饮用水地表水源地特定项目标准限值　　单位：mg/L

序号	项目	标准值	序号	项目	标准值
1	三氯甲烷	0.06	41	丙烯酰胺	0.000 5
2	四氯化碳	0.002	42	丙烯腈	0.1
3	三溴甲烷	0.1	43	邻苯二甲酸二丁酯	0.003
4	二氯甲烷	0.02	44	邻苯二甲酸二（2-乙基己基）酯	0.008
5	1，2-二氯乙烷	0.03	45	水合肼	0.01
6	环氧氯丙烷	0.02	46	四乙基铅	0.000 1
7	氯乙烯	0.005	47	吡啶	0.2
8	1，1-二氯乙烯	0.03	48	松节油	0.2
9	1，2-二氯乙烯	0.05	49	苦味酸	0.5
10	三氯乙烯	0.07	50	丁基黄原酸	0.005
11	四氯乙烯	0.04	51	活性氯	0.01
12	氯丁二烯	0.002	52	滴滴涕	0.001
13	六氯丁二烯	0.000 6	53	林丹	0.002
14	苯乙烯	0.02	54	环氧七氯	0.000 2
15	甲醛	0.9	55	对流磷	0.003
16	乙醛	0.05	56	甲基对流磷	0.002
17	丙烯醛	0.1	57	马拉硫磷	0.05
18	三氯乙醛	0.01	58	乐果	0.08
19	苯	0.01	59	敌敌畏	0.05
20	甲苯	0.7	60	敌百虫	0.05
21	乙苯	0.3	61	内吸磷	0.03
22	二甲苯①	0.5	62	百菌清	0.01
23	异丙苯	0.25	63	甲萘威	0.05
24	氯苯	0.3	64	溴清菊酯	0.02
25	1，2-二氯苯	1.0	65	阿特拉津	0.003
26	1，4-二氯苯	0.3	66	苯并［*a*］芘	2.8×10^{-6}
27	三氯苯②	0.02	67	甲基汞	1.0×10^{-6}
28	四氯苯③	0.02	68	多氯联苯⑥	2.0×10^{-5}
29	六氯苯	0.05	69	微囊藻毒素-LR	0.001
30	硝基苯	0.017	70	黄磷	0.003
31	二硝基苯④	0.5	71	钼	0.07
32	2，4-二硝基甲苯	0.000 3	72	钴	1.0
33	2，4，6-三硝基甲苯	0.5	73	铍	0.002
34	硝基氯苯⑤	0.05	74	硼	0.5

续表

序号	项目	标准值	序号	项目	标准值
35	2,4-二硝基氯苯	0.5	75	锑	0.005
36	2,4-二氯苯酚	0.093	76	镍	0.02
37	2,4,6-三氯苯酚	0.2	77	钡	0.7
38	五氯酚	0.009	78	钒	0.05
39	苯胺	0.1	79	钛	0.1
40	联苯胺	0.000 2	80	铊	0.000 1

注：① 二甲苯：指对-二甲苯、间-二甲苯、邻-二甲苯。
② 三氯苯：指 1,2,3-三氯苯、1,2,4-三氯苯、1,3,5-三氯苯。
③ 四氯苯：指 1,2,3,4-四氯苯、1,2,3,5-四氯苯、1,2,4,5-四氯苯。
④ 二硝基苯：指对-二硝基苯、间-硝基氯苯、邻-硝基氯苯。
⑤ 多氯联苯：指 PCB-1016、PCB-1221、PCB-1232、PCB-1242、PCB-1248、PCB-1254、PCB-1260。

7.3.1.3 《地下水质量标准》(GB/T 14848—93)

为保护和合理开发地下水资源，防止和控制地下水污染，保障人民身体健康，促进经济建设，国家技术监督局于 1993 年 12 月 30 日批准了《地下水质量标准》(GB/T 14848—93)，并于 1994 年 10 月 1 日实施。地下水质量标准是地下水勘察评价、开发利用和监督管理的依据。该标准规定了地下水的质量分类，地下水质量监测、评价方法和地下水质量保护。本标准适用于一般地下水，不适用于地下热水、矿水、盐卤水。

依据我国地下水水质现状、人体健康基准值及地下水质量保护目标，并参照了生活饮用水、工业、农业用水水质最高要求，将地下水质量划分为五类。

Ⅰ类　主要反映地下水化学组分的天然低背景含量。适用于各种用途；

Ⅱ类　主要反映地下水化学组分的天然背景含量。适用于各种用途；

Ⅲ类　以人体健康基准值为依据。主要适用于集中式生活饮用水水源及工、农业用水；

Ⅳ类　以农业和工业用水要求为依据。除适用于农业和部分工业用水外，适当处理后可作生活饮用水；

Ⅴ类　不宜饮用，其他用水可根据使用目的选用。

地下水质量分类指标见表 7-11。

表 7-11　地下水质量分类指标

项目序号	类别标准值项目	Ⅰ类	Ⅱ类	Ⅲ类	Ⅳ类	Ⅴ类
1	色/度	≤5	≤5	≤15	≤25	>25
2	嗅和味	无	无	无	无	有
3	浑浊度/度	≤3	≤3	≤3	≤10	>10
4	肉眼可见物	无	无	无	无	有
5	pH		6.5～8.5		5.5～6.5 8.5～9	<5.5，>9
6	总硬度（以 $CaCO_3$，计）/（mg/L）	≤150	≤300	≤450	≤550	>550
7	溶解性总固体/（mg/L）	≤300	≤500	≤1000	≤2000	>2000
8	硫酸盐/（mg/L）	≤50	≤150	≤250	≤350	>350
9	氯化物/（mg/L）	≤50	≤150	≤250	≤350	>350

续表

项目序号	类别标准值项目	Ⅰ类	Ⅱ类	Ⅲ类	Ⅳ类	Ⅴ类
10	铁（Fe）/（mg/L）	≤0.1	≤0.2	≤0.3	≤1.5	>1.5
11	锰（Mn）/（mg/L）	≤0.05	≤0.05	≤0.1	≤1.0	>1.0
12	铜（Cu）/（mg/L）	≤0.01	≤0.05	≤1.0	≤1.5	>1.5
13	锌（Zn）/（mg/L）	≤0.05	≤0.5	≤1.0	≤5.0	>5.0
14	钼（Mo）/（mg/L）	≤0.001	≤0.01	≤0.1	≤0.5	>0.5
15	钴（Co）/（mg/L）	≤0.005	≤0.05	≤0.05	≤1.0	>1.0
16	挥发性酚类（以苯酚计）/（mg/L）	≤0.001	≤0.001	0.002	≤0.01	>0.01
17	阴离子合成洗涤剂/（mg/L）	不得检出	≤0.1	≤0.3	≤0.3	>0.3
18	高锰酸盐指数/（mg/L）	≤1.0	≤2.0	≤3.0	≤10	>10
19	硝酸盐（以 N 计）/（mg/L）	≤2.0	≤5.0	≤20	≤30	>30
20	亚硝酸盐（以 N 计）/（mg/L）	≤0.001	≤0.01	≤0.02	≤0.1	>0.1
21	氨氮/（mg/L）	≤0.02	≤0.02	≤0.2	≤0.5	>0.5
22	氟化物/（mg/L）	≤1.0	≤1.0	≤1.0	≤2.0	>2.0
23	碘化物/（mg/L）	≤0.1	≤0.1	≤0.2	≤1.0	>1.0
24	氰化物/（mg/L）	≤0.001	≤0.01	≤0.05	≤0.1	>0.1
25	汞（Hg）/（mg/L）	≤0.000 05	≤0.000 5	≤0.001	≤0.001	>0.001
26	砷（As）/（mg/L）	≤0.005	≤0.01	≤0.05	≤0.05	>0.05
27	硒（Se）/（mg/L）	≤0.01	≤0.01	≤0.01	≤0.1	>0.1
28	镉（Cd）/（mg/L）	≤0.000 1	≤0.001	≤0.01	≤0.01	>0.01
29	铬（六价）（Cr^{6+}）/（mg/L）	≤0.005	≤0.01	≤0.05	≤0.1	>0.1
30	铅（Pb）/（mg/L）	≤0.005	≤0.01	≤0.05	≤0.1	>0.1
31	铍（Be）/（mg/L）	≤0.000 02	≤0.000 1	≤0.000 2	≤0.001	>0.001
32	钡（Ba）/（mg/L）	≤0.01	≤0.1	≤1.0	≤4.0	>4.0
33	镍（Ni）/（mg/L）	≤0.005	≤0.05	≤0.05	≤0.1	>0.1
34	滴滴滴/（μg/L）	不得检出	≤0.005	≤1.0	≤1.0	>1.0
35	六六六/（μg/L）	≤0.005	≤0.05	≤5.0	≤5.0	>5.0
36	总大肠菌群/（个/L）	≤3.0	≤3.0	≤3.0	≤100	>100
37	细菌总数/（个/L）	≤100	≤100	≤100	≤1 000	>1 000
38	总 α 放射性/（Bq/L）	≤0.1	≤0.1	≤0.1	>0.1	>0.1
39	总 β 放射性/（Bq/L）	≤0.1	≤1.0	≤1.0	>1.0	>1.0

7.4　地表水水质评价

按照一定的水质标准选择适当的评价指标体系对地表水体的质量进行定性或定量的评定过程称为地表水水质评价。评价地表水水质的过程主要有以下几个环节。

7.4.1.1　评价标准

评价标准是评价的依据，确定合适的评价标准十分重要，而且应该注意选择被认可的、统一的标准，因为采用不同的标准，对同一水体的评价会得出不同的结论，甚至对水质是否污染也会有不同的结论。评价时，水质标准一般应采用国家规定的最新标准或相应的地方标准，国家无标准的水质参数可采用国外标准或经主管部门批准的临时标准，评价区内不同功能的水域应采用不同类别的水质标准，如地表水水质标准、海湾水水质标准、生活饮用水水质标准、渔业用水标准、农业灌溉用水标准等。

7.4.1.2 评价指标

地表水体质量的评价与所选定的指标有很大关系，在评价时所有指标不可能全部考虑，但若考虑不当，则会影响到评价结论的正确性和可靠性。因此，常常将能正确反映水质的主要污染物作为水质评价指标。评价指标的选择通常遵照以下原则：

①所选的评价指标应满足评价目的和评价要求；

②所选的评价指标应是污染源调查与评价所确定的主要污染源的主要污染物；

③所选的评价指标应是地表水体质量标准所规定的主要指标；

④所选的评价指标应考虑评价费用的限额与评价单位可能提供的监测和测试条件。

常见的地表水水质评价指标有：

①感官物理性状指标。如温度、色度、浑浊度、悬浮物等；②氧平衡指标。如DO、COD、BOD_5等；③营养盐指标。如氨氮、硝酸盐氮、磷酸盐氮等；④毒物指标。挥发酚、氢化物、汞、铬、砷、镉、铅、有机氯等；⑤微生物指标，如大肠杆菌等。

7.4.1.3 评价方法

目前常用的水质评价方法有单项指标水质评价和多项指标水质综合评价。水资源质量评价方法应能真实反映水体的特点、本质和各要素之间的内在联系及其动态过程，其评价结果的合理性、可靠性、完备性取决于可靠的基础资料。单项指标水质评价是一切水质评价的基础。目前大多数国家和地区均制定了各种用水质量标准，如我国的《地表水环境质量标准》(GB 3838—2002) 中就把地表水质量划分为五类，每一项参数均有具体的分类指标划分。这种分类分级方法是制定各种水质标准的通用方法之一，它能迅速而又直观地描述水体中某种污染物的多少或某种特性的严重程度，对水体的质量作出比较客观的评价。在实际评价水体质量的工作中，由于水体本身是一个多元复杂体系，影响水质的物理化学因素很多，规律性也各不相同，这给水质评价带来了很多不确定性和模糊性，对不同用途的水体来讲，仅用单项指标来评价水质量还不够全面，各单项指标的评判结果往往是不相容的和独立的，直接依据单指标评价常常会遗漏一些有价值的信息，甚至得到错误的结果，因此，逐渐形成了许多综合的评价方法。各种评价方法均各有优缺点。同时有必要指出，评价结果不仅取决于选用的方法或评价模型，还取决于监测数据的代表性及准确性。下面介绍在地表水水质评价中应用比较广泛的几种方法。

(1) 单一指数法

计算公式如下：

$$I_i = \frac{C_i}{S_i} \tag{7-1}$$

式中 I_i ——某指标实测值对标准值的比值，量纲一；

C_i ——某指标实测值；

S_i ——某指标的标准值（或对照值）。

当标准值为一区间时：

$$I_i = \frac{|C_i - \bar{S}_i|}{|S_{i\max} - \bar{S}_i|} \text{ 或 } I_i = \frac{|C_i - \bar{S}_i|}{|\bar{S}_i - S_{i\min}|} \tag{7-2}$$

式中　I_i ——某指标实测值对标准值的比值，量纲一；

$\bar{S}_i$ ——某指标标准值区间中值；

$S_{i\max}$、$S_{i\min}$ ——某指标标准值的区间最大值、最小值；

其他符号含义同上。

（2）综合指数法

地表水体的污染一般由多种污染物引起的，用单一指数法进行评价，往往不能全面反映水质的综合状况，为此，在 20 世纪 60、70 年代一些专家提出了综合指数法。美国的赫尔顿（R. K. Horton，1965）提出了一种水质评价的指数体系，并提出了制定指数的步骤，第一是要选择建立指数时所需要的质量特征，第二是根据各种参数确定评价等级，第三是定出各参数的加权值。国内外已提出多种不同的模式，归纳起来比较典型的为综合污染指数法、内梅罗（N. L. Nemerow）水质指数法、均方差法、指数法等，现介绍几种常用的综合指数计算公式。

1）叠加型指数法

$$I = \sum_{i=1}^{n} \frac{C_i}{S_i} \tag{7-3}$$

式中　I ——水质综合评价指数；

C_i ——某指标 i 的实测值；

S_i ——某评价指标的标准值。

2）均值型指数

$$I = \frac{1}{n} \cdot \sum_{i=1}^{n} \frac{C_i}{S_i} \tag{7-4}$$

式中　n ——水质评价指标的个数；

其他符号意义同前。

3）加权均值型指数

$$I = \sum_{i=1}^{n} W_i \frac{C_i}{S_i} \tag{7-5}$$

式中　W_i ——各水质指标的权重值，$\sum_{i=1}^{n} W_i = 1$；

其它符号意义同前。

4）内梅罗指数法

该方法不仅考虑了影响水质的一般水质指标，还考虑了对水质污染影响最严重的水质指标。其计算公式为：

$$I_{ij} = \sqrt{\frac{\left| \left(\frac{C_i}{S_{ij}}\right)^2_{\max} + \left(\frac{1}{n} \sum_{i=1}^{n} \frac{C_i}{S_{ij}}\right)^2 \right|}{2}} \tag{7-6}$$

当 $\frac{C_i}{S_{ij}} > 1$ 时，$\frac{C_i}{S_{ij}} = 1 + k\lg(\frac{C_i}{S_{ij}})$；当 $\frac{C_i}{S_{ij}} \leqslant 1$ 时，用 $\frac{C_i}{S_{ij}}$ 的实际值。

$$I_i = \sum_{j=1}^{m} W_j I_{ij} \tag{7-7}$$

式中　i——水质指标项目数，$i = 1,2,\cdots,n$；

j——水质用途数，$j = 1,2,\cdots,m$；

I_{ij}——j 用途 i 指标项目的内梅罗指数；

C_i——i 指标实测值；

S_{ij}——j 用途 i 指标项目的标准值；

$\frac{1}{n}\sum_{i=1}^{n}\frac{C_i}{S_{ij}}$——$n$ 个 $\frac{C_i}{S_{ij}}$ 的平均值；

k——常数，采用 5；

I_i——几种用途的综合指数，取不同用途的加权平均值；

W_i——不同用途的权重，$\sum_{j=1}^{m} W_j = 1$。

根据上述公式计算结果，将水质分为三类：

①人类直接接触（$j = 1$），包括饮用、游泳、饮料制造等；

②间接接触（$j = 2$），养鱼、农业用水等；

③不接触（$j = 3$），工业用水、冷却水、航运等。

内梅罗将第一类和第二类用途的权重各定为 0.4，第三类为 0.2。

内梅罗指数法将水体用途分为三类：

① $I_{ij} > 1$，水质污染较重；

② $0.5 \leqslant I_{ij} \leqslant 1$，水质已受到污染；

③ $I_{ij} \leqslant 0.5$，水质未受到污染。

5）其他方法

随着人们对评价方法和评价理论的不断探索，新的综合评价方法在国内外不断涌现，如模糊综合水质评价法、数理统计法、灰色系统理论法、神经网络模型法（Artificial Neural Networks）、物元分析法及建立基于 GIS 的评价模型等对水体质量进行了综合评价。例如，利用模糊综合水质评价方法评价的步骤如下。

第一步：构造参评水质指标的水质分级标准矩阵 $S_{m\times5}$ 和各水质指标的实测值的矩阵 $C_{m\times1}$。

构造参评水质指标的水质分级标准矩阵 $S_{m\times5}$：

$$S_{m\times5} = \begin{bmatrix} S_{1,1}, S_{1,2}, \cdots S_{1,5} \\ S_{2,1}, S_{2,2}, \cdots S_{2,5} \\ \vdots \\ S_{m,1}, S_{m,2}, \cdots S_{m,5} \end{bmatrix} \tag{7-8}$$

$$S'_i = \frac{1}{5}\sum_{j=1}^{5} S_{i,j} \tag{7-9}$$

即：　S'_i——取 5 个级别的均值；

$S_{i,j}$——所选水质指标的水质级别值。

构造各水质指标的实测值的矩阵 $C_{m\times1}$：

$$C_{m\times 1} = (C_1, C_2, \cdots C_m)^T \tag{7-10}$$

C_i ——水质指标的实测值。

第二步：计算各水质指标权重并进行归一化处理。

计算各指标权重：$W_i = \dfrac{C_i}{S'_i}$ (7-11)

各水质指标权重进行归一化：$Q_{1\times m} = (q_1, q_1, \cdots q_n)$ (7-12)

其中 $q_i = \dfrac{w_i}{\sum_{i=1}^{m} w_i}$

第三步：计算各指标的隶属矩阵 $R_{m\times 5}$。

$$R_{m\times 5} = \begin{bmatrix} r_{1,1}, r_{1,2}, \cdots r_{1,5} \\ r_{2,1}, r_{2,2}, \cdots r_{2,5} \\ \vdots \\ r_{m,1}, r_{m,2}, \cdots r_{m,5} \end{bmatrix} \tag{7-13}$$

式中　　$j = 1,2,\cdots 5$，为水质级别；

$i = 1,2,\cdots m$，m 为所选参数个数。

隶属函数 $r_{i,j}$ 按下式计算：

$$r_{i,1} = \begin{cases} 0 & C_i \geqslant S_{i,2} \\ (S_{i,2} - C_i)/(S_{i,2} - S_{i,1}) & S_{i,1} < C_i \leqslant S_{i,2} \\ 1 & C_i \leqslant S_{i,1} \end{cases}$$

$$r_{i,2} = \begin{cases} 1 - (S_{i,2} - C_i)/(S_{i,2} - S_{i,1}) & S_{i,1} < C_i \leqslant S_{i,2} \\ (S_{i,3} - C_i)/(S_{i,3} - S_{i,2}) & S_{i,2} < C_i \leqslant S_{i,3} \\ 0 & C_i < S_{i,1} and C_i \geqslant S_{i,3} \end{cases}$$

$$r_{i,5} = \begin{cases} 1 - (S_{i,5} - C_i)/(S_{i,5} - S_{i,4}) & S_{i,4} < C_i < S_{i,5} \\ 1 & C_i \geqslant S_{i,5} \\ 0 & C_i \leqslant S_{i,4} \end{cases}$$

对于溶解氧（DO），因为其值越大水质越好，故在隶属函数及归一化权重计算时，与以上公式有所不同，隶属函数 $r_{i,j}$ 按下式计算：

$$r_{i,1} = \begin{cases} 0 & C_i \leqslant S_{i,2} \\ (C_i - S_{i,2})/(S_{i,1} - S_{i,2}) & S_{i,2} < C_i \leqslant S_{i,1} \\ 1 & C_i \geqslant S_{i,1} \end{cases}$$

$$r_{i,2} = \begin{cases} 1 - (C_i - S_{i,2})/(S_{i,1} - S_{i,2}) & S_{i,2} < C_i \leqslant S_{i,1} \\ (C_i - S_{i,3})/(S_{i,2} - S_{i,3}) & S_{i,3} < C_i \leqslant S_{i,2} \\ 0 & C_i > S_{i,1} and C_i \leqslant S_{i,3} \end{cases}$$

$$r_{i,5} = \begin{cases} 1 - (C_i - S_{i,5})/(S_{i,4} - S_{i,5}) & S_{i,5} < C_i < S_{i,4} \\ 1 & C_i < S_{i,5} \\ 0 & C_i \geqslant S_{i,4} \end{cases}$$

第四步：对矩陈 $Q_{1\times m}$ 与 $R_{m\times 5}$ 进行模糊矩阵复合运算，得出综合评价矩阵 $B_{1\times 5}$。

$$B_{1\times5}=Q_{1\times m}\cdot R_{m\times5}=(b_1,b_2,\cdots,b_5)=(b_j) \tag{7-14}$$

模糊矩阵的复合运算，采用以下算法：

$$b_j=\bigvee_{i=1}^{m}(q_i\wedge r_{ij})$$

即“相乘取小，相加取大”。

式中 b_j 为监测断面水质隶属于 B 的程度。一般取 b_j 的最大值所属级别作为水质综合评价结果。

7.4.1.4 湖泊（水库）的富营养化评价

上述地表水水质评价过程适合于河流、湖泊的水质量评价。对湖泊来讲，除对其进行以上水质评价外，还要求对湖泊（水库）的富营养程度进行评价。湖泊（水库）的富营养化评价指标主要有总磷、总氮、叶绿素、透明度和高锰酸钾指数等，评价标准和评价方法可参照《全国水资源规划》要求的表 7-12 给出的浓度值，营养程度一般按贫营养、中营养和富营养三级评价，有多测点分层取样的湖泊（水库），评价年度代表值采用由垂线平均后的多点平均值，评价方法用评分法，具体做法为：

①查表将单指标浓度值转为评分，监测值处于表列值两者中间者可采用相邻点内插，或就高不就低处理；

②几个参评项目评分值求取均值；

③用求得的均值再查表得富营养化等级。

表 7-12 地表水富营养化控制标准

营养程度	评分值	叶绿素 a/（mg/m³）	总磷/（mg/m³）	总氮/（mg/m³）	高锰酸盐指数/（mg/L）	透明度/m
贫营养	10	0.5	1.0	20	0.15	10.0
	20	1.0	4.0	50	0.4	5.0
中营养	30	2.0	10	100	1.0	3.0
	40	4.0	25	300	2.0	1.5
	50	10.0	50	500	4.0	1.0
富营养	60	26.0	100	1 000	8.0	0.50
	70	64.0	200	2 000	10.0	0.40
	80	160.0	600	6 000	25.0	0.30
	90	400.0	900	9 000	40.0	0.20
	100	1 000.0	1 300	16 000	60.0	0.12

7.5 地下水水质评价

7.5.1.1 地下水水质评价指标

在自然界中，影响地下水质量的有害物质很多。不同地区，由于工业布局不同，污染源不同，污染物组成存在很大差别，因此地下水质量评价指数的选取要根据评价区的具体情况而定。主要评价指标包括：pH 值、总硬度、矿化度（溶解性固体）、硫酸盐、硝酸盐氮、亚硝酸盐氮、氨氮、氯化物、氟化物、高锰酸盐指数、酚、氰、砷、汞、六价铬、铅、镉、铁、锰等项。城镇饮用水源评价增加细菌总数、大肠菌群等指标。

7.5.1.2　评价方法

地表水水质评价方法在地下水水质评价中也适用。此外，《地下水质量标准》(GB/T 14848—93）中还规定了单项组分评价法和综合评价法，其评价步骤如下：

（1）单项组分评价法

①选择评价指数。选择的评价参数一般不少于《地下水质量标准》(GB/T 14848—93）规定的监测项目；

②确定评价标准。以现行的《地下水质量标准》(GB/T 14848—93）为评价标准；

③单项组分评价。根据每个评价指标的实测值，参照评价标准，分别确定它们的单项组分（单因子）水质类别。

这样，每一个评价指标均有一个水质评价类别，即单项组分评价法的评价结果。应该注意的是，不同类别标准值相同时，从优不从劣。如挥发酚类Ⅰ类、Ⅱ类标准值均为0.001mg/L，若水质监测结果为0.001 mg/L时，应定为Ⅰ类，而不是定为Ⅱ类。

（2）综合评价法

①选择评价指数，进行单项组分评价，确定地下水水质监测结果所属的水质类别（不同类别标准值相同时，从优不从劣），再根据类别与 F_i 的换算关系（见表7-11）确定各单项指标的 F_i 值。

②计算各项组分评价值 F_i 的平均值 $\bar{F}$，即：

$$\bar{F}=\frac{1}{n}\sum_{i=1}^{n}F_i \tag{7-15}$$

③按下式计算综合评价分值，即：

$$F=\sqrt{\frac{\bar{F}^2+F_{\max}^2}{2}} \tag{7-16}$$

式中　F——综合评价分值；

$F_{\max}$——各单项组分评价分值 F_i 中的最大值；

n——进行评价的单项数目。

④根据 F 值，按表7-13确定地下水质量级别。

表7-13　地下水水质类别与 F_i 分值关系表

类别	Ⅰ	Ⅱ	Ⅲ	Ⅳ	Ⅴ
F_i	0	1	3	6	10

表7-14　地下水综合水质分级标准

级别	优良	良好	较好	较差	极差
F	＜0.80	0.80～2.50	2.50～4.25	4.25～7.20	≥7.20

7.6 河流泥沙水质评价

在水资源利用和水资源开发工程的运行管理中河流的泥沙问题也是主要的水质和水环境要素之一。孙剑辉等[15]在《黄河泥沙对水质的影响研究进展》中提到河流泥沙是地球化学元素由陆地向海洋输送的重要载体，是河流水生物的重要食物来源，是水环境的重要组成部分。对河流水环境和水质而言，河流泥沙不仅本身就是水体污染物，而且通常具有较大的比表面，含有大量活性官能团，因而成为水体中微量污染物的主要载体，在很大程度上决定着这些污染物在水体中的迁移、转化和生物效应等。由联合国环境规划署、联合国教科文组织和世界卫生组织共同制定的最新水质评价指南已经突出强调了泥沙在水质评价中的作用。

7.6.1 河流泥沙的形成与分类

河流泥沙是指河水挟带的岩土颗粒，是降水、地面水流、风力、冰川及重力地质作用在降落地面和流动的过程中冲击破坏和冲刷侵蚀地表岩石物质并将其挟载运移或异地沉积形成的固体颗粒物质。其中岩石的风化作用是产生泥沙最主要的形成条件和物质来源，地表岩土物质受水及其他引力的侵蚀作用，其物质结构破坏并分离、迁移形成水体中的泥沙，是泥沙形成的最重要的环节，侵蚀作用的强度取决于岩石的强度和抗侵蚀能力、地形坡度及长度、降雨强度及降水量、植被发育程度及其特征等诸多因素。

天然河流的河床是由大小不同、形状各异的泥沙所组成。根据泥沙在河槽内运动的形式和性质不同，可分为悬移质、推移质、床沙。在一定水流条件下，泥沙处于运动状态，颗粒较细的泥沙被水流中的漩涡带起，悬浮于水中向下游运动，沿水流方向前进的速度与水流的流速基本相同，这种泥沙称为悬移质；颗粒稍大的泥沙，则在河床表面上滚动、滑动或跳跃着向下游移动，前进的速度远远小于水流的流速，往往以沙波形式向前运动，这种泥沙称为推移质。比推移质颗粒更大的泥沙，则下沉到河床上静止不动，称为床沙。悬移质、推移质和床沙之间颗粒大小的分界是相对的，随水流的流速大小而变化，并且三者之间还存在着相互交换的现象。

对于河槽内处于运动状态的泥沙，根据颗粒粗细及其来源不同，又分为床沙质和冲泻质两类。某一河段来自上游的泥沙中，一部分颗粒较粗，在床沙的组成中大量存在，可以认为它们直接来自上游的河床，并与本河段床沙有交换现象，这一部分泥沙就称为床沙质；另一部分颗粒较细的泥沙，在床沙的组成中只有少量存在或根本不存在，可以认为它们来自流域的表面冲蚀，随水流冲泻而下，沿程与床沙无交换现象，并且也很少沉积，则称为冲泻质。床沙质与冲泻质的颗粒粗细也是相对的，随着水流条件及河流形态的改变，也将互相转化。床沙质、冲泻质和悬移质、推移质，是对运动中泥沙的两种不同分类。

7.6.2　泥沙的主要特征

7.6.2.1　几何特征

（1）粒径（d）泥沙颗粒的形状极不规则，通常采用与泥沙颗粒同体积的球体直径来表示泥沙颗粒的大小，称为等容粒径，简称为粒径，一般用 d 表示，以 mm 计。

实际上，粒径的数值常和量测方法有关。粒径大于 0.05mm 左右的泥沙，一般采用筛析法量测，以标准筛的孔径来确定粒径的大小；粒径小于 0.05mm 左右的泥沙，则采用水析法，根据泥沙在静水中的沉降速度与粒径的关系来确定粒径的大小。对于大颗粒的卵（砾）石，可以直接测量。

（2）粒径级配曲线（粒配曲线）河流泥沙是由大小不同的颗粒组成的群体，各种颗粒的粒径在群体中所占的比例，用级配曲线来表示，如图 7-1 所示。粒径级配曲线通常画在半对数坐标纸上，横坐标表示粒径大小，纵坐标表示小于某粒径的泥沙在整个沙样中所占的重量百分比。

粒径级配曲线能清楚地表明沙样粒径的大小和均匀程度，如图 7-1 所示，沙样 a 的粒径较粗而大小级配均匀，沙样 b 的粒径较细而且大小级配不均匀。

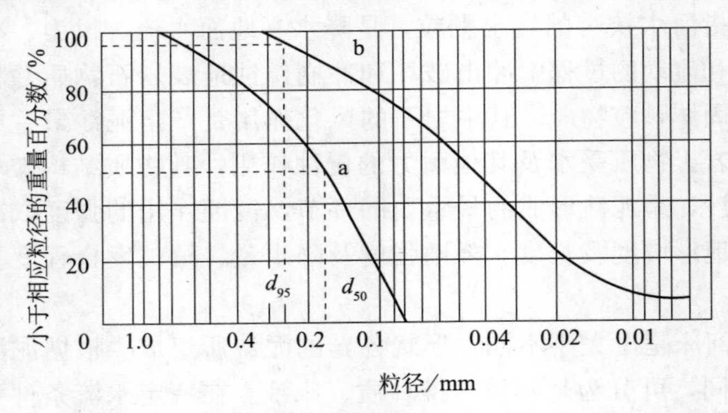

图 7-1　粒径级配曲线

（3）平均粒径 $\bar{d}$ 和中值粒径 d_{50}

沙样的代表粒径常用平均粒径和中值粒径来表示，如图 7-1 所示，其符号一般用 $\bar{d}$ 和 d_{50}，均以 mm 计。

平均粒径是沙样中各粒径（按重量）的加权平均值，可按下式计算：

$$\bar{d}=\frac{\sum d_i p_i}{100} \tag{7-17}$$

或

$$\bar{d}=\frac{\sum d_i \Delta p_i}{\sum \Delta p_i} \tag{7-18}$$

式中　d_i——各级粒径，mm；

p_i——各级粒径泥沙的重量占沙样总重量的百分数；

Δp_i——各级粒径泥沙的重量。

沙样的代表粒径，常以粒径曲线上查到的百分数作为粒径 d 的脚标，来表示粒径的特征。例如 d_{95}、d_{65}、d_{50} 等，表示小于该粒径的泥沙在沙样中总重量各占 95%、65%、50%。其中 d_{50} 称为中值粒径，是一个十分重要的特征粒径，它表示大于和小于这种粒径的泥沙各占沙样总重量的一半；粒径曲线纵坐标 50%所对应的横坐标，就是中值粒径 d_{50} 的数值。

7.6.2.2 重力特征

泥沙的重力特征用单位体积内的泥沙重量来表示，称为容重（或重度），符号一般用 γ_s，单位为 N/m^3。泥沙的容重随岩石的成分而不同，但实测资料表明其变化不大，一般可采用 $26kN/m^3$。

7.6.2.3 水力特征

泥沙的水力特征，由泥沙颗粒在静止的清水中均匀下沉的速度来表示，称为沉速（或水力粗度），符号用 ω，单位为 cm/s。沉速是反映泥沙运动和河床冲淤可能性的重要参数。

静水中的泥沙颗粒，在重力作用下开始以加速度下沉，下沉过程中颗粒受到水流的阻力，阻力随沉速的加快而增大；当水流阻力增大到与颗粒所受重力相等时，颗粒将以等速下沉，此时的下沉速度即为泥沙的沉速。不同的研究者，根据上述条件和实验资料，导出了一些沉速计算公式，并给出了 ω 值表。

7.6.2.4 泥沙的起动

河床上的泥沙在水流作用下，由静止状态转变为运动状态，这种现象称为泥沙的起动。它是河流泥沙由静止到运动的临界状态，此时的临界水流条件，称为泥沙的起动条件。泥沙运动和河床变形都始于床面泥沙的起动，泥沙的起动条件是一个很重要的问题。

泥沙颗粒的起动，是推动颗粒运动的水流作用力和抗拒颗粒运动的阻力之间失去平衡的结果。

如图 7-2 所示，泥沙颗粒处的垂线流速分布和推动泥沙颗粒运动的床面作用流速 u_d；由于接近床面的水流受到泥沙颗粒的阻挡，正对泥沙颗粒的作用流速 u_d，在颗粒的迎水面产生向前的冲压力；同时，泥沙颗粒附近的水流形成绕流，在颗粒的顶面流速加快、压力减小，与底面产生压力差而形成向上的负压力；在颗粒的背水面，由于绕流旋涡的作用，又使颗粒表面产生了向前的负压力；在泥沙颗粒的下面，由于水流被阻挡，而产生向上和向前的表面压力。泥沙颗粒表面上的这些动水压力，将合成向前的推移力 P_x 和上举力 P_z，构成了驱使泥沙颗粒运动的水流作用力。另一方面，泥沙颗粒还受重力 G 和颗粒间摩擦力 F 的作用，对细颗粒还有颗粒间的粘结力，这些力又构成了抗拒泥沙颗粒运动的阻力，如图 7-3 所示。泥沙颗粒起动的临界条件，是推动颗粒运动的各力对支点 O 的力矩之和等于抗拒颗粒运动的各力对支点 O 的力矩之和。

各国研究者采用了不同的分析途径和表达方式，依据各自的实验数据，建立了很多表示泥沙起动条件的关系式。目前表达泥沙起动时临界水流条件的方式，一般有两种：一种是以泥沙起动时水流的床面作用流速（称为起动流速）来表达，为了便于实用，通常采用水流的垂线平均流速 υ_0 代替作用流速来表示起动流速，有时也采用水流的断面平均流速来表示；另一种是以泥沙起动时的床面切应力（称为起动拖曳力）来表达。上述两种方式，都是为了表达泥沙的起动条件，并且可以互相转化，但它们代表着不同的研究途径，反映了不同的指导思想。目前，两种表达方式都在进行研究，虽然各有利弊，但存在不同看法。

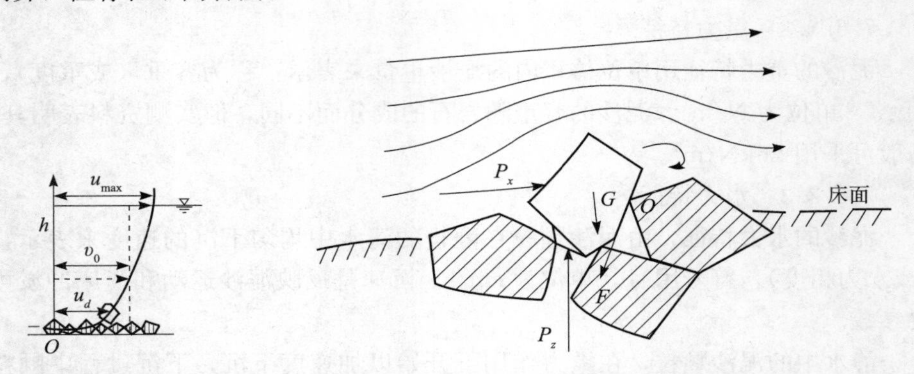

图 7-2　泥沙颗粒处的垂线流速分布　　　　图 7-3　泥沙颗粒的受力状态

我国常用的公式为张瑞瑾导出的起动流速公式和沙玉清建立的公式。张瑞瑾公式的系数和指数是以窦国仁整理的各家资料做基础，加上从长江的实测记录以及原武汉水利电力大学关于轻质卵石试验记录整理出来的资料确定的，使用的资料包括了范围较宽的各种粒径的资料，不但适用于黏性细颗粒，对于粗细颗粒的散粒体泥沙，也能适用。其公式为：

$$\upsilon_0 = \left(\frac{h}{d}\right)^{0.14} \left[29d + 0.000\,000\,605\,\frac{10+h}{d^{0.72}}\right]^{0.5} \tag{7-19}$$

式中　υ_0——起动流速，m/s；

h——水深，m；

d——粒径，mm。

沙玉清根据泥沙颗粒起动时，推动力与阻力相等的条件，建立了起动流速公式如下：

$$\upsilon_0 = \left[0.43d^{0.75} + 1.1\,\frac{(0.7-\varepsilon)^4}{d}\right]^{0.5} h^{0.2} \tag{7-20}$$

式中　υ_0——起动流速，m/s；

h——水深，m；

d——粒径，mm；

ε——孔隙率，自然淤积孔隙率约为 0.4 。

式（7-19）和式（7-20）括号中的第一项反映重力的作用，第二项反映分子力的作用；对于大颗粒泥沙第一项的数值为主，对于细颗粒泥沙则第二项为主。

令水深为 1m，以式（7-19）和式（7-20）分别绘制起动流速与粒径的关系曲线，如图 7-4 所示，两条曲线的形状基本相同，在 d =0.13～0.17mm 处，起动流速都有个最小值。图中曲线表明，这个最小值的右侧，粒径增大时起动流速也随之增大，而最小值的左侧，粒径减小时起动流速反而增大，这是因为大颗粒泥沙的起动流速，主要由克服重力来决定，而细颗粒泥沙的起动流速，主要由克服分子粘结力来决定。估算泥沙的起动流速时，若 $d \geqslant 2mm$，括号中的第二项（粘结力的作用）可以忽略不计，若$d \leqslant 0.02mm$，括号中的第一项（重力的作用）则可忽略不计。

7.6.2.5　泥沙的表面化学特性

泥沙颗粒愈细，单位体积泥沙颗粒所具有的比表面积愈大。泥沙颗粒表面的物理化学作用主要包括双电层及吸附水膜絮凝和分散现象。泥沙颗粒的吸附分为物理吸附和化学吸附，物理吸附主要与泥沙的比表面积（面积/重量）有关，化学吸附与泥沙所含活性成分有关。排入河流水体中的有机污染物、重金属离子等具有强烈的表面结合作用，使得泥沙成为污染物在河流水体中的扩散、迁移和转化的主要载体，从而影响河流的水质。

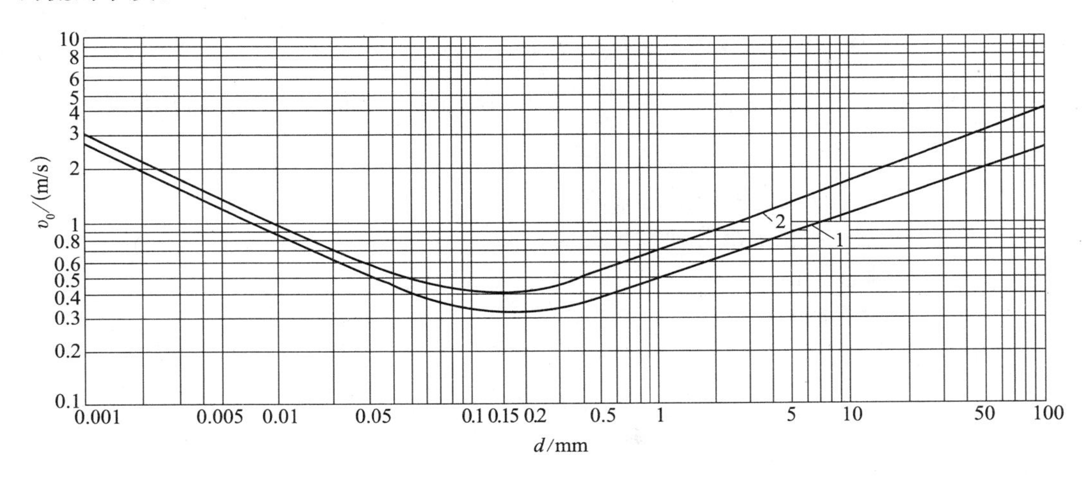

图 7-4　起动流速与粒径的关系曲线

1. 张瑞瑾公式（$h=1.0m$），　2. 沙玉清公式（$h=1.0m$，$\varepsilon=0.4$）

7.6.3　河流泥沙评价

7.6.3.1　水流的含沙量及挟沙能力评价

（1）含沙量

天然河流中，运动着的水流总是含有一定数量的泥沙，并能起到输移泥沙的作用。单位体积的水流所含泥沙的数量，称为含沙量，含沙量通常用体积含沙量或质量含沙量表示，表达公式见式（7-21）、式（7-22）。

体积含沙量公式（量纲一）：

$$S_v = \frac{\text{泥沙颗粒体积}}{\text{浑水的体积}} \tag{7-21}$$

质量含沙量公式（单位为 kg/m^3）：

$$S_\omega = \frac{\text{泥沙质量}}{\text{浑水的体积}} \tag{7-22}$$

在河流泥沙含沙量测定及浑水容重测定的基础上，可用以上体积含沙量或质量含沙量的统计平均值代表河流断面的平均含沙量。

(2) 水流的挟沙能力

水流挟带泥沙的多少，直接影响河流的水质及河床的冲淤变形。在一定的水流条件和边界条件下，单位体积的水流能够挟带泥沙的最大数量，称为水流的挟沙能力，单位为 kg/m^3；它是一个临界值，包括推移质和悬移质全部泥沙数量，并且随着水流和边界条件的不同而时刻变化。在平原河流中水流所挟带的泥沙，往往悬移质占绝大部分，推移质一般可忽略不计，则水流挟沙能力可以只考虑悬移质的数量，并且用最大的悬移质含沙量来表示。一般常用以下几种经验公式计算水流的挟沙能力。

①张瑞瑾公式

$$S_m = K\left(\frac{\upsilon^3}{gh\omega}\right)^m \tag{7-23}$$

式中　S_m——挟沙能力，kg/m^3；

m、K——指数和系数，由 $\frac{\upsilon^3}{gh\omega}$ 的取值给出，m 取值 1.6～0.4，K 取值 0.3～4.0 kg/m^3；

υ——挟沙水流的断面平均流速，m/s；

ω——泥沙颗粒的沉降速度，m/s；

h——水深，m；

g——重力加速度。

②沙玉清公式

$$S_m = a\frac{d}{\omega^{\frac{3}{4}}}\left(\frac{\upsilon-\upsilon_0}{\sqrt{R}}\right)^n \tag{7-24}$$

式中　d——泥沙粒径，mm；

a——系数，kg/m^3，平均值为 $200kg/m^3$；

R——水力半径，m；

υ_0——泥沙的起动流速，m/s；

n——指数，缓流时取 2，急流时取 3。

其他符号意义同前。

③恩格隆—汉森公式

$$g_s = \alpha\frac{(\tau'_b-\tau_c)\lambda\gamma u^*}{(\gamma_s-\gamma)\Delta} \tag{7-25}$$

式中　g_s——以干重计的全沙单宽输沙率；

α——正比例常数；

Δ——沙波波高，m；

τ'_b——床面沙粒阻力；

τ_c——起动剪切力；

λ——沙波长度；

u^*——摩阻流速，m/s；

γ_s——泥沙颗粒容重；

γ——水的容重。

7.6.3.2 输沙量评价

河流悬移质输沙量可由下式计算：

$$G_s = S_\omega \cdot A \cdot \upsilon \tag{7-26}$$

式中 G_s——断面输沙量，kg/s；

S_ω——断面含沙量，kg/m³；

A——断面面积，m²；

υ——断面平均流速，m/s。

7.6.3.3 河段冲淤平衡分析

对于某一河段，若自上游输移来的泥沙数量（来沙量）大于本河段的水流挟沙能力，多余的泥沙就会沉积下来，使河床发生淤积。若来沙量小于本河段的水流挟沙能力，则将由本河段补偿不足的泥沙，就会造成河床冲刷。总之，河床的冲淤变化是由河流输沙不平衡引起的。

7.6.3.4 入库泥沙淤积量评价

水库泥沙淤积量可由以下公式计算。

①水库年与多年泥沙淤积量

$$V_a = S_\omega \bar{Q} \delta \tag{7-27}$$

$$V_{Ta} = T \cdot V_a \tag{7-28}$$

②水库年与多年泥沙淤积体积

$$V_{Va} = \frac{S_\omega \bar{Q} \delta g}{(1-\varepsilon)\gamma_s} \tag{7-29}$$

$$V_{TVa} = T \cdot V_{Va} \tag{7-30}$$

式中 V_a——水库年泥沙淤积量，kg；

V_{Ta}——水库使用期 T 年的泥沙总淤积量，kg；

S_ω——年平均入库水流含沙量，kg/m³；

$\bar{Q}$——年平均入库流量，m³/a；

δ——库中泥沙沉积率，%；

ε——淤积泥沙的孔隙率，%；

g——重力加速度，m/s²；

γ_s——泥沙的干容重，N/m³；

T——评价使用年限，a。

V_{Va}——年平均泥沙淤积体积，m³/a；

V_{TVa}——水库使用期 T 年的泥沙总淤积体积，m³。

7.6.3.5 泥沙污染物评价

在天然河流的水体中，一般都含有一定量的泥沙。对河流水环境和水质而言，河流泥沙不仅本身就是水体污染物，而且通常具有较大的比表面，其表面通常存在多种活性物质，它们与排入河流水体中的有机污染物、重金属离子等具有强烈的表面结合作用，使得泥沙成为污染物在河流水体中的扩散、迁移和转化的主要载体，从而影响河流流经区域的生态环境，把泥沙对环境的这种作用称为泥沙的环境效应。

黄文典在《河流悬移质对污染物吸附及生物降解影响试验研究》一文中将河流泥沙的环境效应，归纳为以下几个方面的表现：第一，泥沙的引入，使得河流水体长期或某时段处于浑浊状态，水体透明度降低，影响河流流经地区的生态景观；第二，泥沙淤积可能引起洪水灾害，形成致病生物的滋生条件，造成洪水淹没区生态环境系统破坏，威胁人类健康；第三，颗粒表面与有机污染物、重金属离子等污染物质的吸附与解吸作用，从微观上改变了它们在水相和泥沙颗粒相之间的赋存状态，并可能在泥沙表面发生多种物理、化学和生物反应，影响污染物的转化过程；第四，河流泥沙随水流的运动非常复杂，具有很大的随机性，与泥沙结合的污染物伴随着泥沙在水体中的运动而迁移；第五，由于泥沙上除了吸附有污染物外，还通常吸附着一些水生生物（如鱼类）所需的营养物质，这些带有污染物的泥沙进入食物链，其生物富集作用对污染物的危害具有放大作用。随着研究的深入，泥沙对有毒物质、耗氧性有机物、植物营养物质等的作用也日益受到重视。李清浮对黄河小花段干流、支流的 10 个断面进行统一的水质采样与监测，监测数据分析结果表明：原状水的所有水质指标浓度值均明显大于清水的指标浓度值，清水监测极值超Ⅴ类标准的指标四个断面均只有磷和铅两项指标，而原状水极值四个断面的磷、砷、铜、铅、锌、镉和汞均超过Ⅴ类标准。牛明颖、胡国华等通过试验方法对浑水、清水中 COD_{Mn} 与含沙量的关系进行研究，结果表明 COD_{Mn} 的浓度随含沙量的增大而显著上升。杨红莉等进行了辽河泥沙对 COD_{Cr} 测定值的影响研究，发现辽河悬浮物测定值与原状水 COD_{Cr} 测定值之间存在明显的正相关关系。泥沙本身复杂的微观性质及其复杂的宏观运动规律，导致与泥沙结合的污染物质随着泥沙自身冲淤演变的迁移转化规律和污染物与泥沙界面复杂的反应规律变得更为复杂，使得人们进行随水流和泥沙运动的污染物的迁移转化规律的研究更为困难。

虽然有些研究者认为，泥沙对水环境的影响具有两重性：一方面，泥沙作为污染物和其他污染物的载体，对水质和水生生态环境造成了显著的不利影响；另一方面，泥沙对污染物的吸附作用，使河流水相中的污染物含量降低，因而能改善以该水体作为水源的生活用水和工业用水的水质状况，对水质起到相对的净化作用。但是，泥沙对水质的相对净化作用是临时性的，污染物被吸附在泥沙表面后，会随着泥沙颗粒的随机运动而发生迁移，并能长期保留下来，造成水体的污染。随着水环境条件的变化，其存在形态和生物可给性也会发生变化，往往造成二次污染。此外，重金属污染物还表现在它与生物作用引起的重金属的甲基化和生物富集作用等方面，有科学家研究发现有机金属化合物的毒性一般要大于形成它们的原有金属的毒性，因此，重金属污染物在含沙水体中的迁移转化的研究受到了很大的重视。我国在泥沙与重金属作用的研究投入大量的人力、物力，并取得了一些成果，例如，黄河水资源保护科学研究所与水利部水质试验研究中心及原武汉水利电力大学合作完成了“八五”国家重点科技攻关项目“黄河治理与水资源开发利用”的“泥沙对黄河水质影响及重点河段水污染控制”专题的研究，对黄河泥沙同有毒物质及重金属相互作用水质模拟等问题进行了研究。

我国在泥沙污染物评价方面多是基于试验研究的基础上，通过建立泥沙—污染物关系或河流泥沙污染水质模型进行评价的，可参考相关研究文献，在此不再赘述。

第8章　水资源开发利用评价与供需分析

为了满足社会经济各部门对水资源的需要，需对区域水资源开发利用现状进行调查评价，并对用水水平及效率、水资源开发利用程度、区域水资源供需进行分析。本章内容是根据《全国水资源综合规划细则》及《水资源供需预测分析技术规范》的内容确定的。

8.1　水资源开发利用现状调查与分析

8.1.1　水资源开发利用现状调查

根据《全国水资源综合规划细则》中的水资源开发利用情况调查评价，其调查的主要内容如下：

8.1.1.1　经济社会资料调查

收集统计与用水密切关联的经济社会指标，是分析现状用水水平和预测未来需水的基础，其指标主要有人口、工农业产值、灌溉面积、牲畜头数、国内生产总值(GDP)、耕地面积、粮食产量等。

8.1.1.2　供水基础设施调查统计

(1) 调查统计地表水源、地下水源和其他水源等三类供水工程的数量和供水能力，以反映供水基础设施的现状情况。供水能力是指现状条件下相应供水保证率的可供水量，与来水状况、工程条件、需水特性和运行调度方式有关。除了对水利部门所属的水源工程进行统计外，对其他部门所属的水源工程及工矿企业的自备水源工程均需进行统计。

(2) 地表水源工程分为蓄水工程、引水工程、提水工程和调水工程，应按供水系统分别统计，要避免重复计算。蓄水工程指水库和塘坝（不包括专为引水、提水工程修建的调节水库），按大、中、小型水库和塘坝分别统计。引水工程指从河道、湖泊等地表水体自流引水的工程（不包括从蓄水、提水工程中引水的工程），按大、中、小型规模分别统计。提水工程指利用扬水泵站从河道、湖泊等地表水体提水的工程（不包括从蓄水、引水工程中提水的工程），按大、中、小型规模分别统计。调水工程指水资源一级区或独立流域之间的跨流域调水工程，蓄、引、提工程中均不包括调水工程的配套工程。蓄、引、提工程规模按下述标准划分：

水库工程按总库容划分：大型为库容≥1.0 亿 m^3，中型为 1.0 亿 m^3>库容≥0.1 亿 m^3，小型为 0.1 亿 m^3>库容≥0.001 亿 m^3；

引、提水工程按取水能力划分：大型为取水能力≥30m^3/s，中型为 30m^3/s>取水能力≥10m^3/s，小型为取水能力<10m^3/s；

塘坝指蓄水量不足 10 万 m^3 的蓄水工程，不包括鱼池、藕塘及非灌溉用的涝池或坑塘。

(3) 地下水源工程指利用地下水的水井工程，按浅层地下水和深层承压水分别统计。浅层地下水指与当地降水、地表水体有直接补排关系的潜水和与潜水有紧密水力联系的弱承压水。

(4) 其他水源工程包括集雨工程、污水处理再利用和海水利用等供水工程。集雨工程指用人工收集储存屋顶、场院、道路等场所产生径流的微型蓄水工程，包括水窖、水柜等。污水处理再利用工程指城市污水集中处理厂处理后的污水回用设施。海水利用包括海水直接利用和海水淡化。海水直接利用指直接利用海水作为工业冷却水及城市环卫用水等。

(5) 供水基础设施根据工程所在地按水资源三级区和地级行政区分别统计。

8.1.1.3　供水量调查统计

(1) 供水量指各种水源工程为用户提供的包括输水损失在内的毛供水量，按受水区统计。对于跨流域跨省区的长距离调水工程，以省（自治区、直辖市）收水口作为毛供水量的计量点，水源至收水口之间的输水损失单独统计。其他跨区供水工程的供水量从水源地计量，其区外输水损失应单独核算。在受水区内，按取水水源分为地表水源供水量、地下水源供水量和其他水源供水量三种类型统计。

(2) 地表水源供水量按蓄、引、提、调四种形式统计。为避免重复统计，从水库、塘坝中引水或提水，均属蓄水工程供水量；从河道或湖泊中自流引水的，无论有闸或无闸，均属引水工程供水量；利用扬水站从河道或湖泊中直接取水的，属提水工程供水量；跨流域调水是指水资源一级区或独立流域之间的跨流域调配水量，不包括在蓄、引、提水量中。

地表水源供水量应以实测引水量或提水量作为统计依据，无实测水量资料时可根据灌溉面积、工业产值、实际毛取水定额等资料进行估算。

(3) 地下水源供水量指水井工程的开采量，按浅层淡水、深层承压水和微咸水分别统计。浅层淡水指矿化度≤2g/L 的潜水和弱承压水，坎儿井的供水量计入浅层淡水开采量中。城市地下水源供水量包括自来水厂的开采量和工矿企业自备井的开采量。缺乏计量资料的农灌井开采量，可根据配套机电井数和调查确定的单井出水量（或单井灌溉面积、单井耗电量等资料）估算开采量，但应进行平衡分析校验。

(4) 其他水源供水量包括污水处理再利用、集雨工程、海水淡化的供水量。

8.1.1.4 供水水质调查分析

(1) 根据地表水取水口、地下水开采井的水质监测资料及其供水量，分析统计供给生活、工业、农业不同水质类别的供水量。

(2) 地表水供水量的水质按《地表水环境质量标准》(GB 3838—2002) 评价；地下水供水量的水质按国家《地下水质量标准》(GB/T 14848—93) 评价。

8.1.1.5 用水量调查统计

(1) 用水量指分配给用户的包括输水损失在内的毛用水量。按用户特性分为农业用水、工业用水和生活用水三大类，并按城（镇）乡分别进行统计。

(2) 农业用水包括农田灌溉和林牧渔业用水。农田灌溉是用水大户，应考虑灌溉定额的差别，按水田、水浇地（旱田）和菜田分别统计。林牧渔业用水按林果地灌溉（含果树、苗圃、经济林等)、草场灌溉（含人工草场和饲料基地等）和鱼塘补水分别统计。

(3) 工业用水量按用水量（新鲜水量）计，不包括企业内部的重复利用水量。各工业行业的万元产值用水量差别很大，而各年统计年鉴中对工业产值的统计口径不断变化，应将工业划分为火（核）电工业和一般工业进行用水量统计，并将城镇工业用水单列。在调查统计中，对于有用水计量设备的工矿企业，以实测水量作为统计依据，没有计量资料的可根据产值和实际毛取水定额估算用水量。

(4) 生活用水按城镇生活用水和农村生活用水分别统计，应与城镇人口和农村人口相对应。城镇生活用水由居民用水、公共用水（含服务业、商饮业、货运邮电业及建筑业等用水）和环境用水（含绿化用水与河湖补水）组成。农村生活用水除居民生活用水外，还包括牲畜用水。

分析用水总量、农业用水量、工业用水量、生活用水量及用水组成的变化趋势。

(5) 城市用水量统计：除按行政分区、水资源分区统计供用水量外，对建制市供用水量要逐个进行统计，并列出其中自来水供水量。

8.1.1.6 用水消耗量分析估算

(1) 用水消耗量（简称耗水量）是指毛用水量在输水、用水过程中，通过蒸腾蒸发、土壤吸收、产品带走、居民和牲畜饮用等多种途径消耗掉而不能回归到地表水体或地下含水层的水量。

(2) 农田灌溉耗水量包括作物蒸腾、棵间蒸散发、渠系水面蒸发和浸润损失等水量，一般可通过灌区水量平衡分析方法推求。对于资料条件差的地区，可用实灌亩次乘以次灌水净定额近似作为耗水量。水田与水浇地、渠灌与井灌的耗水率差别较大，应分别计算耗水量。

(3) 工业耗水量包括输水损失和生产过程中的蒸发损失量、产品带走的水量、厂区生活耗水量等。一般情况可用工业用水量减去废污水排放量求得。废污水排放量可以在工业区排污口直接测定，也可根据工厂水平衡测试资料推求。直流式冷却火电厂的耗水率较小，应单列计算。

(4) 生活耗水量包括输水损失以及居民家庭和公共用水消耗的水量。城镇生活耗水量的计算方法与工业基本相同，即由用水量减去污水排放量求得。农村住宅一般没有给排水设施，用水定额低，耗水率较高（可近似认为农村生活用水量基本是耗水量)；对于有给排水设施的农村，应采用典型调查确定耗水率的办法估算耗水量。

（5）其他用户耗水量，各地可根据实际情况和资料条件采用不同方法估算。如果树、苗圃、草场的耗水量可根据实灌面积和净灌溉定额估算；城市水域和鱼塘补水可根据水面面积和水面蒸发损失量（水面蒸发量与降水量之差）估算耗水量。

8.1.2　水资源开发利用现状分析

8.1.2.1　用水水平及效率分析

（1）在经济社会资料收集整理和用水调查统计的基础上，对各水资源分区的综合用水指标、农业用水指标、工业用水指标和生活用水指标进行分析计算，评价其用水水平和用水效率及其变化情况。

（2）综合用水指标包括人均用水量和单位GDP用水量。有条件的流域、省（自治区、直辖市）还可以计算城市人均工业用水量、农村人均农业用水量等，并分析城市人均工业产值与人均工业用水量的相关关系，可根据高用水工业比重、供水情况（紧张与否）、节水情况进行综合分析。

（3）农业用水指标按农田灌溉、林果地灌溉、草场灌溉和鱼塘补水分别计算，统一用亩均用水量表示。对农田灌溉指标进一步细分为水田、水浇地和菜田（按实灌面积计算）。资料条件好的地区，可以分析主要作物的用水指标。

由于作物生长期降水直接影响农业需水量，有条件的流域、省（自治区、直辖市）可建立年降水（或有效降水）与农田综合定额相关关系，灌溉期降水（或有效降水）与某农作物灌溉定额相关关系等，并进行地域性的综合。

（4）工业用水指标按火电工业和一般工业分别计算。火（核）电工业用水指标以单位装机容量用水量表示；一般工业用水指标以单位工业总产值用水量或单位工业增加值的用水量表示。资料条件好的地区，还应分析主要行业用水的重复利用率、万元产值用水量和单位产品用水量。

重复利用率为重复用水量（包括二次以上用水和循环用水量）在包括循环用水量在内的总用水量中所占百分比，用下列公式表示：

$$\eta = Q_{重复}/Q_{总} \times 100\% \tag{8-1}$$

$$\eta = (1 - Q_{补})/Q_{总} \times 100\% \tag{8-2}$$

式中　η——工业用水重复利用率；

$Q_{重复}$——重复利用水量；

$Q_{总}$——总用水量（新鲜水量与重复利用水量之和）；

$Q_{补}$——补充水量（即新鲜水量）。

（5）生活用水指标包括城镇生活和农村生活用水指标。城镇生活用水指标按城镇居民和公共设施分别计算，统一以人均日用水量表示；农村生活用水指标分别按农村居民和牲畜计算，居民用水指标以人均日用水量表示；牲畜用水指标以头均日用水量表示，并按牲畜大小分别统计。

城镇生活用水指标可按城市规模、卫生设施情况、用水习惯、用水管理情况（如有无按户计量、水价及计价方式等）等进行综合分析。

（6）分析各地区综合用水指标和主要单项用水指标的变化趋势。结合GDP、农业产值和工业产值的增长速度，分析总用水量、农业用水和工业用水的弹性系数。各种弹性系数计算公式如下：

$$k_{总} = \Delta W_{年总用水} / \Delta F_{GDP年} \tag{8-3}$$

$$k_{农业} = \Delta W_{年农业用水} / \Delta A_{年增长} \tag{8-4}$$

$$k_{工业} = \Delta W_{年工业用水} / \Delta I_{年增长} \tag{8-5}$$

式中 $k_{总}$、$k_{农业}$、$k_{工业}$——总用水弹性系数、农业用水弹性系数、工业用水弹性系数；

$\Delta W_{年总用水}$、$\Delta W_{年农业用水}$、$\Delta W_{年工业用水}$——总用水量年增长率、农业用水年增长率、工业用水年增长率；

$\Delta F_{GDP年}$、$\Delta A_{年增长}$、$\Delta I_{年增长}$——GDP年增长率、农业产值年增长率、工业产值年增长率。

8.1.2.2 水资源开发利用程度分析

水资源开发利用程度分析，除了分析总的水资源开发利用程度，往往还需要对地表水资源和地下水资源的利用程度分别进行分析。

适当选取计算时段，以独立流域或一级支流为单元，对地表水资源开发率、平原区浅层地下水开采率和水资源利用消耗率进行分析计算，以反映近期条件下水资源开发利用程度。

在开发利用程度分析中所采用的地表水资源量、平原区地下水资源量、水资源总量、地表水供水量、浅层地下水开采量、用水消耗量等基本数据，都应计算平均值。

地表水资源开发率指地表水源供水量占地表水资源量的百分比。为了真实反映评价流域内自产地表水的控制利用情况，在供水量计算中要消除跨流域调水的影响，调出水量应计入本流域总供水量中，调入水量则应扣除。

平原区浅层地下水开采率指浅层地下水开采量占地下水资源量的百分比。

水资源开发程度（或开发率）、地表水资源开发程度（或开发率）、地下水资源开发程度（或开采率）可分别表示如下：

$$\beta = W / W_{总} \times 100\% \tag{8-6}$$

$$\beta_s = W_s / W_{地表总} \times 100\% \tag{8-7}$$

$$\beta_g = W_g / W_{地下总} \times 100\% \tag{8-8}$$

式中 β、β_s、β_g——水资源开发率、地表水资源开发率及地下水资源开采率，%；

W、W_s、W_g——自产水资源可供水量（或实际供水量）、自产地表水资源可供水量（或实际供水量）及地下水开采量；

$W_{总}$、$W_{地表总}$、$W_{地下总}$——多年平均自产水资源总量、地表水资源量及地下水资源量。

水资源利用消耗率指用水消耗量占水资源总量的百分比。为了真实反映评价流域内自产水量的利用消耗情况，在计算用水消耗量时应考虑跨流域调水和深层承压水开采对区域用水消耗的影响。从评价流域调出水量而不能回归本区的，应全部作为本流域的用水消耗量，区内用水消耗量应扣除由外流域调入水量和深层承压水开采量所形成的用水消耗量。

8.1.2.3 现状水资源供需存在的问题分析

通过对水资源利用现状分析，可以发现现状情况下水资源利用中存在的主要问题，以便指导以后的水资源开发利用工作。常见的水资源开发利用工程中存在的问题有：规划方案是否合理；水的有效利用率高低；地下水是否超采；供水结构、用水结构是否合理；水环境问题状况如何；水价机制是否合理；水资源保护、养蓄措施是否有效等。

8.2　需水预测

8.2.1　需水预测分类

需水预测的用水户分生活、生产和生态环境三大类。生活用水指城镇居民生活用水和农村居民生活用水；生产需水是指有经济产出的各类生产活动所需的水量，包括第一产业（种植业、林牧渔业）、第二产业（工业、建筑业）及第三产业（商饮业、服务业）；生态环境需水分为维护生态环境功能和生态环境建设两类，并按河道内与河道外用水划分。

国民经济行业和生产用水分类对照见表 8-1，用水户分类及其层次结构见表 8-2。

表 8-1　国民经济和生产用水行业分类表

<table>
<tr><th>三大产业</th><th>7 部门</th><th>17 部门</th><th>40 部门（投入产出表分类）</th><th>部门序号</th></tr>
<tr><td>第一产业</td><td>农业</td><td>农业</td><td>农业</td><td>1</td></tr>
<tr><td rowspan="13">第二产业</td><td rowspan="4">高用水工业</td><td>纺织</td><td>纺织业、服装皮革羽绒及其他纤维制品制造业</td><td>7、8</td></tr>
<tr><td>造纸</td><td>造纸印刷及文教用品制造业</td><td>10</td></tr>
<tr><td>石化</td><td>石油加工及炼焦业、化学工业</td><td>11、12</td></tr>
<tr><td>冶金</td><td>金属冶炼及压延加工业、金属制品业</td><td>14、15</td></tr>
<tr><td rowspan="7">一般工业</td><td>采掘</td><td>煤炭采选业、石油和天然气开采业、金属矿采选业、非金属矿采选业、煤气生产和供应业、自来水的生产和供应业</td><td>2、3、4、5、25、26</td></tr>
<tr><td>木材</td><td>木材加工及家具制造业</td><td>9</td></tr>
<tr><td>食品</td><td>食品制造及烟草加工业</td><td>6</td></tr>
<tr><td>建材</td><td>非金属矿物制品业</td><td>13</td></tr>
<tr><td>机械</td><td>机械工业、交通运输设备制造业、电气机械及器材制造业、机械设备修理业</td><td>16、17、18、21</td></tr>
<tr><td>电子</td><td>电子及通信设备制造业、仪器仪表及文化办公用机械制造业</td><td>19、20</td></tr>
<tr><td>其他</td><td>其他制造业、废品及废料</td><td>22、23</td></tr>
<tr><td>电力工业</td><td>电力</td><td>电力及蒸汽热水生产和供应业</td><td>24</td></tr>
<tr><td>建筑业</td><td>建筑业</td><td>建筑业</td><td>27</td></tr>
<tr><td rowspan="3">第三产业</td><td>商饮业</td><td>商饮业</td><td>商业、饮食业</td><td>30、31</td></tr>
<tr><td rowspan="2">服务业</td><td>货运邮电业</td><td>货物运输及仓储业、邮电业</td><td>28、29</td></tr>
<tr><td>其他服务业</td><td>旅客运输业、金融保险业、房地产业、社会服务业、卫生体育和社会福利业、教育文化艺术及广播电影电视业、科学研究事业、综合技术服务业、行政机关及其他行业</td><td>32、33、34、35、36、37、38、39、40</td></tr>
</table>

表 8-2 用水户分类口径及其层次结构

一级	二级	三级	四级	备 注
生活	生活	城镇生活	城镇居民生活	仅为城镇居民生活用水（不包括公共用水）
		农村生活	农村居民生活	仅为农村居民生活用水（不包括牲畜用水）
生产	第一产业	种植业	水田	水稻等
			水浇地	小麦、玉米、棉花、蔬菜、油料等
		林牧渔业	灌溉林果地	果树、苗圃、经济林等
			灌溉草场	人工草场、灌溉的天然草场、饲料基地等
			牲畜	大、小牲畜
			鱼塘	鱼塘补水
	第二产业	工业	高用水工业	纺织、造纸、石化、冶金
			一般工业	采掘、食品、木材、建材、机械、电子、其他（包括电力工业中非火（核）电部分）
			火（核）电工业	循环式、直流式
		建筑业	建筑业	建筑业
	第三产业	商饮业	商饮业	商业、饮食业
		服务业	服务业	货运邮电业、其他服务业、城市消防用水、公共服务用水及城市特殊用水
生态环境	河道内	生态环境功能	河道基本功能	基流、冲沙、防凌、稀释净化等
			河口生态环境	冲淤保港、防潮压碱、河口生物等
			通河湖泊与湿地	通河湖泊与湿地等
			其他河道内	根据河流具体情况设定
	河道外	生态环境功能	湖泊湿地	湖泊、沼泽、滩涂等
		其他生态建设	城镇生态环境美化	绿化用水、城镇河湖补水、环境卫生用水等
			其他生态建设	地下水回补、防沙固沙、防护林草、水土保持等

注：1. 农作物用水行业和生态环境分类等因地而异，可根据各地区情况确定；
2. 分项生态环境用水量之间有重复，提出总量时取外包线；
3. 河道内其他非消耗水量的用户包括水力发电、内河航运等，未列入本表，但文中已作考虑；
4. 生产用水应分成城镇和农村两类口径分别进行统计或预测；
5. 建制市结果应单列。

8.2.2 需水预测方法

8.2.2.1 经济社会发展指标分析

(1) 人口与城市（镇）化

人口指标包括总人口、城镇人口和农村人口。预测方法可采用模型法或指标法，如采用已有规划成果和预测数据，应说明资料来源。

城市（镇）化预测，应结合国家和各级政府制定的城市（镇）化发展战略与规划，充分考虑水资源条件对城市（镇）发展的承载能力，合理安排城市（镇）发展布局和确定城镇人口的规模。城镇人口可采用城市化率（城镇人口占全部人口的比率）方法进行预测。

在城乡人口预测的基础上，进行用水人口预测。城镇用水人口是指由城镇供水系统、企事业单位及自备水源供水的人口；农村用水人口则为农村地区供水系统供水（包括自给方式取水）的用水人口。

城镇用水人口包括常住人口（可采用户籍人口）和居住时间超过 6 个月的暂住人

口。暂住人口所占比重不大的，可直接采用城镇人口作为城镇用水人口。对于流出人口比较多的农村，也应考虑其流出人口的影响。

（2）国民经济发展指标

国民经济发展指标按行业进行预测。规划水平年国民经济发展预测要按照我国经济发展的战略目标，结合基本国情和区域发展情况，符合国家有关产业政策，结合当地经济发展特点和水资源条件，尤其是当地水资源的承载能力。除规划发展总量指标数据外，应同时预测各主要经济行业的发展指标，并协调好分行业指标和总量指标间的关系。各行业发展指标以增加值指标为主，以产值指标为辅。有条件的地区，可建立宏观经济模型进行预测。

生产用水中有部分用水是在河道内直接取用的（如水电、航运、水产养殖等），因而对于直接从河道内用水的行业发展指标及其需水量需单列，在计算包括这些部门的河道外工业需水时，应将其相应的河道内取水部分的产值扣除，以避免重复计算。

由于火（核）电工业用水的特殊性，除了统计和预测整个电力工业增加值与总产值指标外，还需统计和预测火（核）电工业的装机容量和发电量，并需对直流式火（核）电发电机组的用水单独处理。

建筑业的需水量预测可采用单位竣工面积定额法，因而需统计和预测现状及不同水平年的新增竣工面积。新增竣工面积可按建设部门的统计确定，或根据人均建筑面积推算。

（3）农业发展及土地利用指标

包括总量指标和分项指标。总量指标包括耕地面积、农作物总播种面积、粮食作物播种面积、经济作物播种面积、主要农产品总产量、农田有效灌溉面积、林果地灌溉面积、草场灌溉面积、鱼塘补水面积、大小牲畜总头数等。分项指标包括各类灌区、各类农作物灌溉面积等。

现状耕地面积采用国土资源部发布的分省资料进行统计。预测耕地面积时，应遵循国家有关土地管理法规与政策以及退耕还林还草还湖等有关政策，考虑基础设施建设和工业化、城市化发展等占地的影响。在耕地面积预测成果基础上，按照各地不同的复种指数，预测农作物播种面积；按照粮食作物和经济作物播种面积的组成，测算粮食、棉花、油料、蔬菜等主要农作物的总产量。农作物总产量预测，要充分考虑科技进步、灌区生产潜力和旱地农业发展对提高农作物产量的作用。

各地已有农田灌溉发展规划可作为灌溉面积预测的基本依据，但要根据新的情况，进行必要的复核或调整。农田灌溉面积发展指标应充分考虑当地的水、土、光、热资源条件以及市场需求情况，调整种植结构，合理确定发展规模与布局。根据灌溉水源的不同，要将农田灌溉面积划分成井灌区、渠灌区和井渠结合灌区三种类型。

根据畜牧业发展规划以及对畜牧产品的需求，考虑农区畜牧业发展情况，进行灌溉草场面积和畜牧业大、小牲畜头数指标预测。根据林果业发展规划以及市场需求情况，进行灌溉林果地面积发展指标预测。

8.2.2.2　经济社会需水预测

（1）各类用水户需水预测

1）生活需水预测

生活需水分城镇居民和农村居民两类，可采用人均日用水量方法进行预测。

根据经济社会发展水平、人均收入水平、水价水平、节水器具推广与普及情况，结合生活用水习惯和现状用水水平，参照建设部门已制定的城市（镇）用水标准，参考国内外同类地区或城市生活用水定额，分别拟定各水平年城镇和农村居民生活用水净定额；根据供水预测成果以及供水系统的水利用系数，结合人口预测成果，进行生活净需水量和毛需水量的预测。

城镇和农村生活需水量年内相对比较均匀，可按年内月平均需水量确定其年内需水过程。对于年内用水量变幅较大的地区，可通过典型调查和用水量分析，确定生活需水月分配系数，进而确定生活需水的年内需水过程。

2）农业需水预测

农业需水包括农田灌溉和林牧渔业需水。

①农田灌溉需水

对于井灌区、渠灌区和井渠结合灌区，应根据节约用水的有关成果，分别确定各自的渠系及灌溉水利用系数，并分别计算其净灌溉需水量和毛灌溉需水量。农田净灌溉定额根据作物需水量考虑田间灌溉损失计算，毛灌溉需水量根据计算的农田净灌溉定额和比较选定的灌溉水利用系数进行预测。

农田灌溉定额，可选择具有代表性的农作物的灌溉定额，结合农作物播种面积预测结果或复种指数加以综合确定。有关部门或研究单位大量的灌溉试验所取得的有关成果，可作为确定灌溉定额的基本依据。对于资料条件比较好的地区，可采用彭曼公式计算农作物蒸腾蒸发量、扣除有效降雨并考虑田间灌溉损失后的方法计算而得。

有条件的地区可采用降雨长系列计算方法设计灌溉定额，若采用典型年方法，则应分别提出降雨频率为50%、75%和95%的灌溉定额。灌溉定额可分为充分灌溉和非充分灌溉两种类型。对于水资源比较丰富的地区，一般采用充分灌溉定额；而对于水资源比较紧缺的地区，一般可采用非充分灌溉定额。预测农田灌溉定额应充分考虑田间节水措施以及科技进步的影响。

②林牧渔业需水

包括林果地灌溉、草场灌溉、牲畜用水和鱼塘补水四类。林牧渔业需水量中的灌溉（补水）需水量部分，受降雨条件影响较大，有条件的或用水量较大的要分别提出降雨频率为50%、75%和95%情况下的预测结果，其总量不大或不同年份变化不大时可用平均值代替。

根据当地试验资料或现状典型调查，分别确定林果地和草场灌溉的净灌溉定额；根据灌溉水源及灌溉方式，分别确定渠系水利用系数；结合林果地与草场发展面积预测指标，进行林地和草场灌溉净需水量和毛需水量预测。鱼塘补水量为维持鱼塘一定水面面积和相应水深所需要补充的水量，采用亩均补水定额方法计算，亩均补水定额可根据鱼塘渗漏量及水面蒸发量与降水量的差值加以确定。

③农业需水量月分配系数

农业需水具有季节性特点，为了反映农业需水量的年内分配过程，提出采用各分区农业需水量的月分配系数。农业需水量月分配系数可根据种植结构、灌溉制度及典型调查加以综合确定。

3）工业需水预测

分高用水工业、一般工业和火（核）电工业三类。

高用水工业和一般工业需水可采用万元增加值用水量法进行预测，高用水工业需水预测可参照国家经贸委编制的工业节水方案的有关结果。火（核）电工业分循环式和直流式两种用水类型，采用发电量单位（亿 kWh）用水量法进行需水预测，并以单位装机容量（万 kW）用水量法进行复核。

有关部门和省（自治区、直辖市）已制定的工业用水定额标准，可作为工业用水定额预测的基本依据。远期工业用水定额的确定，可参考目前经济比较发达、用水水平比较先进国家或地区现有的工业用水定额水平结合本地发展条件确定。

工业用水定额预测方法包括：重复利用率法、趋势法、规划定额法和多因子综合法等，以重复利用率法为基本预测方法。

在进行工业用水定额预测时，要充分考虑各种影响因素对用水定额的影响。这些影响因素主要有：

①行业生产性质及产品结构；

②用水水平、节水程度；

③企业生产规模；

④生产工艺、生产设备及技术水平；

⑤用水管理与水价水平；

⑥自然因素与取水（供水）条件。

工业用水年内分配相对均匀，仅对年内用水变幅较大的地区，通过典型调查进行用水过程分析，计算工业需水量月分配系数，确定工业用水的年内需水过程。

4）建筑业和第三产业需水预测

建筑业需水预测以单位建筑面积用水量法为主，以建筑业万元增加值用水量法进行复核。第三产业需水可采用万元增加值用水量法进行预测，根据这些产业发展规划结果，结合用水现状分析，预测各规划水平年的净需水定额和水利用系数，进行净需水量和毛需水量的预测。

建筑业和第三产业需水量年内分配比较均匀，仅对年内用水量变幅较大的地区，通过典型调查进行用水量分析，计算需水月分配系数，确定用水量的年内需水过程。

5）生态环境需水预测

生态环境需水是指为维持生态与环境功能和进行生态环境建设所需要的最小需水量。我国地域辽阔，气候多样，生态环境需水具有地域性、自然性和功能性特点。生态环境需水预测要以《生态环境建设规划纲要》为指导，根据本区域生态环境所面临的主要问题，拟定生态保护与环境建设的目标。

按照修复和美化生态环境的要求，可按河道内和河道外两类生态环境需水口径分别进行预测。根据各分区、各流域水系不同情况，分别计算河道内和河道外生态环境需水量。

河道内生态环境用水一般分为维持河道基本功能和河口生态环境的用水。河道外生态环境用水分为城镇生态环境美化和其他生态环境建设用水等。

不同类型的生态环境需水量计算方法不同。城镇绿化用水、防护林草用水等以植被需水为主体的生态环境需水量，可采用定额预测方法；湖泊、湿地、城镇河湖补水等，以规划水面面积的水面蒸发量与降水量之差为其生态环境需水量。对以植被为主的生态需水量，要求对地下水水位提出控制要求。其他生态环境需水，可结合各分区、各河流的实际情况采用相应的计算方法。

6）河道内其他需水预测

河道内其他生产活动用水（包括航运、水电、渔业、旅游等）一般来讲不消耗水量，但因其对水位、流量等有一定的要求，因此，为做好河道内控制节点的水量平衡，亦需要对此类用水量进行估算。

（2）城乡需水量预测统计

根据各用水户需水量的预测结果，对城镇和农村需水量可以采用“直接预测”和“间接预测”两种预测方式进行预测。汇总出各计算分区内的城镇需水量和农村需水量预测结果。城镇需水量主要包括：城镇居民生活用水量、城镇范围内的菜田、苗圃等农业用水、城镇范围内工业、建筑业以及第三产业生产用水量、城镇范围内的生态环境用水量等；农村需水量主要包括：农村居民生活用水量、农业（种植业和林牧渔业）用水量、农村工业、建筑业和第三产业生产用水量，以及农村地区生态环境用水量等。“直接预测”方式是把计算分区分为城镇和农村两类计算单元，分别进行计算单元内城镇和农村需水量预测（包括城镇和农村各类发展指标预测、用水指标及需水量的预测）。“间接预测”方式是在计算分区需水量预测结果基础上，按城镇和农村两类口径进行需水量分配；参照现状用水量的城乡分布比例，结合工业化和城镇化发展情况，对城镇和农村均有的工业、建筑业和第三产业的需水量按人均定额或其他方法处理并进行城乡分配。

（3）城市需水量预测

各省（自治区、直辖市）对国家行政设立的建制市城市进行需水预测。城市需水量预测范围限于城市建成区和规划区。城市需水量按用水户分项进行预测，预测方法同各类用水户。一般情况城市需水量不应含农业用水，但对确有农业用水的城市，应进行农业需水量预测；对农业用水占城市总用水比重不大的城市，可简化预测农业需水量。

（4）结果合理性分析

为了保障预测结果具有现实合理性，要求对经济社会发展指标、用水定额以及需水量进行合理性分析。合理性分析主要为各类指标发展趋势（增长速度、结构和人均量变化等）和国内外其他地区的指标比较，以及经济社会发展指标与水资源条件之间、需水量与供水能力之间等关系协调性分析等。

8.3　供水预测

8.3.1　基本要求

（1）在对现有供水设施的工程布局、供水能力、运行状况，以及水资源开发程度与存在问题等综合调查分析的基础上，进行水资源开发利用前景和潜力分析。

（2）水资源开发利用要统筹安排河道内、河道外用水以及生活、生产、生态环境用水。水资源开发利用潜力是指通过对现有工程的加固配套和更新改造、新建工程的投入运行和非工程措施的实施后，分别以地表和地下水可供水量以及其他水源可能的供水形式，与现状条件相比所能提高的供水能力。

（3）供水预测中的供水能力是指区域（或供水系统）供水能力。区域供水能力为区域内所有供水工程组成的供水系统，依据系统来水条件、工程状况、需水要求及相应的运用调度方式和规则，提供不同用户，不同保证率的供水量。

（4）可供水量估算要充分考虑技术经济因素、水质状况、对生态环境的影响以及开发不同水源的有利和不利条件，预测不同水资源开发利用模式下可能的供水量，并进行技术经济比较，拟定水资源开发利用方案。要分析各水平年利用当地水资源的可供水量及其耗水量。通过对区域当地水资源耗用量的分析计算，以水资源可利用量为控制上限，检验当地水资源开发潜力及可供水量预测结果的合理性，一个区域当地水资源的耗水量不应超过区域水资源可利用总量。

（5）供水预测要充分吸收和利用有关专业规划以及流域、区域规划（如全国及各地的地下水开发利用规划、污水治理再利用规划、雨水集蓄利用规划、海水利用规划，以及各流域规划与区域水资源综合规划等）的结果。

8.3.2　可供水量计算

8.3.2.1　地表水供水

地表水资源开发，一方面要考虑更新改造、续建配套现有水利工程可能增加的供水能力以及相应的技术经济指标，另一方面要考虑规划的水利工程，重点是新建大中型水利工程的供水规模、范围和对象，以及工程的主要技术经济指标，经综合分析提出不同工程方案的可供水量、投资和效益。

（1）地表水可供水量计算

①地表水可供水量计算，要以各河系各类供水工程以及各供水区所组成的供水系统为调算主体，进行自上游到下游，先支流后干流逐级调算。

②大型水库和控制面积大、可供水量大的中型水库应采用长系列进行调节计算，得出不同水平年、不同保证率的可供水量，并将其分解到相应的计算分区，初步确定其供水范围、供水目标、供水用户及其优先度、控制条件等，供水资源配置时进行方案比选。

③其他中型水库和小型水库及塘坝工程可采用简化计算，中型水库采用典型年法，小型水库及塘坝采用兴利库容乘复蓄系数法估算。复蓄系数可通过对不同地区各类工程进行分类，采用典型调查方法，参照邻近及类似地区的结果分析确定。一般而言，复蓄系数南方地区比北方大，小（2）型水库及塘坝比小（1）型水库大，丰水年比枯水年大。

④引提水工程根据取水口的径流量、引提水工程的能力以及用户需水要求计算可供水量。引水工程的引水能力与进水口水位及引水渠道的过水能力有关；提水工程的提水能力则与设备能力、开机时间等有关。引提水工程可供水量可用下式计算：

$$W_{可供}=\sum_{i=1}^{t}\min(Q_i,H_i,X_i) \tag{8-9}$$

式中　Q_i——i 时段取水口的可引流量；

H_i——i 时段工程的引提能力；

X_i——i 时段用户需水量；

t——计算时段数。

⑤规划工程要考虑与现有工程的联系，与现有工程组成新的供水系统，按照新的供水系统进行可供水量计算。对于双水源或多水源用户，联合调算要避免重复计算供水量。

⑥在跨省（自治区、直辖市）的河流水系上布设新的供水工程，要符合流域规划，充分考虑对下游和对岸水量及供水工程的影响。根据统筹兼顾上下游、左右岸各方利益的原则，合理布局新增水资源开发利用工程。

⑦可供水量计算应预测不同规划水平年工程状况的变化，既要考虑现有工程更新改造和续建配套后新增的供水量，又要估计工程老化、水库淤积和因上游用水增加造成的来水量减少等对工程供水能力的影响。

⑧为了计算重要供水工程以及分区和供水系统的可供水量，要在水资源评价的基础上，分析确定主要水利工程和流域主要控制节点的历年逐月入流系列以及各计算分区的历年逐月水资源量系列。

(2) 在水资源紧缺地区，要在确保防洪安全的前提下，研究改进防洪调度方式、提高洪水利用程度的可行性及方案。

(3) 病险水库加固改造

收集整理大型病险水库及重要中型病险水库加固改造的作用和增加的供水量的有关资料。

(4) 灌区工程续建配套

收集灌区工程续建配套有关资料，分析续建配套对增加供水量、提高供水保证率以及提高灌溉水利用效率的有关资料。

(5) 在建及规划大型水源工程和重要中型水源工程

在建及规划的大型及重要中型蓄、引、提等水源工程，要按照规划工程的设计文件，统计工程供水规模、范围、对象和主要技术经济指标等，逐个分析工程的作用，计算工程建成后增加的供水能力以及单方水投资和成本等指标。有条件的地区应将新建骨干工程与现有工程所组成的供水系统，进行长系列调算，计算可供水量的增加量，并相应提出对下游可能造成的影响。

(6) 规划和扩建的跨流域调水工程

收集、分析调水规模、供水范围和对象、水源区调出水量、受水区调入水量以及主要技术经济指标等。跨流域调水工程，要列出分期实施的计划，并将工程实施后，不同水平年调入各受水区的水量，纳入相应分区的地表水可供水量中。

(7) 其他中小型供水工程

收集各计算分区内此类中小型工程近几年的实际供水量、工程技术经济指标，在此基础上预测其可供水量，并分析规划工程的效果、作用和投资等。

8.3.2.2　地下水供水

（1）以矿化度不大于 2g/L 的浅层地下水资源可开采量作为地下水可供水量估算的依据。采用浅层地下水资源可开采量确定地下水可供水量时，要考虑相应水平年由于地表水开发利用方式和节水措施的变化所引起的地下水补给条件的变化，相应调整水资源分区的地下水资源可开采量，并以调整后的地下水资源可开采量作为地下水可供水量估算的控制条件；还要根据地下水布井区的地下水资源可开采量作为估算的依据。

（2）结合地下水实际开采情况、地下水资源可开采量以及地下水位动态特征，综合分析确定具有地下水开发利用潜力的分布范围和开发利用潜力的数量，提出现状基础上增加地下水供水的地域和可供水量。

（3）地下水可供水量计算

地下水可供水量与当地地下水资源可开采量、机井提水能力、开采范围和用户的需水量等有关。地下水可供水量计算公式为：

$$W_{可供}=\sum_{i=1}^{t}\min(H_i,W_i,X_i) \tag{8-10}$$

式中　H_i——i 时段机井提水能力；

W_i——i 时段当地地下水资源可开采量；

X_i——i 时段用户的需水量；

t——计算时段数。

（4）地下水超采区供水预测

根据超采程度以及引发的生态环境灾害情况，地下水超采区划分为严重、较严重、一般三类。禁采、压采、限采是控制、管理地下水超采区的具体措施。禁采措施一般在严重超采区实施，属终止一切开采活动的举措；压采、限采措施一般在较严重超采区实施，属于强制性压缩、限制现有实际开采量的举措；一般超采区，要采取措施，严格控制开采地下水。禁采区、压采区、限采区以及严格控制区与相应的超采区范围是一致的。

地表水和地下水之间存在着复杂的转换关系，有些地区地下水的开发利用，将增加地表水向地下水的补给量（如坎儿井、山前区侧向补给、傍河河川径流补给）。这些地区只有在地下水开采量超过当地地下水资源可开采量与增加的地表水补给量之和时，才为超采地下水。

在供水预测中，应充分考虑当地政府已经和将要采取的措施，对于近期无其他替代水源的一般超采区（或压采、限采区）在保持地下水环境不再继续恶化或逐步有所改善的前提下，近期可适当开采一定数量的地下水。

8.3.2.3　其他水源开发利用

其他水源开发利用主要指参与水资源供需分析的雨水集蓄利用、微咸水利用、污水处理再利用、海水利用和深层承压水利用等。

（1）雨水集蓄利用

雨水集蓄利用主要指收集储存屋顶、场院、道路等场所的降雨或径流的微型蓄水工程，包括水窖、水池、水柜、水塘等。通过调查、分析现有集雨工程的供水量以及对当地河川径流的影响，提出各地区不同水平年集雨工程的可供水量。

（2）微咸水利用

①微咸水（矿化度2～3g/L）一般可补充农业灌溉用水，某些地区矿化度超过3g/L的咸水也可与淡水混合利用。在北方一些平原地区，微咸水的分布较广，可利用的数量也较大，微咸水的合理开发利用对缓解某些地区水资源紧缺状况有一定的作用。

②通过对微咸水的分布及其可利用地域范围和需求的调查分析，综合评价微咸水的开发利用潜力，提出各不同水平年微咸水的可利用量。

（3）污水处理再利用

①城市污水经集中处理后，在满足一定水质要求的情况下，可用于农田灌溉及生态环境。对缺水较严重城市，污水处理再利用对象可扩及水质要求不高的工业冷却用水，以及改善生态环境和市政用水，如城市绿化、冲洗马路、河湖补水等。

②污水处理再利用于农田灌溉，要通过调查，分析再利用水量的需求、时间要求和使用范围，落实再利用水的数量和用途。现状部分地区存在直接引用污水灌溉的现象，在供水预测中，不能将未经处理、未达到水质要求的污水量计入可供水量中。

③对污水处理再利用需要新建的供水管路和管网设施实行分质供水的，或者需要建设深度处理或特殊污水处理厂的，以满足特殊用户对水质的目标要求，要计算再利用供水管路、厂房及有关配套设施的投资。

④估算污水处理后的入河排污水量，分析对改善河道水质的作用。

⑤调查分析污水处理再利用现状及存在的问题，落实用户对再利用的需求，制定各规划水平年再利用方案。不同水平年应提出两种方案：一为正常发展情景下的再利用方案，简称“基本再利用方案”；二为根据需要和可能，加大再利用力度的方案，简称“加大再利用方案”。污水处理再利用要分析再利用对象，并进行经济技术比较（主要对再利用配水管道工程的投资进行分析），提出实施方案所需要满足的条件和相应的保障措施与机制。

（4）海水利用

海水利用包括海水淡化和海水直接利用两种方式。

①对沿海城市海水利用现状情况进行调查。海水淡化和海水直接利用要分别统计，其中海水直接利用量要求折算成淡水替代量。

②分析海水利用的潜力，除要摸清海水利用的现状、具备的条件和各种技术经济指标外，还要了解国内外海水利用的进展和动态，并估计未来科技进步的作用和影响，根据需求和具备的条件分析不同地区、不同时期海水利用的前景。根据需要和可能，提出规划水平年两套海水利用的方案：一为按正常发展情景下的海水利用量，简称“基本利用方案”；二为考虑科技进步和增加投资力度加大海水利用力度的情景下的利用量，简称“加大海水利用方案”。

（5）深层承压水利用

深层承压水利用应详细分析其分布、补给和循环规律，做出深层承压水的可开发利用潜力的综合评价。在严格控制不超过其可开采数量和范围的基础上，提出各规划水平年深层承压水的可供水量计算结果。

8.3.3　供水预测与供水方案

（1）供水预测以现状水资源开发利用状况为基础，以当地水资源开发利用潜力分析为控制条件，通过技术经济综合比较，先制定出多组开发利用方案并进行可供水量预测，提供水资源供需分析与合理配置选用，然后根据计算反馈的缺水程度、缺水类型，以及对合理抑制需求、增加有效供水、保护生态环境的不同要求，调整修改供水方案，再供新一轮水资源供需分析与水资源配置选用，如此，经过多次反复的平衡分析，以水资源配置最终选定的供水方案作为推荐方案。

（2）可供水量包括地表水可供水量、浅层地下水可供水量、其他水源可供水量。其中地表水可供水量中包含蓄水工程供水量、引水工程供水量、提水工程供水量以及外流域调入的水量。在向外流域调出水量的地区（跨流域调水的供水区）不统计调出的水量，相应其地表水可供水量中不包括这部分调出的水量。其他水源可供水量包括深层承压水可供水量、微咸水可供水量、雨水集蓄工程可供水量、污水处理再利用量、海水利用量（包括折算成淡水的海水直接利用量和海水淡化量）。地表水可供水量除按供需分析的要求提出长系列的供水量外，还需提出不同水平年 $P=50\%$、$P=75\%$、$P=95\%$三种保证率的可供水量；浅层地下水资源可供水量一般只需多年平均值。

（3）供水预测根据各计算分区内供水工程的情况、大型及重要水源工程的分布，确定供水节点并绘制节点网络图。各主要供水节点可采用水文长系列调算和系统优化调节计算的方法计算可供水量。供水范围跨计算分区的应将其不同水平年、不同保证率的可供水量按一定的比例分解到相应计算分区内。计算分区内小型供水工程（包括地下水开发工程），以及其他水源工程可采用常规方法预测不同保证率可供水量。将计算分区内同一水平年、同一保证率的各项供水量相加，即得出计算分区的可供水量。可供水量中不应包括超采地下水、超过分水指标或水质超标等不合格水的量。

（4）为满足不同水源与用户对水量和水质的要求，除对可供水量进行预测外，还要对供水水质状况进行分析与预测。地表水域应根据水功能区划，以水资源三级区为单元，对各类功能区可能达到的水质指标进行分析，重点分析饮用水源地的水质要求及达标状况。规划水平年要按照水功能区水质目标的要求，安排不同水质要求用户的供水。规划供水工程要对供水用户的水质要求及保障措施进行分析研究，不满足要求者，其供水量不能列入供水方案中。地下水供水水质状况分析亦应进行类似分析，不满足要求者，其供水量不能列入供水方案中。

（5）以现状工程的供水能力（即不增加新工程和新供水措施）与各水平年正常增长的需水要求（即不考虑新增节水措施），组成不同水平年的一组方案，称为“零方案”。以现状工程组成的供水系统与规划水平年的来水条件和正常增长的需水要求，进行调节计算，得出各水平年、不同保证率“零方案”的可供水量。这是与其他供水方案进行比较分析的基础，也是进行水资源一次供需平衡分析的供水输入条件。

（6）根据对各地水资源开发利用模式和水资源开发利用潜力的分析，对应各水平年不同需水方案的需水要求，确定不同水平年的供水目标，以及为达到预期的供水目标，所要采取的各种增加供水、保护水质和提高供水保证程度的措施（包括工程措施和非工程措施），分析采取这些措施及多种措施组合情况下的效果与投入以及水资源生产效率、新增单方供水投资、新增供水成本等经济技术指标；分析对水资源可持续利用可能带来的有利和不利影响，并综合考虑工程布局和总体安排等因素，最终拟定不同水平年的供水方案集，供水资源供需分析和水资源配置选用。

（7）将拟定的各规划水平年的多种供水方案与相应水平年供水“零方案”进行比较，对各种方案的作用、效果及投入进行综合分析与评价，并提出各计算分区、不同水平年、不同保证率的可供水量以及与“零方案”比较增加的供水量和相应的投资等指标，供水资源供需分析和水资源配置选用。

（8）在计算分区供水预测的基础上，进行城市可供水量预测。依据城市规划区内和周边地区可能利用的水源，对照城市各水平年需水预测的结果，拟定城市供水的组合方案，经水资源供需平衡分析和水资源配置，提出城市各水平年供水的推荐方案及其可供水量的预测结果。预测结果要与所属计算分区及周边地区的成果衔接与协调。

8.4 水资源供需平衡分析

8.4.1 基本原则与要求

（1）水资源供需分析应在现状调查评价和基准年供需分析的基础上，依据各水平需水预测与供水预测的分析结果，拟定多组方案，进行供需水量平衡分析，并应对这些方案进行评价与比选，提出推荐方案。

（2）水资源供需分析应以计算单元供需水量平衡分析为基础，根据各计算单元分析的需水量、供水量和缺水量，进行汇总和综合。

（3）水资源供需分析应提出各水平年不同年型的分析结果，具备条件的，应提出经长系列调算的供需分析成果，不同水平年、不同年型的结果应相互协调。

（4）水资源供需分析应将流域水循环系统与取、供、用、耗、排、退水过程作为一个相互联系的整体，分析上游地区用水量及退水量对下游地区来水量及水质的影响，协调区域之间的供需平衡关系。

（5）水资源供需分析应满足不同用户对供水水质的要求，根据供水水源的水质状况和不同用户对供水水质的要求，合理调配水量。水资源供需分析应充分利用水资源保护规划的有关成果，根据水功能区或控制节点的纳污能力与入河污染物总量控制目标，分析各河段和水源地的水质状况，结合各河段水量的分析，进行水量与水质的统一调配，以满足不同用户对水量和水质的要求。各类用户对水质的要求：生活用水为Ⅲ类及优于Ⅲ类，工业用水为Ⅳ类及优于Ⅳ类，农业灌溉为Ⅴ类及优于Ⅴ类，生态用水根据其用途确定，一般不劣于Ⅴ类。

（6）水资源供需分析应在统筹协调河道内与河道外用水的基础上，进行河道外水资源供需平衡分析。原则上应优先保证河道内生态环境需水。

（7）水资源供需分析应进行多方案比较。依据满足用水需求、节约资源、保护环境和减少投入的原则，从经济、社会、环境、技术等方面对不同组合方案进行分析、比较和综合评价。

(8) 水资源供需分析应进行多次供需反馈和协调平衡。一般应进行2～3次水资源供需平衡分析。根据未来经济社会发展的需水要求，在保持现状水资源开发利用格局和发挥现有供水工程潜力情况下进行一次平衡分析，若一次平衡后留有供需平衡缺口，则采取加大节水和治污力度，增加再生水利用等其他水源供水，新建必要的供水工程等措施，在减少需求和增加供给的基础上进行二次平衡分析；若二次平衡分析后仍有较大的供需缺口，应进一步调整经济布局和产业结构、加大节水力度，具备跨流域调水条件的，实施外流域调水、进一步减少需求和增加供给，进行三次平衡分析。水资源较丰沛的地区，可只进行二次平衡分析。

8.4.2 分析计算途径与方法

8.4.2.1 水资源供需平衡分析方法步骤

流域或区域水资源供需分析应将流域或区域水资源作为一个系统，根据水资源供需调配原则，采用系统分析的原理，选择合适的计算方法，按以下步骤进行水资源供需分析计算：

(1) 应根据流域或区域内控制节点和供用水单元之间取、供、用、耗、排、退水的相互关系和联系，概化出水资源系统网络图。

(2) 应制定流域或区域水资源供需调配原则，包括不同水源供水的比例与次序，不同地区供水的途径与方式，不同用户供水的保证程度与优先次序以及水利的调度原则等。

(3) 应根据水量平衡原理，根据系统网络图，按照先上游、后下游、先支流后干流的顺序，依次逐段进行水量平衡计算，最终得出流域或区域水资源供需分析计算结果。

(4) 应对水资源供需分析计算结果进行合理性分析。应结合流域或区域的特点，确定和理性分析的方法，对水资源供需分析计算方法和计算结果进行综合分析与评价。

8.4.2.2 基准年供需分析

(1) 应在现状供用水量调查评价的基础上，依据基准年需水分析和供水分析的结果，进行不同年型供需水量的平衡分析。基准年供需分析应根据不同年型需水和来水量的变化，按照水量调配原则，对现有水资源系统进行合理配置。提出的基准年不同年型供需分析结果，应作为规划水平年供需分析的基础。

不同年型需水量主要受降水条件影响，不同年型供水量供需分析则选择降水频率和来水频率均相当于$P=75\%$的年份，作为$P=75\%$（中等干旱年）的代表年份，进行供需水量的平衡计算，得出$P=75\%$（中等干旱年）供需分析的结果。

(2) 基准年的供需分析应重点对现状缺水情况进行分析，包括缺水地区及分布、缺水时段与持续时间、缺水程度、缺水性质、缺水原因及其影响等。可用缺水率表示缺水程度（缺水率=缺水量/需水量×100%）。

(3) 应通过对基准年的供需分析，进一步认识现状水资源开发利用存在的主要问题和水资源对于经济社会发展的制约和影响，为规划水平年供需分析提供依据。在基准年供需分析的基础上，可进一步进行以下分析：根据对用水状况及用水效率的分析，进一步认识现状用水水平、节水水平以及节水的潜力；根据水资源开发利用程度的分析，进一步认识水资源过度开发地区挤占生态环境用水的状况、需退还不合理的开发利用水量，进一步了解具有开发利用潜力的重点地区及分布；根据对生态环境需水满足程度的分析，进一步认识水资源对生态环境的影响、生态环境保护与修复的要求与对策；根据对缺水情况的分析，进一步认识水资源对经济社会发展的保障和制约作用。

8.4.2.3 规划水平年供需分析

（1）规划水平年供需分析应以基准年供需分析为基础，根据各规划水平年的需水预测和供水预测结果，组成多组方案，通过对水资源的合理配置，进行供需水量的平衡分析计算，提出各规划水平年、不同年型、各组方案的供需分析结果。由于受现状条件的限制，基准年供需分析可能存在节水水平不高和水资源配置不尽合理的问题。规划水平年供需分析应强调节约用水和合理配置水资源的原则，在水资源高效利用和优先配置的基础上，进行水资源供需分析。

（2）各规划水平年供需分析应设置多组方案。由需水预测基本方案与供水预测“零方案”组成供需分析起始方案，再由需水预测的比较方案和供水预测的比较方案组成多组供需的比较方案。应在对多组供需分析比较方案进行比选的基础上，提出各规划水平年的推荐方案。从需水比较方案和供水比较方案组合而成的若干组方案中，选择几组有代表性和有比较意义的方案，作为供需分析的比较方案。起始方案和比较方案供需分析内容可适当简化，如进行供需分析时，可仅选择多年平均情景或中等干旱年（$P=75\%$），仅选择对整个规划区影响较大的水资源分区或计算单元，仅选用总需水量、总供水量和总缺水量指标。

（3）水资源供需分析宜采用长系列系统分析方法。应根据控制节点来水、水源地供水和用户需求的关联关系，通过水资源的合理配置，进行不同水平年供需水量的平衡分析计算，得出需水量、供水量和缺水量的系列，提出不同水平年、不同年型供需分析结果。在采用长系列调算方法时，径流系列应采用经过还原计算的逐月天然径流，来水量系列应考虑不同水平年上游水资源开发利用情况的变化；用水系列应根据不同水平年不同降水率下的需水量预测的结果及月分配过程组合而成。

（4）资料缺乏的地区可采用典型年法进行供需分析计算，应选择不同年型的代表年份，分析各计算单元、不同水平年来水量、需水量和供水量的变化，进行供需水量的平衡分析计算，得出各计算单元不同水平年和不同年型的供需分析结果，并进行汇总综合。在采用典型年法进行供需分析计算时，北方地区可只选择$P=50\%$和$P=75\%$两种频率的典型年，南方地区可只选择$P=75\%$和$P=95\%$两种频率的典型年。应根据不同水平年、不同方案供水和需水的预测结果，分析不同年型典型年的可供水量和不同用户的需水量，进行典型年的供需分析。

（5）各规划水平年多组方案的比选，应以起始方案为基础，进行多方案的比较和综合评价，从中选出最佳的方案作为推荐方案。

（6）宜通过更加深入细致的分析计算和方案的综合评价，对选择的推荐方案进行必要的修改完善。各规划水平年的推荐方案应提供不同年型的、各层次完整全面的供需分析成果。

(7) 对各规划水平年出现特殊枯水年或连续枯水年的情况，宜进行进一步的水资源供需分析，提出应急对策并制定应急预案。在进行特殊枯水年或连续枯水年的供需分析时，因在对特殊枯水年或连续枯水年来水状况和缺水情势分析的基础上，结合各规划水平年在特殊干旱期的需水和供水状况，分析可供采取的进一步减少需求和增加供给的应急措施，并对采取应急措施的作用和影响进行评估，制定应急预案。特殊干旱期压减需水的应急对策主要有：降低用水标准、调整用水优先次序、保证生活和重要产业基本用水、适当限制或暂停部分用水量大的用户和农业用水等。特殊干旱期增加供水的应急对策主要有：动用后备和应急水源、适当超采地下水和开采深层地下水、利用供水工程在紧急情况下可动用的水量、统筹安排适当增加外区调入的水量等。

8.4.2.4　跨流域（区域）调水供需分析

(1) 应分析跨流域（区域）调水的必要性、可能性和合理性。应对受水区和调水区不同水平年的水资源供需关系，受水区需要调入的水量及其必要性、调水区可能调出的水量及其可能性，以及调水工程实施的经济技术合理性等方面进行分析研究。跨流域（区域）调水供需分析，应首先进行受水区和调水区各自的水资源供需分析，在此基础上进行受水区和调水区整体的水量平衡计算。计算应包括调水过程中的水量损失。

(2) 受水区水资源供需分析应充分考虑节水和对区域水资源开发利用及对其他水源的利用，考虑生态环境保护与修复对水资源的需求。应根据节水优先、治污为本、挖掘本区潜力和积极开发利用其他水源的原则，在3次供需平衡分析的基础上，确定需调入的水量及调水工程实施方案。

(3) 调水区水资源供需分析应充分考虑未来经济社会发展及对水资源需求的变化（包括水量、水质及保证程度），考虑未来水量的变化，特别是调水区对本区来水量的衰减作用与可能造成的影响，考虑对区内的生态环境保护的影响。应分析调水对本区径流量及年内分配过程的影响，以及对河道内生态环境用水、水利工程和水电站正常运行、航运等的影响。

(4) 应根据受水区需调水量和调水区可调水量的分析，结合调水工程规划，提出多组调水方案，并应对各方案进行跨流域（区域）联合调度，对需要调入水量和可能调出水量进行平衡分析，确定各规划水平年不同方案的调水量及调水过程。

(5) 应对不同水平年（或不同期）多组跨流域（区域）调水方案进行综合评价和比选，分析各调水方案的作用与影响、投入与效益，并提出推荐方案。

8.4.2.5　城市水资源供需分析

(1) 城市水资源供需分析应在流域及区域水资源供需分析和城市水资源开发利用现状及存在的问题分析的基础上进行，应与流域及区域的水资源规划、水资源供需分析的结果相协调。

(2) 应在城市现状用水分析的基础上，根据城市总体发展目标，结合流域及区域需水预测结果，考虑城市节水减污的要求，提出不同水平年城市需水预测结果。城市需水量应在现状用水调查的基础上，根据当地社会经济发展目标和城市发展规划，充分考虑技术进步和节水的影响，参照《城市给水工程规划规范》、《水利工程水利计算规范》等有关规范及类似城市用水指标进行分析预测。

（3）应在城市现状供水分析的基础上，分析不同水平年、不同用水户对供水水量、水质、供水范围、过程和保证程度的要求，结合水源条件，考虑现有工程的挖潜和增加污水处理再生利用等其他水源供水的可能性，分析不同水平年需要新增的供水量，提出不同水平年城市供水预测结果。

（4）应根据各规划水平年的预测分析，结合对城市节水和增加供水的潜力分析，拟定多组方案，进行综合比较，提出不同水平年的推荐方案。

（5）应对可能出现的各种特殊情况下城市水资源供需关系的变化进行分析，推进城市双水源和多水源建设，加强供水系统之间的联网，增强城市供水的应急调配能力，提高供水保证率；合理安排城市后备与应急水源，制定城市供水应急预案。在各种特殊和应急情况下，在蓄水方面可能提出一些特殊和附加的要求，在供水方面对正常调配运行可能有不利影响，甚至可能出现造成工程设施的破坏情况，应确定相应的对策措施。

第9章　水资源管理

9.1　水资源管理的概念及内容

9.1.1.1　水资源管理的概念

所谓管理，就是为了实现某种目的而进行的决策、计划、组织、指导、实施、控制的过程。水资源管理的含义可以包括：

①法律。立法、司法、水事纠纷的调解处理等；

②行政。机构组织、人事、教育、宣传等；

③经济。筹资、收费等；

④技术。勘测、规划、建设、调度运行等方面构成一个以水资源开发（建设）、供水、利用、保护组成的水资源管理系统。

这个管理系统的特点是把自然界存在的有限水资源通过开发、供水系统与社会、经济、环境的需水要求紧密联系起来的一个复杂的动态系统。社会经济发展，对水的依赖性增强，对水资源管理要求愈高，各个国家不同时期的水资源管理与其社会经济发展水平和水资源开发利用水平密切相关；同时，世界各国由于政治、社会、宗教、自然地理条件和文化素质水平、生产水平以及历史习惯等原因，其水资源管理的目标、内容和形式也不可能一致。但是，水资源管理目标的确定都与当地国民经济发展目标和生态环境控制目标相适应，不仅要考虑自然资源条件以及生态环境改善，而且还应充分考虑经济承受能力。

水资源管理的目的是提高水资源的有效利用率，保护水资源的持续开发利用，充分发挥水资源工程的经济效益，在满足用水户对水量和水质要求的前提下，使水资源发挥最大的社会、环境和经济效益。

9.1.1.2　水资源管理的内容

根据水资源管理的概念，水资源管理的内容包括法律管理、行政管理、经济管理和技术管理等方面，分别简述如下。

（1）法律管理

法律管理即国家或地方政府为合理开发利用和监督保护水资源，防止水环境恶化而制定的水资源管理法规。把水资源管理的政策、措施、办法用法律的形式固定下来，用以规范社会一切水事活动，以取得社会一致遵守的效力，做到依法管水、用水和治水。

（2）行政管理

为保证水资源管理法规及经济技术措施的贯彻执行，必须建立国家的或地方政府（区域或流域）的一套统一的水政水资源、行政与专业管理机构，负责全国或地区范围内的水资源开发利用和水污染控制及管理工作，以确定总的管理目标。因此，行政管理意旨以法律为准绳和依据，依靠行政手段和水政策来指导水事活动。

（3）经济管理

除采用法律、行政和经济手段对水资源的开发和利用进行管理外，考虑到水资源、形成水资源管理的目的在于贯彻资源有偿使用和合理补偿的指导思想，把水资源作为一种商品纳入整个经济运行结构之中，通过经济杠杆调控国民经济各行业对水资源进行合理开发和充分利用，控制对水的浪费和破坏，并监督保护水环境和生态，促使资源—环境—经济协调稳定发展。具体措施在于将水资源作为商品对待，有偿使用，有偿排污，通过水资源价格和水价的调整，对过度用水达到有效抑制，使水资源在新的供求关系基础上达到动态平衡。同时，利用经济手段获取充分资金，实现以水养水，促进水资源进一步开发并进行水环境治理和保护。

（4）技术管理

除采用法律、行政和经济手段对水资源的开发和利用进行管理外，考虑到水资源形成的复杂的自然条件以及人类活动与自然环境间的关系，而水资源本身又具有其独特的时间和地域分布特征，人类对水资源无论是开发或利用以及对开发和利用过程中产生的水环境问题的处理都是通过一定的工程措施实现的。所以，技术管理包含以下几方面：

①在对开发或利用水资源的各类工程从规划、设计、建设及其运行的全过程都必须科学合理，这样才能保证水资源合理开发，也不致产生由工程建设和运行而导致出现与之相关的水环境问题；

②在水工程运行中能适时调整供用水关系，并做到对各类用水合理调配，促使供用水部门实行计划用水、节约用水；

③解决如何对水资源适时补偿，保护水质并对各种污染进行切实有效的预防和治理。在这个意义上，技术管理包括了工程管理和用水管理两方面内容。

9.2 水资源管理的原则及管理体制

9.2.1.1 水资源管理的原则

水资源管理要遵循以下基本原则：

（1）水资源属于国家所有，即全民所有，这是实施水资源管理的基本点。由于国家是一个抽象的概念，由代表国家利益的中央政府行使水资源的所有权，对水资源进行分配。水资源的分配，即使用权的管理职能由国务院水行政主管部门承担。

(2) 开发利用水资源和防治水害，应当全面规划、统筹兼顾、综合利用、讲究效益，充分发挥水资源的多种功能。国家鼓励和支持开发利用水资源与防治水害的各项事业。

(3) 国家对水资源实行统一管理和分级管理相结合的管理制度。特别是在水的资源管理上，必须统一，即由国务院水行政主管部门和其授权的省（区）水行政主管部门及流域机构实施水资源的权属管理。对于水资源开发利用的管理，可由不同部门管理，但开发利用水资源必须首先取得水行政主管部门许可。

(4) 国家对直接从地下或江河、湖泊取水的，实行取水许可制度。国家保护依法开发利用水资源的单位和个人的合法权益。取水许可制度是现阶段我国水资源使用权管理的制度，还需不断完善。

(5) 实行水资源的有偿使用制度。依法取得水资源使用权的单位和个人，必须按使用水量的多少向国家缴纳一定的费用。

(6) 调蓄径流和分配水量，应当兼顾不同地区和部门的合理用水需求，优先保证城乡居民和生态基本用水需求，兼顾工农业生产用水。

9.2.1.2 水资源管理体制

我国水资源管理体制分为集中管理和分散管理两大类型。集中型是由国家设立专门机构对水资源实行统一管理，或者由国家指定某一机构对水资源进行归口管理，协调各部门的水资源开发利用。分散型是由国家有关各部门按分工职责对水资源进行分别管理，或者将水资源管理权交给地方政府，国家只制定法令和政策。美国从1930年开始强调水资源工程的多目标开发和统一管理，并在1933年成立了全流域统一开发管理的典型田纳西河流域管理局（TVA），1965年成立了直属总统领导、内政部长为首的水利资源委员会，向全国统一管理的方向发展；20世纪80年代初又开始加强各州政府对水资源的管理权，撤销了水利资源委员会而代之以国家水政策局，趋向于分散型管理体制。英国从20世纪60年代开始改革水资源管理体制，设立水资源局，70年代进一步实行集中管理，把英格兰和威尔士的29个河流水务局合并为10个，并设立了国家水理事会，在各河流水务局管辖范围内实行对地表水和地下水、供水和排水、水质和水量的统一管理；1982年撤销了国家水理事会，加强各河流水务局的独立工作权限，但水务局均由政府环境部直接领导，仍属集中型管理体制。中华人民共和国的水资源管理涉及水利电力部、地质矿产部、农牧渔业部、城乡建设环境保护部、交通部等，各省、直辖市、自治区也都设有相应的机构，基本上属于分散型管理体制。80年代以后，中国北方水资源供需关系出现紧张情况，有的省市成立了水资源管理委员会，统管该地区的地表水和地下水；1984年国国务院指定由水利电力部归口管理全国水资源的统一规划、立法、调配和科研，并负责协调各用水部门的矛盾，开始向集中管理的方向发展。

1988年，国家重新组建水利部，并明确规定水利部为国务院的水行政主管部门，负责全国水资源的统一管理工作 。1994年，国务院再次明确水利部是国务院水行政主管部门，统一管理全国水资源，负责全国水利行业的管理等职责。此后，在全国范围内兴起的水务体制改革则反映了我国水资源管理方式由分散管理模式向集中管理模式的转变。在我国的水资源管理组织体系中，水利部是负责国家水资源管理的主要部门，其他各部门也管理部分水资源，如地矿部管理和监测深层地下水，环保部负责水环境保护与管理，住建部管理城市地下水的开发与保护，农业部负责建设和管理农业水利工程。省级组织中有水利部所属流域委员会和省属水利厅，更下级是各委所属流域管理局或水保局及市、县水利局。两个组织系统并行共存，内部机构设置基本相似，功能也类似，不同之处是流域委员会管理范围以河流流域来界定，而地方政府水利部门只以行政区划来界定其管辖范围。

9.3 水资源管理的层次和基本制度

人类开发利用水资源一般要经过以下过程：水资源的评价和分配—开发—供水—利用—保护等步骤。据此，水资源管理可分为三个层次：第一层次是水的资源管理，属宏观范畴；第二层次是水资源的开发和供水管理，属中观范畴；第三层次是用水管理，属微观范畴。这三个层次构成一个以资源—开发（建设）—供水—利用—保护组成的水资源管理系统。

（1）水的资源管理

水的资源管理属于高层次的宏观管理，包括水的权属管理和水资源开发利用的监督管理，是各级政府及水资源主管部门的重要职责。按照《中华人民共和国水法》的规定，水资源属于国家所有，因此这里所指的水资源的权属管理指水资源使用权的管理。

水资源的权属管理是水资源主管部门依据法规和政府的授权，对已发现并查明的水资源进行资源登记，根据国民经济发展和环境用水需求进行规划、分配、转让（水资源的再分配）及对水资源再生过程中的消长变化进行监控和资源的注销等。权属管理的主要工作内容包括：水资源综合科学调查评价；水资源综合利用规划和水长期供求计划的制订；水资源使用权的审核和划拨，实施取水许可制度；水资源的保护以及为促使水资源的合理利用和保护而制定的法规、政策等。

水资源开发利用的监督管理就是通过监测、调查、评估等手段对各部门开发利用水资源的活动进行监督和控制，以避免水资源的污染、浪费和不合理的使用；监控在开发利用状态下水资源再生过程的消长变化；跟踪检验原水资源规划和分配是否科学合理，以便修正和调整。

实践证明，这一层次的管理必须高度集中，统一管理，保持政策的相对稳定，切忌政出多门，权力分散和政策多变。

水资源属于国家所有，但国家是一个抽象概念，一般由代表国家利益的中央政府（即国务院）行使，使用权的管理即水资源权属管理的职能由国务院水行政主管部门承担。1998 年 3 月，水资源的权属管理统一归国务院水行政主管部门——水利部，从而在体制上保证了水资源权属管理的统一。需要注意的是，无论是跨地区的水资源还是一个行政区域内部的水资源，它的所有权均应由中央政府行使，地方政府不得随意转让国家所有的水资源，并具有保护水资源不受侵害和破坏的责任。

按照《中华人民共和国水法》规定，国务院水行政主管部门代表国家负责全国水资源的权属管理，组织全国取水许可管理工作。按照统一管理和分级管理的原则，国务院水行政主管部门可将水资源的权属管理授权给流域机构和省（区）水行政主管部门，其中流域机构主要负责跨省区或对全流域水资源利用有重大影响的水资源使用权的管理，发放取水许可证；其他部分的水资源权属管理可由地方水行政主管部门按照授权，分级组织发放取水许可证。各级主管部门要相互协调，下级水行政主管部门要按照上级水行政主管部门核定的水量和授权，实施水资源的权属管理，不能越级或超越核定水量发放取水许可证。

权属管理的前提和基础是将水资源的使用权进行分配。目前，我国七大江河中只有黄河制订了水量分配方案，因此应加快其他大江大河水量分配方案的制订。黄河水量分配方案也需进一步细化，增强可操作性，其他跨行政区域的河流也应尽快制订水量分配方案。同时，应尽快完善权属管理的法规建设，为水权分配和转让（再分配）提供完善的法规保障。

（2）开发和供水管理

水资源的开发和供水管理是第二层次的管理，介于宏观管理与微观管理之间。它是指有关部门在取得水资源主管部门授予的水资源使用权后，组织水资源开发工程建设及工程建成后对用水户实施配水等活动。从获得水资源的使用权到工程供水给各用水户，这期间的管理活动均属于第二层次的管理。按照管理的对象不同，可分为供水工程建设的管理、供水工程的运行管理和供水水源、供水量的管理三大部分；按照供水对象的不同，又可分为农业供水管理和城市供水管理。由于水资源的多功能性，不同部门如水利、航运、渔业可按照各自的需求进行开发，因此也可将此层次的管理称为水资源开发、加工、利用的产业管理。

供水管理的工作内容很多，其中供水工程的审批、供水计划的审批、按照基建程序监督供水工程的建设、划定供水水源保护区、制定供水管理的法规规章和政策属于水行政主管部门的行政行为，但供水设施的维护保养、计划供水、提供良好的供水服务则属于供水部门的经营性行为。供水部门的供水行为要接受水行政主管部门的监督管理。

水资源的开发和供水对国民经济发展具有至关重要的作用，是联系水资源与经济社会的纽带，起承上启下的作用，因此必须加强本层次的管理，其主要管理任务是组织、协调和服务。

由于水资源的可流动性、多功能性和开发的多目标性，水资源开发和工程建设往往由一个或多个行业或部门统筹进行。供水设施属于国民经济发展的基础设施，从整体看，我国供水设施还不能满足国民经济发展的需要，应根据国家经济建设的需要适当发展。但水资源的开发和工程建设，必须在流域或区域规划的指导下进行，服从防洪的总体安排，实行兴利与除害相结合。同时，兴建水资源开发利用工程需向水行政主管部门申请水资源的使用权后方能开展建设。

随着经济建设的发展，供水系统越来越复杂，一般单个供水系统就可由不同的供水水源、多个取水、净水工程和庞大的输水渠道或管网组成，特别是在多个供水系统共用一个水源的情况下，又组成了一个更加庞大的供水系统。因此，供水的组织、协调是本层次管理中最重要的管理任务，应自上而下建立健全供水管理组织，科学调度，计划供水，合理配水，制定专门的供水管理和工程管理办法。在严重缺水的黄河流域，自1999年实施全河水量调度，由流域机构负责全河水量统一调度，各供水部门按照省区水利厅（局）或黄河河务部门制订的供水计划取水并有组织地配水到各用水户，取得了显著成绩，既兼顾了不同用水需求，又协调了不同供水部门的矛盾。供水的组织、协调不仅存在于不同的供水部门之间，而且单个的供水系统内部也要对供水进行组织及协调。

（3）用水管理

用水管理属微观管理，是指为合理、高效用水，对地区、部门以及单位和个人使用水资源所进行的管理活动，主要手段包括运用水中长期供求计划、水量分配、取水许可制度、征收水费和水资源费、计划用水和节约用水。用水管理的最终目标是实现合理用水，以水资源的可持续利用保障国民经济的可持续发展。用水管理可分为两个层次，一是水行政主管部门和行业主管部门的用水管理，其任务包括对用水户进行用水水平调查和指标测试，制定合理用水定额，审批和下达用水计划，制订供水计划，进行用水统计，确定排污指标；二是具体用水户（某一个企业或矿山）的用水管理，按照主管部门或供水部门下达的用水指标组织实施，并对其基层单位进行考核。这一层次的管理工作，应从实际出发，采取灵活、多样的方式，切忌一刀切。

进行用水管理是基于水资源相对人类社会的进步与发展来说，是一种不可替代但又稀缺的自然资源。从资源开发角度看，用水量及其未来需水量的多少，将决定供水的规模；从水资源管理角度而言，用水管理的水平高低，将对供水管理和水的资源管理产生重大影响；从供水与需求的关系出发，人类开发利用水资源已经历了供大于求—供需基本平衡—供需失衡等阶段，其中用水量由小到大决定了上述不同发展阶段及不同阶段水资源管理的基本任务和目标。因此，随着国民经济的发展和用水量的增加，加强用水管理显得日益重要。

用水管理的核心是计划用水和节约用水，《中华人民共和国水法》第七条也规定了“国家实行计划用水，厉行节约用水”的内容。计划用水是用水管理的基本制度，是指在水长期供求计划和水量分配方案等的宏观控制下，按照年度来水预测、可供水量、需水要求，制订年度用水计划，并组织实施和监督。实际上计划用水和计划供水是紧密相连的，在缺水地区，供水计划的制订除了要考虑用水户编制的用水需求计划，更重要的是依据年度来水预测，按照以供定需的原则制订供水计划、核定用水计划。在流域计划用水管理中，其主要任务是审批用水计划并实施监督管理。黄河流域在用水管理方面颇具代表性，在国务院批准的《黄河水量调度管理办法》中，规定用水计划的审批要经过以下几个阶段：用水户编制自己的年度用水需求计划—各省区对本辖区内的年度用水需求计划进行汇总和总量平衡，报黄河水利委员会—黄河水利委员会进行全流域的汇总和总量平衡，编制黄河年度水量分配和调度预案报水利部—水利部进行审批—各省区根据批准的黄河年度水量分配预案制订年度供水计划，并配水到各用水户。在实施过程中，黄河水利委员会根据年度水量分配预案，制订月度调度方案，各省（区）根据月度调度方案，安排辖区内各用水户的月用水计划。从上述过程中可以看出，从用水计划到供水计划是一个反复循环的过程，先有用水需求计划，再形成正式的供水计划，最终制订真正执行的用水计划，其中的原因是要考虑年度来水情况。

节约用水就是使用水户合理、高效用水。我国是一个水资源贫乏的国家，虽然水资源总量居世界第6位，约2.8万亿 m^3，但人均水量约只占世界平均水平的1/4；同时，水资源的时空分布极不均匀，且与人口、耕地、矿产资源的分布不匹配，水资源短缺已成为制约我国经济发展的主要因素。另外，用水浪费、效益低下，又大大加剧了全国性的供需矛盾。据调查，我国渠灌区水的利用率仅0.4～0.5，农田灌溉水量超过作物需水量的1/3甚至1倍以上。绝大多数地区工业单位产品耗水量高于发达国家数倍甚至10余倍，水的重复利用率较低，多数城市为30%～50%，而美国、日本等发达国家在20世纪80年代水的重复利用率已达75%以上。我国城市生活人均用水量还较低，也存在用水浪费问题。基于对国情的正确认识，我国将节约用水作为国家的基本国策。节水管理包括编制节水规划，制订年度节水计划、行业用水定额和相应的管理办法，推广先进的节水技术和节水措施，利用水费和征收水资源费等经济手段促进节约用水等 。

新中国成立以来，我国用水增长十分迅速。全国总用水量1949年约1 030亿 m^3，2002年已达到5 497亿 m^3。目前，水资源供需矛盾比较突出，据分析统计，中等干旱年份，全国按目前的正常需要和不超采地下水，年缺水总量约为360亿 m^3。水资源短缺已成为我国经济可持续发展的一个重要制约因素。根据“中国可持续发展水资源战略研究报告集”分析，通过适量的扩展开发、积极利用当地径流、多种水资源的联合利用、废污水的处理、回用以及开发替代水源等一系列措施和技术，在维持水资源持续开发利用的总原则下，预计到2030年，我国当地水资源供水能力将达到7 220亿 m^3，2050年可超过7 500亿 m^3。从南北地区分布看，2050年南方供水能力预计将达到4 225亿 m^3，可供水量为3 945亿 m^3；北方则为3 275亿 m^3，可供水量为2 905亿 m^3。从水资源的供需发展趋势分析看，人均水资源占有量将进一步减少。根据社会经济发展的需要，预计2030年全国缺水量约130亿 m^3。由此可见加强需水管理的重要性。需水管理不是为水的需求寻求一些适当的供给，而是着眼于现存的水资源供给，通过各种手段使需水控制在合理、可接受的程度，寻求在用水效益和供水费用之间适当的平衡。需水管理的主要内容是分析现有用水需求的合理性，通过用水调查摸清现有供水水源、供水设施和用水需求的种类、实际用水量，分析其节水的潜力，提出切实可行的节水措施，制定行业用水标准，并通过行政措施强制执行，收取水费和水资源费，利用经济措施促进节约用水，编制和审批用水计划，并按计划实施配水和用水。总之，需水管理就是利用一切手段，控制需水规模，抑制需水增长速度，实现水资源的可持续利用。需水管理的一条重要原则就是以供定需，即根据当地的水资源条件和现有的供水能力，将需水量控制在合理的程度。

9.4　水资源管理的方法

水资源管理的方法归纳起来有法律方法、行政方法、经济方法和技术方法等。

9.4.1.1　水资源管理的法律方法

法律是统治阶级意志的表现，在社会主义制度下，各种法律规范是人民利益和意志的表现。水资源管理的法律方法就是通过制定并贯彻执行各种水法规来调整人们在开发利用、保护水资源和防治水害过程中产生的多种社会关系和活动。《中华人民共和国水法》的颁布实施是我国依法管理水资源的重要标志。水法有广义和狭义之分。狭义的水法就是指《中华人民共和国水法》。广义的水法是指调整在水的管理、保护、开发、利用和防治水害过程中所发生的各种社会关系的法律规范的总称。它包括国家法律、行政法规、国家水行政主管机关颁布的规章和地方性法规等法律规范。新中国成立以来，特别是《中华人民共和国水法》颁布以来，我国出台了许多水法规，已初步形成了我国水法规体系。我国水法规体系可分为四个层次：全国人大制定的法律；国务院制定的行政法规；国务院有关部委制定的规章；省、自治区、直辖市地方权力机关制定的地方性法规。

水资源管理的法律方法有以下特点 ：一是权威性和强制性。水法规是由国家权力机关制定和颁布的，并以国家机器的强制力为其坚强后盾，带有相当的严肃性，任何组织和个人都必须无条件地遵守，不得对水法规的执行进行阻挠和抵抗。二是规范性和稳定性。水法规文字表述严格准确，其解释权在相应的立法、司法和行政机构，绝不允许对其作出任意性的解释。同时水法规一经颁布施行，就将在一定时期内有效并执行，具有稳定性。

目前，我国已颁布的水法律有《中华人民共和国水法》、《中华人民共和国水污染防治法》等。另外，与水资源管理密切相关的法律有《中华人民共和国环境保护法》、《中华人民共和国行政处罚法》、《中华人民共和国行政复议法》等。水资源管理的行政法规和部规章主要有《取水许可制度实施办法》、《水利工程核计、计收和管理办法》、《水利产业政策》等。

水资源管理法律方法的主要作用在于：维护了正常的管理秩序；加强了管理系统的稳定性；有效调节各种管理因素之间的关系；不断推进管理系统的发展。

9.4.1.2　水资源管理的行政方法

行政方法又称为行政手段，它是依靠行政组织或行政机构的权威，运用决定、命令、指令、规定、指示、条例等行政措施，以鲜明的权威和服从为前提，直接指挥下属工作。因此，行政管理方法带有强制性。

管理要有一定的权威性，否则管理功能无法实现。水资源是人类社会生存和发展不可替代的自然资源，不同地区、部门甚至个人都在开发或利用水资源，而水资源又是一种极其有限的自然资源，过度无序的开发活动将会导致水资源总量减少、水质功能下降，人类社会可持续发展难以维持，并引发地区间、部门间的水事矛盾，这就需要对各项开发利用水资源的活动进行管理、指导、协调和控制不同地区、部门和用水户的水事活动。《中华人民共和国水法》规定，水资源属于国家所有，政府负责对水资源的分配和使用进行管理和控制。为了有效开发利用水资源，协调不同地区、部门和各用水户之间的关系以及使经济社会发展和水资源承载能力相适应，需要政府发挥其行政机构的权威，采取强有力的行政管理手段，制订计划、控制指标和任务，发布具有强制性的命令、条例和管理办法，来规范行为、保证管理目标的实现。

当然，水资源的行政管理必须依据水资源的客观规律，结合本地区水资源的条件、开发利用现状及未来的供求形势，分析做出正确的行政决议、决定、命令、指令、规定、指示等，切忌主观主义和个人专断式的瞎指挥。

行政方法是目前我国进行水资源管理最常用的方法。新中国成立以来，我国在水的行政管理方面取得了很大成绩，国务院、水利部以及地方人大、政府都颁布了大量的有关水资源管理的规章、命令和决定，这些规章、命令和决定在水资源管理中起到了统一目标、统一行动的作用。如水利部根据1993年国务院颁布的《取水许可制度实施办法》，分别于1994年、1995年、1996年发布了《取水许可申请审批程序规定》、《取水许可水质管理规定》、《取水许可监督管理办法》等，从而保证了取水许可制度的有效实施；1990年水利部颁发了《制定水长期供求计划导则》，规范了水长期供求计划编制的技术要求。长期的水资源管理实践证明，有许多水事问题需要依靠行政权威处置，所以《中华人民共和国水法》规定：地区间的水事纠纷由县级以上人民政府处理，这是行政手段在法律上的运用。《中华人民共和国水法》还规定，水量分配方案由各级水行政主管部门制订并报同级政府批准和执行，这都是以服从为前提的行政方法在水资源管理中的运用。

9.4.1.3 水资源管理的经济方法

水资源管理的经济方法是运用经济手段，按照经济原则和经济规律办事，讲究经济效益，运用一系列经济手段为杠杆，组织、调节、控制和影响管理对象的活动，从经济上规范人们的行为，使水资源的开发、利用、保护等活动更趋合理化，间接地强制人们为实现水资源的管理目标而努力。

水资源管理的经济方法是通过经济政策来实现的。长期以来，我国实行水资源的无偿使用和低水价政策，即水资源使用权的获得是无偿的，国家将水资源、无偿划拨给用水户使用，水价标准低于供水成本，供水工程的运行、维护不足部分由国家补贴。这种无偿使用和低水价政策的后果是用水需求增长过快，水资源的利用效率不高，浪费严重，人们的节水意识不强。实践证明，单纯依靠行政手段，难以有效解决上述问题，利用经济手段则可以弥补行政手段的不足。经济手段通过提高用水的机会成本，促使用水户减少用水而少支付相应的费用，从而达到抑制用水需求的增长速度和节约用水的目的。

水资源管理的经济方法包括：一是制定合理的水价、水资源费（或税）等各种水资源价格标准；二是制定水利工程投资政策，明确资金渠道，按照工程类型和受益范围、受益程度合理分摊工程投资；三是建立保护水资源、恢复生态环境的经济补偿机制，任何造成水质污染和水环境破坏的，都要缴纳一定的补偿费用，用于消除危害；四是采用必要的经济奖惩制度，对保护水资源及计划用水、节约用水等各方面有功者实行经济奖励，而对那些破坏水资源，不按计划用水，任意浪费水资源以及超标准排污等行为实行严厉的罚款；五是培育水市场，允许水资源使用权的有偿转让。

经济方法的实践：20 世纪 70 年代后期，我国北方地区出现了严重的水危机，为扭转局面，各级水资源主管部门自 70 年代起相继采用了经济手段以强化人们的节水意识。1985 年国务院颁布了《水利工程水费核定、计收和管理办法》，对我国水利工程水费标准的核定原则、计收办法、水费使用和管理首次进行了明确的规定，这是我国利用经济手段管理水资源的有益尝试。在水资源有偿使用方面，山西省人大常委会于 1982 年 10 月通过的《山西省水资源管理条例》第八条明确规定："各级水资源主管部门，对拥有自备水源工程的单位，按取水的多少，向其征收水资源费。"这是我国第一部具有法律效力的关于征收水资源费的地方法规。为将经济管理的方法纳入法制轨道，1988 年 1 月全国人大常委会通过的《中华人民共和国水法》明确规定："使用供水工程供应的水，应当按照规定向供水单位缴纳水费"。"对城市中直接从地下取水的单位，征收水资源费"。这使水资源的经济管理方法在全国范围内开展获得了法律保证。1997 年国家计委颁布的《水利产业政策》和水利部于 1999 年颁布的《水利产业政策实施细则》，对使用经济手段管理水资源有了更进一步的发展。

9.4.1.4 水资源管理的技术方法

水资源管理除了法律、行政、经济方法外，技术管理方法也是水资源管理的重要手段。现代科学技术的不断发展与进步，为人类进行科学的水资源管理提供了有利的技术支持，使得水资源管理工作的开展更科学、合理和高效。根据文献，以下将对这些技术作一简要介绍。

(1) 高新技术在水资源管理中的应用

以"3S"技术为代表的高新技术在水资源管理方面得到了很好的应用。所谓"3S"技术是以地理信息系统（GIS）、遥感技术（RS）、全球定位系统（GPS）为基体而形成的一项新的综合技术。它充分集成了 RS、GPS 高速、实时的信息获取能力和 GIS 强大的数据处理和分析能力，可以有效地进行水资源信息的收集处理和分析，为水资源管理决策提供强有力的基础信息资料和决策支持。地理信息系统（GIS，Geographical Information System）是以空间地理数据库为基础，利用计算机系统对地理数据进行采集、管理、操作、分析、模拟显示，并用地理模型的方法，实时提供多种空间信息和动态信息，为地理研究和决策服务而建立起来的综合的计算机技术系统。GIS 以计算机信息技术作为基础，增强了对空间数据的管理、分析和处理能力，有助于为决策提供支持。遥感（RS，Remote Sensing）技术是 20 世纪 60 年代发展起来的，是一种远距离、非接触的目标探测技术和方法，它根据不同物体因种类和环境条件不同而具有反射或辐射不同波长电磁波的特性来提取这些物体的信息，识别物体及其存在环境条件。遥感技术可以更加迅速、更加客观地监测环境信息，获取的遥感数据也具有空间分布特性，可以作为地理信息系统的一个重要的数据源，实时更新空间数据库。全球定位系统（GPS，Global Positioning System）是利用人造地球卫星进行点位测量导航技术的一种。通过接收卫星信息来给出（记录）地球上任意地点的三维坐标以及载体的运行速度，同时它还可给出准确的时间信息，具有记录地物属性的功能，具有全天候、全球覆盖、高精度、快速高效等特点，在海空导航、精确定位、地质探测、工程测量、环境动态监测、气候监测以及速度测量等方面应用十分广泛。“3S”技术在水资源管理中的应用主要有以下几方面：

①水资源调查、评价

根据遥感获得的研究区卫星相片可以准确查清流域范围、流域面积、流域覆盖类型、河长、河网密度、河流弯曲度等。使用不同波段、不同类型的遥感资料，容易判读各类地表水的分布，还可以分析饱和土壤面积、含水层分布以及估算地下水储量。利用GPS进行野外实地定点定位校核，建立起勘测区域校核点分类数据库，可对勘测结果进行精度评价。

②实时监测

遥感资料具有获取迅速、及时、数据精确等特点，GPS有精确的空间定位功能，GIS具有强大的空间数据分析能力，可以用于水资源和水环境的实时监测。利用“3S”技术，可以对河流的流量、水位、河流断流、洪涝灾害等进行监测，可以对水环境质量进行监测，也可以对造成水环境污染的污染源、扩散路径、速度等进行监测等。“3S”技术的出现使人类能够更方便、快捷、及时地掌握水体的水量和水质相关信息，方便进行水文预测、水文模拟和分析决策。

③水文模拟和水文预报

GIS对空间数据具有强大的处理和分析能力。将所获取的各种水文信息输入GIS中，使GIS与水文模型相结合，充分发挥GIS在数据管理、空间分析、可视化等方面的功能，构建基于数字高程模型的现代水文模型，模拟一定空间区域范围内的水的运动，也可以通过RS接收实时的卫星云图、气象信息等资料，结合实时监测结果，基于GIS平台并利用预测理论和方法，对各水文要素，如降水、洪峰流量及其持续时间和范围等进行科学、合理的预测。水文模拟和水文预报在水资源管理中应用非常广泛。比如，可以利用水文模拟进行水库优化调度，利用水文预报为水量调度和防汛抗灾等决策提供科学、合理和及时的依据等。

④防洪抗旱管理

“3S”技术在洪涝灾害防治以及旱情分析预报等工作中都有应用。基于GIS的防洪决策支持系统可以建立防洪区域经济社会数据库，结合GPS和RS可以动态采集洪水演进的数据、分析洪水情势，并借助于系统强大的数据管理、空间分析等功能，帮助决策者快速、准确地分析滞洪区经济社会的重要程度，选择合理的泄洪方案。此外，“3S”技术的结合还可对洪灾损失及灾后重建计划进行评估，也可以利用GIS结合水文学和水力学模型用于洪水淹没范围预测。同样，“3S”技术也可以用于旱灾的实时监测和抗旱管理中。遥感传感器获取的数据可以及时地直接或间接反映干旱情况，再利用GIS的数据处理、分析等功能，显示旱情范围、程度，预测其发展趋势，辅助决策制定。

除此之外，“3S”技术在水土保持和泥沙淤积调查、水资源管理决策信息系统等多方面也得到了很好的应用。

（2）节水技术

地球上水资源总量丰富，而易于人类直接开发利用的淡水资源量却极为有限，不到全球水资源总量的1%。随着人口的增长和经济的发展，人类对淡水资源的需求量也在不断增加，加上水质恶化，使得缺水成为制约社会和经济发展的主要因素。为了解决这一问题，很多国家都行动起来，通过经济、技术、法律、行政、宣传教育等一系列手段，在各行各业中推广节水技术。我国目前也在大力推行节水工作，并在2005年4月由国家发展和改革委员会、科学技术部会同水利部、建设部和农业部组织制定了《中国节水技术政策大纲》，以求建立一个节水型社会。

各国所推广的各种节水技术来看，主要是从农业、工业、城市生活等几个方面推广节水技术。

农业节水方面，发达国家推广的节水技术主要有以下几类：

①采用计算机联网进行控制管理，精确灌水，达到时、空、量、质上恰到好处地满足作物不同生长期的需水；

②培育新的节水品种，从育种的角度更高效地节水；

③通过工程措施节水，如采用管道输水和渠道衬砌提高输水效率；

④推广节水灌溉新技术；

⑤推广增墒情水技术和机械化旱地农业。

根据《中国节水技术政策大纲》，我国所积极推广的节水技术除了以上几个方面以外，还包括降水和回归水利用技术，如降水滞蓄利用技术、灌溉回归水利用技术、雨水集蓄利用技术等；非常规水利用技术，如海水淡化、人工增雨等技术；另外，还有养殖业节水技术以及村镇节水技术等。

工业用水主要包括冷却用水、热力和工艺用水、洗涤用水。工业节水可以通过以下几个途径进行：

①加强污水治理和污水回用；

②改进节水工艺和设备，提倡一水多用，提高水的利用效率；

③减少取水量和排污量；

④减少输水损失；

⑤开辟新的水源。

据此，常用的工业节水技术有工业节水重复利用技术，如在工厂内部建立闭合水循环系统、发展蒸汽冷凝水回收再利用技术、外排废水回用和“零排放”技术等。冷却节水技术，工业冷却水用量要占工业用水总量的80%左右，节水空间巨大，具体的冷却节水技术如高效换热技术、高效循环冷却水处理技术、空气冷却技术等。此外，还有热力和工艺系统节水技术，洗涤节水技术，给水和废水处理节水技术，输用水管网、设备防漏和快速堵漏修复技术，非常规水资源利用技术等。

随着城市化进程的不断加快，城市生活用水占城市用水总量的比例也越来越高。因此，城市生活节水对于促进城市节水具有重要意义。目前，在各国采用的城市生活节水技术中，非常普遍的一种就是采用节水型器具，如节水龙头、节水马桶、节水淋浴头、节水洗衣机等。有些国家甚至通过一定的法律、规章对节水器具的节水标准进行强制性要求，要求生产商只能生产低耗水的卫生洁具。此外，城市生活节水技术和城市再生水利用技术，包括城市污水处理再生利用技术、建筑中水处理再生利用技术和居住小区生活污水处理再生利用技术等；城区雨水、海水、苦咸水利用技术；城市供水管网的检漏和防渗技术；公共建筑节水技术；市政环境节水技术等。

(3) 水处理技术

大量工业废水、生活污水及农业废水的产生，使得清洁的淡水资源受到污染，加剧了水资源短缺的危机，更严重的是威胁到了人类健康。因此，治理水污染目前已经成为全球水资源可持续利用和国民经济可持续发展的重要战略目标。

目前，人类所使用的水处理方法按照作用原理不同，可以分为物理处理法、化学处理法和生物处理法三大类。常用的物理处理法有过滤、沉淀、离心分离、气浮等；常用的化学处理法有中和、混凝、化学沉淀、氧化还原、吸附、萃取等；生物处理法有好氧生物处理、厌氧生物处理、稳定塘等。

随着物理学、化学、生物学研究的不断发展，水处理的技术也得以不断进步，一些新兴的、绿色高效的水处理方法不断产生，如高级氧化技术，它是通过强活性自由基来降解有机污染物的一种先进水处理技术，根据强活性自由基产生的条件不同，又有湿式氧化方法、超临界水氧化技术、光化学氧化技术、电化学氧化技术等；纳米技术，纳米材料有高的比表面积和大的表面自由能，在机械性能、磁、光、电、热等方面与普通材料有着很大的不同，具有较强的辐射、吸收、催化和吸附等特性，用其作为催化剂的载体可以提高反应速度，作为吸附剂可以进行离子交换吸附，用于过滤时具有优良的截流率。

在废水处理过程中，根据废水中的污染物类型、性质，可以选择不同的处理方法，联合起来构成废水处理的工艺流程进行废水处理，实现废水无害排放的目标。同时，根据实际情况也可以对废水经过多级处理之后，达到一定回用水水质要求，实现废水的循环再利用。

(4) 海水利用技术

地球上虽然淡水资源有限，但是海水资源却极其丰富，如果能将海水资源合理地开发利用以满足人们的用水需求，在很大程度上可以解决水资源短缺问题，并能解决沿海城市超采地下水所造成的环境问题。沿海地区距海近，海水资源丰富，开发利用的优势非常显著。目前，世界上已经有很多国家将目光投向海洋，开发利用海水资源，取得了显著的经济效益，也使得水资源管理工作得以顺利、高效地开展。在缓解沿海地区所面临的淡水资源短缺的危机方面，海水淡化和海水直接利用是经济、有效的最佳选择。

海水淡化包括从苦涩的高盐度海水以及含盐量比海水低的苦咸水通过脱盐生产出淡水。海水淡化技术的发展已经经历了半个多世纪之久，国外在 20 世纪 40 年代就开始了以蒸馆法为主的海水淡化技术研究。美国最早于 1952 年首先开发了电渗析盐水淡化技术，继而在 60 年代初又开发了反渗透淡化技术。近年来反渗透技术飞速发展，因其具有投资小、能耗低、占地少、建造周期短、安全可靠等优势，在水工业中得到广泛应用。我国也在 20 世纪 50 年代末期开始了电渗析的研究，之后的几十年中，海水淡化技术的研究取得了长足发展并被广泛地应用。目前，中国已掌握了国际上商业化的蒸馆法和膜法海水淡化主流技术，在天津、河北、山东、浙江等地建立了大量海水淡化工程，进行海水淡化以满足各种用水需求。海水淡化的方法按脱盐过程来分，主要有热法、膜法和化学方法三大类。其中，热法海水淡化技术主要有蒸馆法和结晶法，前者主要包括多级闪蒸、多效蒸馆和压汽蒸馆等方法，后者则由冷冻法和水合物法构成；膜法海水淡化技术包含了反渗透法和电渗析法等方法；化学方法主要是离子交换法。目前，使用较广的方法有蒸馏法、反渗透法和电渗析法等。

（5）现代信息技术在水资源管理决策支持系统上的应用

在水资源管理中，水资源管理对象复杂，内容多，信息量大，信息技术的应用为提高水资源管理的效率提供了技术支撑。先进的网络、通信、数据库、多媒体、“3S”等技术，加上决策支持理论、系统工程理论、信息工程理论可以建立起水资源管理信息系统，通过该系统可将信息技术广泛地应用于陆地和海洋水文测报预报、水利规划编制和优化、水利工程建设和管理、防洪抗旱减灾预警和指挥、水资源优化配置和调度等各个方面。

我国对水资源管理决策支持系统的研究起步始于 20 世纪 80 年代中期，与国外相比起步较晚，随着我国水资源供需矛盾的加深，系统研究的发展较快，特别是近年来，在流域水资源管理以及防洪决策等方面进行了很多应用研究，并且取得了大量成果，但仍处于发展及完善阶段[28]。水资源管理问题不仅仅是水文、水资源问题，而且还包括跨区域、跨国界而引起的政治、经济问题，以及在水资源管理机构中的多层次管理问题；在学科上，涉及地学、生态、经济、社会科学、大气科学等多学科交叉问题。尽管水资源管理的决策者或管理者对某一区域的水资源配置、利用现状十分了解，但他们对于区域的水文循环过程以及水文—生态—经济之间的耦合过程并不十分清楚，因此，依靠个人能力来对水资源管理中的重大非结构化和半结构化问题做出正确的决策十分困难；另一方面，科学家们已建立了较完善的物理模型来模拟区域水文过程、生态过程等，更加准确地认识不同时空尺度下地表参数各分量的状态，而这些却是管理者决策过程中所需的重要信息。水资源管理决策支持系统是建立水文水资源学家和水资源管理者、决策者之间的桥梁，它能够将水资源管理涉及的决策问题通过水文水资源学家建立的物理模型或经验模型进行定量表达，使决策者站在科学的基础上把握决策过程，从而提高决策的效能。水资源管理决策支持系统的经历了三个发展阶段：模型模拟阶段、模型模拟＋决策支持阶段、情景分析＋集成建模环境＋决策支持工具阶段[29]。

第10章 最严格的水资源管理制度

在前面章节中，已介绍了我国水资源管理在法律、行政、经济方法及技术管理方法等方面取得了十分显著的成绩。全国范围内的水资源规划体系不断完善，水资源优化配置和统一调度的能力不断提升，节水型社会建设成效显著，水资源管理法制建设推进速度明显加快。但是我国目前的水问题仍旧十分严峻，水资源短缺、洪涝灾害、水环境污染仍然是目前我国面临的三大水问题。人多水少和水资源时空分布不均的基本国情和水情并没有改变，水资源短缺、粗放利用、水环境污染、水生态恶化等问题依然比较严重。这一系列的水问题已经成为制约我国经济社会可持续发展的主要瓶颈。解决当前严峻的水问题的唯一出路是实行更加严格的水资源管理方式，以水资源配置、节约和保护为重点，严格控制用水总量，全面提高用水效率，严格控制入河湖排污总量。最严格水资源管理制度是新时期治水方略的重要组成部分。

10.1 最严格水资源管理制度提出的背景

最严格水资源管理制度，是在2009年年初召开的全国水利工作会议上回良玉副总理提出“从我国的基本水情出发，必须实行最严格的水资源管理制度”。之后，在2009年2月14日召开的全国水资源工作会议上，水利部部长陈雷发表了题为“实行最严格的水资源管理制度，保障经济社会可持续发展”的重要讲话，对实行最严格水资源管理制度工作进行了部署，明确要建立并落实水资源管理的“三条红线”。2009年全国水资源工作会议以后，水利部立即着手最严格水资源管理制度顶层设计，起草了实行最严格水资源管理制度指导性文件，协调会签了中组部、发改委等10个部委，文件呈报国务院；2010年12月31日印发的《中共中央　国务院关于加快水利改革发展的决定》明确提出实行最严格水资源管理制度，要把严格水资源管理作为加快转变经济发展方式的战略举措。在2011年7月8日中央水利工作会议上，胡锦涛总书记强调要把严格水资源管理作为加快转变经济发展方式的战略举措，充分发挥红线约束调节作用，从制度上推动经济社会发展与水资源水环境承载能力相协调。2012年1月，国务院发布了《国务院关于实行最严格水资源管理制度的意见》，对实行最严格水资源管理制度做出全面部署和具体安排。2013 年 1 月国务院办公厅出台了关于实行最严格水资源管理制度考核办法。

在水利部副部长胡四一解读《国务院关于实行最严格水资源管理制度的意见》（以下简称《意见》）中，关于《意见》的出台背景，其内容如下：

水是生命之源、生产之要、生态之基。新中国成立以来特别是改革开放以来，水资源开发、利用、配置、节约、保护和管理工作取得积极进展，为经济社会发展、人民安居乐业作出了重要贡献。但必须清醒地看到，人多水少、水资源时空分布不均是我国的基本国情和水情，水资源短缺、水污染严重、水生态恶化等问题十分突出，已成为制约经济社会可持续发展的主要瓶颈。

具体表现在五个方面：一是我国人均水资源量只有 2 100m^3，仅为世界人均水平的 28%，比人均耕地占比还要低 12 个百分点；二是水资源供需矛盾突出，全国年平均缺水量 500 多亿 m^3，2/3 的城市缺水，农村有近 3 亿人口饮水不安全；三是水资源利用方式比较粗放，万元工业增加值用水量为 120 m^3，是发达国家的 3～4 倍，农田灌溉水有效利用系数仅为 0.50，与世界先进水平的 0.7～0.8 有较大差距；四是不少地方水资源过度开发，像黄河流域开发利用程度已经达到 76%，淮河流域也达到了 53%，海河流域更是超过了 100%，已接近或超过其承载能力，引发一系列生态环境问题；五是水体污染严重，2010 年 38.6%的河长水质劣于Ⅲ类，2/3 的湖泊富营养化，水功能区水质达标率仅为 46%。

随着工业化、城镇化深入发展，水资源需求将在较长一段时期内持续增长，加之全球气候变化影响，水资源供需矛盾将更加尖锐，我国水资源面临的形势将更为严峻。解决我国日益复杂的水资源问题，实现水资源高效利用和有效保护，根本上要靠制度、靠政策、靠改革。根据水利改革发展的新形势新要求，在系统总结我国水资源管理实践经验的基础上，2011 年中央 1 号文件和中央水利工作会议明确要求实行最严格水资源管理制度，确立水资源开发利用控制、用水效率控制和水功能区限制纳污“三条红线”，从制度上推动经济社会发展与水资源、水环境的承载能力相适应。

针对中央关于水资源管理的战略决策，国务院发布了《国务院关于实行最严格水资源管理制度的意见》，进一步明确水资源管理“三条红线”的主要目标，提出具体管理措施，全面部署工作任务，落实管理责任和考核制度。这一水资源纲领性文件的出台和实施将极大地推动该项制度的贯彻落实，促进水资源合理开发利用和节约保护，保障经济社会可持续发展。

10.2　最严格水资源管理制度的指导思想、核心内容及主要目标

10.2.1.1　指导思想

最严格水资源管理制度的指导思想，核心是围绕水资源配置、节约和保护“三个环节”，通过健全制度、落实责任、提高能力、强化监管“四项措施”，严格用水总量、

用水效率、入河湖排污总量“三项控制”，加快节水型社会建设，促进水资源可持续利用和经济发展方式的转变，推动经济社会发展与水资源水环境的承载能力相协调。这一指导思想全面贯穿了科学发展主题和加快转变经济发展方式主线，集中体现了最严格水资源管理制度的科学内涵，明确了严格水资源管理的重要抓手和着力点，为实行最严格水资源管理制度指明了方向。

10.2.1.2 核心内容

最严格水资源管理制度的核心是确立“三条红线”和实施“四项制度”。“三条红线”包括建立水资源开发利用控制红线，严格实行用水总量控制；建立用水效率控制红线，坚决遏制用水浪费；建立水功能区限制纳污红线，严格控制入河排污总量。其实质是在客观分析和综合考虑我国水资源禀赋情况、开发利用状况、经济社会发展对水资源需求等方面的基础上，提出今后一段时期我国在水资源开发利用和节约保护方面的管理目标，实现水资源的有序、高效和清洁利用。“四项制度”包括用水总量控制制度、用水效率控制制度、水功能区限制纳污制度、水资源管理和责任考核制度。最严格水资源管理的“四项制度”是一个整体，其中用水总量控制制度、用水效率控制制度、水功能区限制纳污制度是实行最严格水资源管理的具体内容，水资源管理责任和考核制度是落实前三项制度的基础保障。

10.2.1.3 主要目标

最严格水资源管理制度的主要目标是确立水资源开发利用控制红线，建立未来20年我国水资源开发利用的刚性约束；确立用水效率控制红线，提出实现2030年全国用水总量控制目标对用水效率的基本要求；确立水功能区限制纳污控制红线，制定入河污染物减排的基本目标。国务院出台的《国务院关于实行最严格水资源管理制度的意见》中将最严格水资源管理制度的具体目标明确规定为：确立水资源开发利用控制红线，到2030年全国用水总量控制在7 000亿m^3以内；确立用水效率控制红线，到2030年用水效率达到或接近世界先进水平，万元工业增加值用水量（以2000年不变价计）降低到40m^3以下，农田灌溉水有效利用系数提高到0.6以上；确立水功能区限制纳污红线，到2030年主要污染物入河湖总量控制在水功能区纳污能力范围之内，水功能区水质达标率提高到95%以上。

阶段性目标为：到2015年全国用水总量控制在6 350.00亿m^3，到2020年全国用水总量控制在6 700.00亿m^3以内；用水效率方面，到2015年全国万元工业增加值用水量比2010年下降30%，农田灌溉水有效利用系数提高到0.53；到2015年，重要江河湖泊水功能区水质达标率控制目标为60%，2020年达标率控制目标为80%。

实施最严格水资源管理制度的最终目标就是实现水资源的可持续利用，并推进经济社会的可持续发展。

10.2.1.4 关于“红线”的内涵及内在关系

(1) 内涵

“三条红线”具体是通过用水总量、万元工业增加值用水量、农业灌溉水利用系数和水功能区达标率四项评价指标来表现的一项宏观层面的指标集合。四项指标是在综合权衡多种影响因素的基础上确定的，涵盖了“三条红线”所涉及的内容，是对“三条红线”管理目标的具体量化。从全局上来看，四项指标的确定对于促进“刚性约束”

的实施具有带进作用，也使得“三条红线”具备考核性，并且对于落实最严格水资源管理制度的考核具有一定的促进作用。但是，“红线”可以在更广泛的层面予以理解。“红线”是现阶段和未来一段时间水资源开发、利用和保护的所有刚性约束，其刚性约束包括诸如水量分配方案、地下水最低水位、用水定额、节水强制性标准、污废水排放标准等一系列的取水、用水、排水硬性标准和规定。广义性质上的“红线”是水资源管理“三个主要环节”的所有刚性约束集。

(2)“三条红线”之间关系

最严格水资源管理制度提出用水总量控制红线、用水效率控制红线和水功能区纳污控制红线，“三条红线”从不同角度对水资源开发、利用和保护环节进行最严格的管理。三者之间存在着密切联系，在进行用水环节的严格管理过程中，也要考虑其对取水和排水环节的影响，因此在加强用水效率建设，提高用水效率的同时也要注重与水资源开发利用总量控制以及水功能区限制纳污控制相结合。用水效率与总量控制可以相辅相成。通过改进工艺，提高用水效率，可以有效地减少用水总量控制的压力；而水资源开发利用总量的控制，则能够间接地促进工业、农业和居民用水效率的提高，两者相互促进，可以进行协同控制；同时，用水总量控制的实施也能够从根本上减少污废水的排放量，从而促进水功能区纳污控制的实施。但是随着用水效率的提高，有可能造成排放的污水超出实施地区的水功能区纳污控制红线，这与保护水资源的初衷是相违背的，因此在提高用水效率的同时，更要进一步地加强对污水排放的监控，防止顾此失彼，对水环境造成破坏。总之，在加强用水效率控制建设的同时，一定要注意与总量控制和水功能区限制纳污控制的协调问题，努力做到“三条红线”的同步实施，同时实现用水总量控制、用水效率控制、水功能区纳污控制，使其构成一个完整的水资源管理体系，进而实现水资源的最严格管理。

10.3 实行最严格水资源管理制度关键技术支撑

王浩院士在《实行最严格水资源管理制度关键技术支撑》一文中，系统总结了实行最严格水资源管理制度中所需的八大关键技术支撑，其内容如下：

10.3.1.1 “自然—社会”水循环模式与社会水循环原理

最严格水资源管理的主要对象是经济社会用水过程，即社会水循环的过程，即以“取水—用水—排水”三个基本环节构成的水资源运动和转化过程。作为侧支循环的社会水循环与自然水循环过程共同形成了“自然—社会”水循环模式。实行最严格水资源管理制度，正是在水循环二元属性凸显的情况下，加强对社会水循环的管理，促进社会水循环高效和自然水循环的良性互动所采取的有力措施。科学认知自然水循环与社会水循环的相互作用和关系，以及社会水循环自身的演化的机理与规律，是实行以“三条红线”为核心的最严格水资源管理制度重要的实践基础。

10.3.1.2 全口径水资源层次化评价方法

水资源评价是水资源管理的基础性工作。随着变化环境和经济社会发展实践需求的不断发展，以代表地下径流性水资源为对象、“还原”为基本手段的传统水资源评价方法，已不能适应水资源精细化管理的实践需求，特别是在北方受人类活动深度影响的缺水地区，需创新形成新一代的水资源全口径层次化动态评价方法。所谓水资源全口径动态评价方法，其中“全口径”是指以流域水循环全口径输入通量作为水资源评价的客观基础；所谓“层次化”，是从流域水资源评价的目标需求出发，提出了水资源评价的有效性、可控性和可持续性三大准则，由此界定出流域广义水资源量、狭义水资源量和国民经济可利用量；所谓“动态”，是通过将不同时期实际下垫面和取用水影响作为水资源评价模型的基本参变量，分别评价出流域水资源的“还原”量、“还现”量和“还未来”量。

10.3.1.3　二元水循环及其伴生过程综合模拟技术

用水总量控制红线和水功能区限制纳污红线是水资源与水环境承载力的体现，用水效率红线则是社会水循环支撑经济社会发展的定量标准，三条红线的制定均离不开对“自然—社会”二元水循环过程的模拟，所以二元水循环及其伴生过程综合模拟技术是最严格水资源管理的重要支撑。因此，在实行最严格的水资源管理制度实践中有必要以系统的思维和方法，充分考虑水循环、水环境和生态三大系统之间物质（含水分）与能量的交换关系，耦合气候模式、流域二元水循环模型、流域水质模型及流域生态模型，构建流域水循环及其伴生过程综合模拟系统，为相关管理和调控措施的出台提供有力的支撑工具。

10.3.1.4　水资源大系统多维分析技术

在现代二元“自然—社会”水循环的模式下，水资源具有资源、环境、生态、经济和社会五种基本属性，最严格水资源管理制度就是为了上述五大属性功能与目标的均衡实现，其中在资源维，就是要实现水循环系统本身的稳定健康；在经济维，就是要不断提高水资源的利用效率和效益；在社会维，就是要维系社会发展在地区之间、不同阶层之间、行业之间的公平；在生态维，核心是要保护水资源自然生态服务功能；在环境维，调控的方向是维持水体功能。水资源与生态环境、经济社会系统构成了一个相互作用、相互依存的巨大系统，复杂大系统多维度分析技术也就成为了最严格水资源管理的重要支撑技术之一。

10.3.1.5　水资源量质联合配置技术

包括水量与水质在内的水资源配置是“三条红线”管理的基本途径。在具体管理实践中，为了保证用水总量控制、用水效率控制和入河排污限制目标的实现，需要分别制定更加具体的控制手段和子目标，统筹“三条红线”的关系，可以将“三条红线”进一步分解为地表水取水量、地下水取水量、非常规水利用量、生态环境用水量、入海（湖）水量、经济社会耗水量、污染物排放量和污染物入河量八大分量，因此以八大总量为分环节控制核心的水资源量质联合配置技术，将能为“三条红线”的制定和管理提供有效的支撑。

10.3.1.6　复杂水资源系统多目标综合调度技术

水资源调度是落实水资源配置方案、实现水资源管理红线目标的基底途径，因此复杂水资源系统多目标综合调度技术是“三条红线”实施的重要技术支撑。通过水资源量质耦合配置确立的水资源开发利用控制红线、用水效率控制红线和水功能区限制纳污红线，为复杂水资源系统多目标综合调度提供了边界条件，复杂水资源系统要在该控制参数下运行。反过来，复杂水资源系统多目标综合调度技术则是“三条红线”的实施与落实的重要手段。复杂水资源系统多目标综合调度技术直接服务于水资源开发利用控制红线的水资源配置与水资源调度、用水效率控制红线的用水过程管理以及水功能区限制纳污红线的水域调度管理，具体由“模拟—预报—调度—评价”四大技术组成，其中难点在于中长期预报和多目标联合调度。

10.3.1.7 水资源信息管理与数字流域技术

水资源管理信息与数字流域技术是借助航空和地面摄影测量、卫星遥感技术、全球导航定位系统、地理信息系统、传感器、无线传感网络、高性能计算机等现代化量测技术和数据管理手段，快速有效地获取并存储流域基础信息。在此基础上，建立流域水循环模拟与调控模型以及数据处理模式，将物理实验、理论研究和实验计算三种科学研究方法进行集成和统一，实现多源多维数据在虚拟环境支撑下的可视化动态仿真。充分利用水资源管理信息与数字流域技术，构建面向各级水资源管理部门应用的水资源管理系统，以自然水循环和社会水循环过程为主要监控对象，实现对供水水源地的在线监测，对规模以上取用水的准确计量，对出入境水资源的总量监测，对地下水超采区的监测和管理，对入河排污口的在线监测。在准确把握水资源情况的基础上，将监测数据、统计数据、水循环模型、水资源调配模型等紧密耦合，实现对水资源的科学调配和精细管理，为实行最严格的水资源管理制度和“三条红线”管理提供技术手段与支撑工具。

10.3.1.8 水资源管理经济调节技术

为了保障最严格水资源管理制度的顺利实施，必须建立起相应的经济调节体制，主要包括合理水价的制定、水权交易、生态补偿以及水资源费的高效管理等。合理的水价制定需要从供给和需求两方面达到平衡，在城市水价中逐步实现由资源成本、工程成本、环境成本、生态成本、机会成本、利润税收成本等组成的全成本水价。水权交易是水资源的使用权在不同主体间的有偿转换，体现了不同区域之间的平等，可以弥补水资源再分配的“政府失效”，从目前的发展来看，交易定价技术亟待突破。在生态补偿机制建立过程中，生态补偿标准的制定是其关键技术，关键点在于两方面：一是人际补偿标准，即发生补偿的双方之间的补偿标准。合理的人际补偿标准应使得补偿双方的整体利益达到帕累托最优；二是人地补偿标准，即人类经济社会对自然生态环境的补偿标准。体现在水土保持、水源涵养、污染治理、生态修复等措施上。合理的人地补偿标准应使得生态环境得到有效保护和修复。

10.4 山东省实行最严格水资源管理制度

10.4.1 山东省水资源概况

山东省东临黄、渤海，内陆与冀、豫、皖、苏四省接壤，分属黄、淮、海三大流域，总面积 15.67 万 km^2。全省多年（1956—2000 年）平均降雨量 679.5mm，折合水量 1 060 亿 m^3。多年平均地表径流量 19 826 亿 m^3，地下水资源量 165.4 亿 m^3，扣除地表水、地下水重复计算量 60.65 亿 m^3，多年平均当地水资源总量303.07 亿 m^3。全省多年平均水资源总量仅占全国水资源总量的 1.1％，人均水资源占有量为 322 m^3，不到全国平均水平的 1/6，不足世界平均水平的 1/25。根据瑞典著名的水文学家法肯马克提出的评定一个国家和地区是否贫水的定量标准，山东省远远小于人均水资源量1 000m^3以内即为紧缺区的临界值，属于人均水资源量小于 500 m^3的严重缺水地区。

水资源开发利用情况：目前山东省当地水资源开发利用程度过高，全省水资源开发利用率已高达 56％，其中鲁北地区 57％，鲁南及半岛地区 53％，超过了国际公认的维持一个地区良好生态环境所允许的 40％ 的开发利用率；水资源处于过度开发利用状态，已经引发一系列生态环境问题。据 1980—2008 年监测资料，山东省河流除沂沭河未断流外，其它河流均发生了严重断流现象，个别年份则全年断流。为满足生产生活用水，近年来，年均超采地下水 40 亿 m^3。1979 年全省地下水超采漏斗面积仅 2 831km^2，到 2002 年末达到 27 587 km^2。虽然经过回灌恢复处理，但目前仍有较大面积的地下水超采漏斗区。随着水位下降，原有机井大批报废，地面沉降，泉水枯竭，沿海地区海水入侵。

用水效率和效益情况：全省农业灌溉水有效利用系数、万元 GDP 用水量、万元工业增加值用水量、污水再生利用率等指标分别为 0.57、17m^3/万元、72m^3/万元和 21.8％，虽然和全国平均水平相比处于领先地位，但是同国外先进国家、国内先进地区相比还有较大差距。

由于地表水资源开发利用率高和污废水排放量大，水体的自净能力减弱，多数河流受到不同程度污染。

为加快经济文化强省建设、在全面建设小康社会的征程中继续走在全国前列，山东省委、省政府制定了开发黄河三角洲高效生态经济区、打造山东半岛蓝色经济区的战略规划及“一区三带”的战略布局，对全省水资源保障能力提出了新的更高要求。按照 2020 年山东省基本实现现代化的规划目标，GDP 预计达到 68 000 亿元。以目前用水水平及水资源保障现状测算，到 2020 年全省总需水量 351 亿 m^3，缺水 63 亿 m^3，到 2030 年总需水量 368 亿 m^3，缺水 77 亿 m^3。即使采取海水淡化等方式开发新水源、利用回用中水等非常规水源、实施跨流域从省外调水措施后，到 2020 年、2030 年总供水量也只能增加到 306 亿 m^3、323 亿 m^3，仍有 44 亿 m^3、47 亿 m^3的缺口。因此，在山东省水资源总量有限而用水需求不断增长的情况下，要从根本上解决日益突出的缺水问题，迫切需要从制度层面上研究探索转变用水方式，调整用水结构，提高用水效率，以水资源管理方式的转变推动经济社会发展方式的转变，以水资源可持续利用支撑经济社会可持续发展。

10.4.2　山东省水资源管理工作的成就及存在问题

根据《山东省构建最严格水资源管理制度框架体系研究》，山东省水资源管理工作的成就及存在问题主要体现在如下方面：

10.4.2.1 山东省水资源管理的成就

（1）取用水监督管理工作

水资源监督管理体系主要表现在取水许可管理制度的建立和实施方面。截至 2008 年年底，山东省共保有取水许可证 5.89 万份，城区工业和城镇生活发证率达到了 95% 以上，农村发证率达到了 70% 以上。在取水许可审批中，严格执行分级管理规定，坚持“五不批”原则，即未开展水资源论证的不审批，不符合国家产业政策的不审批，对节水型社会建设不符合要求的不审批，对水质不符合水功能区要求的不审批，对产业结构布局不合理、高耗水、高污染的建设项目予以否决。强化建设项目水资源论证工作，坚持“三先三后”，即“先客水、后主水，先地表、后地下，先中水、后淡水”的论证原则，对新建、改建、扩建项目严格按技术导则进行论证和审查，保证水资源的优化配置和项目用水合理性。严厉查处水事违法案件，较好地维护了取用水秩序和用水户权益。

（2）水资源费征管工作

山东省认真贯彻落实《中华人民共和国水法》、《取水许可和水资源费征收管理条例》，把水资源费征收列为近几年工作的重中之重，新的水资源费征管机制初步形成。山东省水利厅联合省直有关部门相继颁发了 10 个相关配套文件，全省 17 个地市都出台了配套文件和规章，明确了征收标准和分成比例，规范了缴费方式和收费程序，使水资源费征收工作逐步走向规范化。全省市、县两级全部开通使用“票款分离”系统征收水资源费，严格按省批复的标准计量征收，加大依法征收力度，征收到位率不断提高，水资源费征收总额逐年递增。

（3）节水型社会建设工作

按照中央提出的建设资源节约型、环境友好型社会的总体要求，山东省各级采取法律、行政、工程、经济、技术及舆论等综合措施，全方位推进节水型社会建设，初步建立了一条“工程体系支撑、法规体制保障、政府宏观调控、市场机制调节、注重保护优先”的节水型社会建管体系。一是加强了节水型社会建设工程基础。各级大力兴建节水工程、开展节水技术改造，全省节水灌溉面积已发展到 5 000 多万亩，占有效灌溉面积的 70% 以上，其中，高标准、高技术含量的农田灌溉面积已发展到 1 000 多万亩。二是科学编制节水型社会建设规划。近几年来，先后编制完成了《山东省水资源综合规划》和《山东省“十一五”节水型社会建设规划》等规划，并全部由省政府批准实施。三是健全完善节水型社会建设法规政策。山东省政府先后制定出台了《山东省水资源费征收使用管理办法》、《山东省节约用水办法》以及“中共山东省委、山东省人民政府关于加快水利发展与改革的决定”等法律条文，节水型建设的法规体系基本完善。四是充分发挥试点和典型的示范带动作用。全省共设立节水型社会建设试点 24 个，其中淄博、德州、滨州和广饶先后被确定为国家级节水型社会建设试点，章丘市等 21 个县（市、区）被确定为省级节水型社会建设试点。各试点单位编制完成了试点实施方案并分别开展了节水型社会建设试点活动，促进了节水技术的推广应用，带动了全省节水型社会建设的深入开展。五是节水机制初步确立。地下水高于地表水、优质水高于劣质水水资源费征收标准政策的制定与出台，以及水资源费征收标准的逐步提高，用水定额的制定和发布，超计划、超定额累进加价收费机制的逐渐形成，用水指标考核体系的建立，使节水机制逐步完善。在加强节水管理的同时，加大节水宣传力度，转变用水观念，使用水户由过去的“让我节水”变为“我要节水”，节水效果显著。

（4）水资源保护工作

为较好地保护省内水资源，山东省先后编制完成了《山东省水功能区划》、《地下水超采区划定》、《城市饮用水水源地安全保障规划》等多项规划，为全省水资源保护工作提供了技术支撑和保障。按照《山东省水功能区划》要求，山东省组织开展了水功能区纳污能力核定工作，对 259 个水功能区的纳污能力进行计算，提出了限制排污总量意见，制定了《山东省水功能区限制排污总量意见（试行）》。同时，加强了饮用水水源地保护工作，印发了《山东省重要饮用水水源地名录（第一批）》，对供水人口在 5 万人以上的 164 处饮用水水源地进行了公布，各地对水源地进行了确界立碑，划定保护范围，制定保护措施，保证了人畜饮水安全。截至 2008 年，山东省已建立 1 个省级和 15 个市级水质监测中心，并全部取得国家质量认证。定期对 522 处城镇和 324 处重点省管入河排污口水质以及 28 处主要城市供水水源地水质进行监测，并建立了水量水质信息发布制度，定期发布《水资源公报》、《水质通报》、《地下水通报》、《主要城市水源地水质通报》等水量水质信息，为领导决策和科学管理提供了及时、准确的基础数据。另外，山东省建立了突发性水污染事件应对机制，省、市、县三级均成立了应对突发性水污染事件工作领导小组，建立了主要领导负责、工作人员固定、相关部门联席、零污染事件月报、污染事件应急处置的高效工作机制，水污染事件的预防和应急处置能力大为提高。

（5）水资源管理信息化建设

截至 2010 年，山东省各级累计投入 2 亿多元，开展了以取用水实时监控、地表与地下水监测、水资源费征管、水功能区监督管理、计划用水与节约用水为核心的水资源管理信息系统建设，信息化技术在水资源监督管理中得到开发应用，水资源管理的现代化程度得到提高。济南、青岛、淄博、潍坊、济宁、威海、东营等市水资源监管信息系统建设进展迅速，成效明显。水资源公报、地下水通报、水功能区水质通报等水资源信息发布工作及时权威，为各级决策提供了科学依据。经过二十多年的努力，山东省水资源管理在促进水资源合理配置、提高用水效率、抑制用水需求过快增长等方面发挥了重要作用，为经济社会发展提供了基本可靠的水资源保障。

10.4.2.2　山东省水资源管理工作存在的问题

山东省水资源管理制度建设取得了一定的成就，在水资源管理过程中发挥着积极而有效的作用，但是在实际工作中仍发现存在一些问题，主要表现在以下几个方面：

（1）水资源管理体制不顺

长期以来，山东省水资源管理实行分部门管理的体制，存在着部门职能交叉的现象，造成了政出多门、推诿扯皮、办事效率低下等弊端，主要表现在四个方面：

一是在节水管理方面，水利、建设、经贸部门都有节水方面的职能，有的还设有专门机构。全省 17 市和 140 个县（市、区）共有节水专管机构 51 家，其中水利系统 43 家，城建和市政等其他系统 8 家，节水管理机构职能交叉、分割管理现象依然很严重，有的城市存在两个部门的节水机构，都进行节水管理，管理混乱。二是在水资源保护方面，水利与环保部门在组织水功能区的划分、排污总量的控制、排污口的设置与管理、饮用水水源地的保护等工作上职能交叉，与城建部门在城市规划区内地下水的开发利用与保护工作也存在职能交叉。三是在城市水务管理方面，水利与建设部门在城市防洪、城区河道管理、城市公共供水管理、城市景观水域管理、中水利用等工作中职能交叉。四是在矿泉水、地热水管理方面，水利与国土资源部门职能交叉。分割的管理体制形成了“多龙管水”的局面，管水源的不管供水、管供水的不管排水、管排水的不管治污、管治污的不管回用，不同部门各自为政，使得地表水、地下水、客水、中水等难以优化配置，生活用水、生产用水、生态用水无法统筹规划，合理的水价运行机制无从建立，不利于水资源的合理开发、科学配置、优化调度、高效利用、有效保护，加剧了城乡用水紧张局势和水生态环境恶化。目前，虽然全省58%的市、县成立了水务局或由水利局承担水务管理职能，但并没有真正实现涉水事务的统一管理，水资源管理体制已经束缚了水利事业的发展，难以适应市场经济的要求。

(2) 水资源管理方式较为粗放

长期以来，人们对水资源形成了取之不尽、用之不竭的传统观念，缺乏水危机意识。在水资源管理上缺乏严格管理的意识和手段，水资源管理仍然是粗放式的，主要表现在以下三个方面：

一是注重非农业取水管理，忽视农业用水管理。近年来，山东省非农业取水基本上实行了取水许可、计划用水、计量用水管理，并实行水资源有偿使用制度，而农业取水管理严重不到位，甚至仍处于“大锅饭”的无序管理状态，导致了农业用水利用率低和水资源浪费严重等问题。二是注重取水许可审批，忽略了用水过程管理。近年来，山东省各级水行政主管部门对新建项目进行水资源论证，对取水单位和个人进行取水许可管理。但只注重了对取水地点、取水方式、取水量的管理，而对许可后的用水过程不进行监督管理，导致跑、冒、滴、漏和优水劣用、高质低用的现象普遍存在。三是节水工作开展不到位，自律性节水机制尚未形成。多年来，山东省各地都开展了行之有效的节水工作，但还存在着诸多问题。如城市供水和居民生活用水管理不到位，重水资源费征收、轻节水管理，缺乏长效投入机制和节水激励机制等。

(3) 水资源法制管理薄弱

从山东省二十多年的水资源管理执法实践来看，水资源法制管理仍存在不到位，执法力度弱等现象，没有树立起水资源管理的权威性。首先，目前山东省水资源管理虽然有《中华人民共和国水法》、《取水许可和水资源费征收管理条例》、《山东省实施〈水法〉办法》、《山东省水资源费征收使用管理办法》等多个法律法规、规章，但在有些方面与工作实际结合还不够紧密，操作性不强，在某些方面还没有实施立法管理。其次，水资源管理队伍在机构、编制、经费等方面长期存在不到位的问题，缺少年轻干练的工作人员，取证器材和执法装备配备不齐，导致了管理机构不全、人员不足、配备和装备差、执法能力不强。最后，由于管理人员自身能力不强、素质不高、管理力度不够，导致管理水平和能力低。还有某些地方政府为招商引资，将减免水资源费作为优惠政策，导致外界干预多，管理环境差，严重干扰了水资源管理。长期如此，严重降低了水资源管理的权威性。

(4) 水资源管理投入不足

水资源管理是一项重要的社会管理事务，但由于其复杂性导致对水资源管理工作认识不足，投入不足，水资源管理跟不上社会发展的步伐，不适应新形势的需要。

一是人力配置不足，管理人员少。目前，山东省 17 个市水资源管理单位中，除淄博市管理队伍相对强大，济宁、潍坊、枣庄 3 个市较强外，其余 13 个市的管理队伍都较弱。140 个县级单位中，3/4 以上的不足 10 人，比管理 2～3 个乡镇的地税分局的人员还少，专业人才更是奇缺，多数县级单位水资源及相关专业技术人员不足 2 人，与其承担的水资源规划、论证评价、取水许可、节约保护、水资源费征收、水行政执法等大量工作极不相称。二是物力投入不足，管理装备差。多数基层单位工作条件差，缺乏应有的设施设备，一些单位没有专用的交通工具、通讯工具、摄像机、传真机、计算机等设备，水资源费征收、取水许可管理等最基本的管理工作都难以正常开展。三是专项资金投入不足，水资源管理工作不能深入开展。《水资源费征收使用管理办法》明确规定：水资源费专项用于水资源的节约、保护和管理。但多数地方把水资源费挪作他用，偏离了水资源费的规定用途，使得水资源规划、监测、评价论证、节水技术推广等专项工作难以开展。

（5）水资源市场调控机制不健全

从全省来看，合理的水价形成机制和水市场运行机制尚未建立，水价作为经济杠杆，其调控作用还未得到充分发挥，水资源还没有进入水市场，水资源的转让和买卖还未实现，市场调控能力还很脆弱。主要表现在以下几点：

一是目前多数企事业单位用水水价只包括工程水价和资源水价，对农业供水而言，水价只是部分工程水价，而没有环境水价、资源水价，直接导致了水价偏低，不利于工程的运行和维护。二是全省多数城市工业和城市生活供水每立方米收费为 2.5～4.0 元（含水资源费、污水处理费），水库、灌区农业供水水价低于供水成本。水价相当低廉，水价不能充分体现水资源的紧缺程度，对节水起不到价格杠杆的调控作用。三是目前流域水量分配和水权确立工作尚未开展，区域地下水水权分配工作尚未列入工作日程，水权改革和水市场建立还未起步。由于水权不明晰，不同行政区域间存在着用水纷争，水市场未建立，水资源使用权是通过取水许可审批取得，不是有偿获取，用水户节余的水不能流通，不利于促进企业节水，不能发挥水资源的最大效益。

10.4.3　最严格水资源管理制度在山东省的推行

10.4.3.1　最严格水资源管理制度在山东省的推行过程

围绕加快建立最严格水资源管理制度，自 2009 年以来，山东省水利厅党组连续两年将其作为读书会的主要议题，通过广泛调研、深入分析、集思广益，凝聚成三点共识：只有实现水资源的可持续利用，才能保障经济社会的可持续发展；只有建立最严格的水资源管理制度，才能实现水资源的可持续利用；只有严格用水总量控制，才能真正实行最严格水资源管理。2009 年 11 月，省水利厅正式向水利部申请将山东作为实行最严格水资源管理制度试点省，为全国探索路子，创造经验。2010 年初，省水利厅召开厅长办公会议，专题研究制定了《山东省最严格水资源管理制度建设实施方案》，明确目标任务，进行工作分工，推动制度建设各项工作全面展开。依据该方案，山东省先后编制了《山东省用水总量控制指标编制技术大纲》、《山东省用水效率控制指标编制技术大纲》、《山东省水功能区限制纳污控制指标编制技术大纲》、《山东地下水位警戒线划定技术大纲》、《山东工程可供水量警戒线划定技术大纲》、《山东水功能区纳污警戒线划定技术大纲》等技术性文件，发布了《山东省 2011—2015 年用水总量控制指标（暂行）》、《山东省水功能区限制纳污控制指标（暂行）》、《山东省主要农作物灌溉定额》、《山东省重点工业产品取水定额》等配套文件。经深入调研、反复论证和广泛征求意见，省政府于 2010 年 9 月 14 日召开第 81 次常务会议，审议通过了《山东省用水总量控制管理办法》，以省政府第 227 号令颁布，于 2011 年 1 月正式实施。2012 年 7 月，山东省人民政府以鲁政发［2012］25 号出台了《山东省人民政府关于贯彻落实国发［2012］3 号文件实行最严格水资源管理制度的实施意见》；2013 年 6 月，省政府办公厅印发了《山东省实行最严格水资源管理制度考核暂行办法》；山东省水利厅会同省政府有关部门先后印发了《山东省建设项目水资源论证实施细则》、《山东省关于加强污水处理回用工作的意见》、《关于进一步规范建设项目水资源论证和取水许可审批管理工作的通知》等近 20 项政策文件，各市、县政府也不断建立完善配套政策文件，初步构建起全省实行最严格水资源管理制度法规政策体系。

10.4.3.2 山东省实行最严格水资源管理制度的基本原则及总体目标

2011 年的中央一号文件及中央水利工作会议系统界定和确立了最严格水资源管理制度的基本内涵和要求，提出“确立三条红线，建立四项制度”，即通过确立水资源开发利用控制红线，建立用水总量控制制度；通过确立水资源利用效率红线，建立用水效率控制制度；通过确立入河湖排污总量红线，建立水功能区限制纳污制度；通过确立管理责任与考核制度，支撑和完善水资源管理的制度体系。最严格水资源管理制度具有丰富的内涵，不同地区也存在一定的差别。结合山东省的实际状况，在《山东省人民政府关于贯彻落实国发［2012］3 号文件实行最严格水资源管理制度的实施意见》中明确了总体要求，具体如下：

（1）指导思想。深入贯彻落实科学发展观，按照国家关于加快水利改革发展的决策部署，以率先基本实现水利现代化为奋斗目标，以水资源优化配置和节约保护为重点，以用水计划管理和过程监控为手段，以健全责任考核制度为保障，严格控制区域用水总量，全面提高用水效率和效益，严格入河湖污染物总量控制，促进经济结构调整和发展方式转变，推动经济社会发展与水资源禀赋条件和水环境承载能力相协调，以水资源的可持续利用支撑和保障经济社会的可持续发展。

（2）基本原则。坚持以人为本，着力解决好与人民群众利益密切相关的水资源问题，保障饮水安全、供水安全和生态安全；坚持统筹治水，注重发挥各类水资源的综合效益，统筹协调生活、生产、生态用水，统筹考虑防洪、供水、生态需求，统筹解决水资源短缺、水灾害威胁和水生态退化三大水问题；坚持科学用水，实行全社会节约用水，科学确定各类水资源开发利用顺序，强化用水定额和用水计划管理；坚持依法管水，依法管理各类水资源及相关涉水事务，切实发挥“三条红线”的硬约束作用；坚持改革创新，完善水资源管理体制和机制，提升水资源管理现代化水平；坚持人水和谐，处理好水资源开发利用与节约保护的关系，努力做到以水定需、量水而行、因水制宜。

（3）主要目标。确立水资源开发利用控制红线，到 2030 年全省用水总量控制在 312 亿 m^3 以内（含南水北调三期新增引江水量）；确立用水效率控制红线，到 2030 年全省用水效率达到世界先进水平，万元工业增加值用水量（以2000年不变价计，下同）降低到10 m^3以下，农田灌溉水有效利用系数提高到0.7以上；确立水功能区限制纳污红线，到2030年全省主要污染物入河湖总量控制在水功能区纳污能力范围之内，江河湖泊水功能区水质达标率提高到95%以上。

为实现上述目标，到2015年，全省用水总量控制在292亿 m^3以内；万元工业增加值用水量降低到15m^3以下，农田灌溉水有效利用系数提高到0.63以上；重要江河湖泊水功能区水质达标率提高到60%以上，城镇供水水源地水质达标率达到90%以上。到2020年，全省用水总量控制在292亿 m^3以内；万元工业增加值用水量降低到13 m^3以下，农田灌溉水有效利用系数提高到0.65以上；重要江河湖泊水功能区水质达标率提高到80%以上，城镇供水水源地水质全面达标。

10.4.3.3 山东省加快实施最严格水资源管理制度试点方案中期工作总结

2013年1月9日，水利部、山东省人民政府联合批复了《山东省加快实施最严格水资源管理制度试点方案》。按照《试点方案》，山东省水利厅会同有关部门认真落实最严格水资源管理制度，按照试点方案确定的工作任务和时间节点推进试点工作。2013年6月24—25日，山东省试点工作通过了水利部组织的中期评估。有关工作情况如下：

（1）建立健全完善法规制度，构建最严格水资源管理制度法规政策体系

自山东省人民政府出台第227号令《山东省用水总量控制管理办法》以来，山东省进一步建立健全实行最严格水资源管理制度政策文件。2012年7月，山东省人民政府以鲁政发［2012］25号出台了《山东省人民政府关于贯彻落实国发［2012］3号文件实行最严格水资源管理制度的实施意见》；2013年6月，省政府办公厅印发了《山东省实行最严格水资源管理制度考核暂行办法》；省水利厅会同省政府有关部门先后印发了《山东省建设项目水资源论证实施细则》、《山东省关于加强污水处理回用工作的意见》、《关于进一步规范建设项目水资源论证和取水许可审批管理工作的通知》等近20项政策文件，各市、县政府也不断建立完善配套政策文件，初步构建起全省实行最严格水资源管理制度法规政策体系。

（2）建立用水总量控制制度，严格控制区域用水总量

一是将用水总量控制指标分解下达到各设区市及县（市、区）。在国家确定的山东省用水总量控制目标内，根据《山东省水资源综合规划》、有关水量分配方案及各市实际用水情况，分解确定全省17市2015年、2020年、2030年用水总量控制目标及2013年年度用水总量控制目标，在此基础上，各市进一步分解到所辖县（市、区）。2012年全省用水总量控制在221.79亿 m^3，比2011年减少了2.8亿 m^3。

二是严格水资源论证制度。省政府第227号令及省政府2012年实施意见中明确要求，所有需要取水的新建、改建、扩建建设项目都必须开展水资源论证，未经过水资源论证或审查未通过的，发改部门不予立项，环保部门不得通过环境影响评价。山东省环保厅把建设项目水资源论证率作为重要考核指标纳入对各市考核，2012年全省新建、改建、扩建建设项目需要取水的，水资源论证率达到91%。出台了《山东省建设项目水资源论证实施细则》，严格水资源论证报告审查。加强水资源论证资质管理，组织对全省水资源论证资质单位人员进行业务培训，提升水资源论证报告编制质量和水平。

三是严格取水许可监督管理。制定印发了《关于进一步规范建设项目水资源论证和取水许可审批管理工作的通知》，就建设项目水资源论证、取水许可审批、取水许可延续等进一步严格、规范、细化。新增取水许可审批严格做到"六个必须"，把好"三个关口"。新增建设项目取水工程或设施建成后，取水审批机关要组织对取水工程或设施进行现场核验，参照论证报告审查意见，对取水工程或设施的建设和试运行情况、试运行期间的实际取用水情况、取水设施计量认证情况、节水设施建设和试运行情况等进行核验，并出具验收意见，验收合格方可核发取水许可证。

四是加强地下水管理与保护。印发了《关于加强地下水管理与保护工作的通知》及《关于实行重点地下水源地预警管理的通知》，对地下水开采实行总量控制、水位控制和预警管理，逐步缩小地下水超采区面积，改善地下水生态环境。组织开展全省地下水超采区评价工作，完成了全省浅层地下水、深层承压水及岩溶水超采区的划定与复核工作，并划出了地下水限采区与禁采区的范围。目前全省地下水超采情况呈缓解趋势，地下水采补逐步平衡。

五是加大非常规水源开发利用。山东省先后印发了《关于加强海水利用工作的意见》、《关于加强污水处理回用工作的意见》等，加大污水处理回用、海水淡化等非常规水源的开发利用，纳入区域水资源统一调度配置。在水资源论证与取水许可审批工作中，对污水处理再生水等非常规水的水量和水质能够满足建设项目用水需求的，优先配置使用非常规水，严格控制取用新水特别是地下水。2012 年，全省非常规水利用量 6.41 亿 m^3，占总用水量的 2.89%，沿海地区充分利用海水资源优势，2012 年直接利用海水 61.46 亿 m^3。

(3) 建立用水效率控制制度，推进节水型社会建设

一是建立完善用水效率控制指标体系。根据国家下达山东省 2015 年用水效率控制目标，结合山东实际，确定了全省 17 市万元工业增加值用水量下降幅度、农田灌溉水有效利用系数控制目标，并按年度分解下达。2012 年全省万元工业增加值用水量比 2010 年下降 13.36%，农田灌溉水有效利用系数达到 0.613 9，全部完成试点中期目标。

二是严格用水计划（定额）管理。2010 年以来，先后制定出台了山东省主要农作物灌溉定额、山东省重点工业产品取水定额及饮用水生产企业产水率标准等，形成了全省较为完整的用水定额标准体系。严格计划用水管理，将计划用水实施率纳入考核评价体系。出台了《山东省超计划（定额）用水累进加价征收水资源费暂行办法》，对规模以上非农业取用水户，按年度制定用水计划，逐月调度，按季考核，对超计划用水的实行累进加价征收水资源费。2012 年全省非农业重点取用水户（年取水量 5 万 m^3 以上）计划用水实施率接近 100%。

加强水资源费征收工作，2012 年全省征收水资源费总额达到 13.6 亿元。根据国家要求，2013 年启动了调整水资源费标准工作，拟于 2013 年、2014 年分两次调整水资源费征收标准，达到国家提出的最低征收标准。

三是全力推进节水型社会建设。以淄博、滨州、德州、广饶四个国家级节水型社会建设试点及 21 个省级节水型社会建设试点为示范，以点带面，推进全省节水型社会建设。根据国家要求，部署开展全国节水标杆企业的评选推荐工作。出台了《关于加

强建设项目节水设施“三同时”工作的通知》。会同经信等部门联合发布了纺织印染等行业高耗水工艺、设备名录，已发布三批。加强工业节水技术改造，全省2012年规模以上工业企业重复用水利用率达91%，公共管网漏失率下降至13.45%。加大农业节水技术改造，大力推广渠道防渗、管道灌溉、喷灌、微灌、IC卡控制灌溉等十类节水灌溉技术，先后实施了50处大型灌区续建配套与节水改造项目，2012年全省农田灌溉水有效利用系数提高到0.613 9。

(4) 建立水功能区限制纳污制度，严格控制入河湖排污总量

一是建立完善水功能区水质达标率控制指标体系。认真落实《山东省水功能区划》，科学核定水功能区纳污能力，提出水功能区限制纳污意见。按照国家有关要求，制定水功能区分阶段达标控制方案，确保水功能区分阶段达标任务的落实。在此基础上，根据国家下达山东省的2015年、2020年、2030年水功能区水质达标率控制目标，制定了全省17市重点水功能区水质达标率控制目标分解方案，并按年度分解下达。

二是强化入河排污口监督管理。完善建设项目入河排污口审批制度，将河湖纳污能力作为入河排污口审批的主要依据。对排污量超出水功能区限排总量的地区，限制审批入河湖排污口和建设项目新增取水。新建、改建、扩建项目退水水质超出水功能区水质保护目标的，禁止审批设置入河排污口。2012年组织了全省入河排污口核查，实测污废水年入河量29.28亿t，比2011年缩减19.0%；COD年入河量18.45万t，比2011年减少10.9%，氨氮年入河量1.12万t，比2011年减少40.7%。

三是加强水功能区监督管理。出台了《关于进一步加强水功能区监督管理工作的意见》，在开展水资源论证、取水许可审批、入河排污口设置审查等工作中，把水功能区水质是否达标作为一项重要的评价和审核标准，从严论证审批。对排污量已超出水功能区入河污染物控制量的地区，限制审批新增取水许可。2012年，全省重要江河湖泊水功能区水质达标率达到42.0%，比2011年提高了4个百分点。

四是强化饮用水水源保护。按照水利部《关于开展全国重要饮用水水源地安全保障达标建设的通知》要求，结合山东省实际情况，先后开展了2011年、2012年重要饮用水水源地安全保障建设工作，制定了2013年安全保障达标建设总体工作计划。定期对全省主要城市重点供水水源地水质进行监测并通报，完善饮用水水源地突发事件应急预案，提高突发水污染事件应急反应能力。

(5) 建设水资源监测体系，提高水资源监控能力

一是建设区域用水总量监控系统。采用现代化的测报传输手段，进一步提高水雨情测报的精准性和时效性。加强对设区市边界河流湖泊断面及大中型水库水量监测站网的建设，加强重要地下水水源地、地下水超采区、海水入侵区的监测站网建设，对重要断面的流量水位及重点地区的地下水埋深变化、实际开采量等逐步实现实时自动监测。2011年和2012年，完成了全省区域用水总量监测工作，监测结果作为各市用水总量考核的依据。

二是建设重点取用水户实时监控系统。按照水利部有关要求，加快推进国家水资源监控能力建设项目山东省承担内容的实施。编制完成了《国家水资源监控能力建设山东省承担项目实施方案》和《山东省水资源监控能力建设项目实施方案》，成立了山东省水资源监控能力建设项目办公室，对重要取用水户监测现场进行查勘。截至目前

已落实到位投资 3 269.5 万元，完成了水资源监控平台硬件设备及部分系统软件的采购。

三是加强重要水功能区水质监控系统建设。实施省水环境监测中心及各设区市分中心实验室与巡测设备更新改造，加快建设 7 个全国重要地表水水源地水质实时监测站点，现已完成设备采购工作。加强对重点水功能区、入河排污口水质监测站网的建设，对山东省列入全国区划的 118 个水功能区以及省区划所列 295 个水功能区的水质进行监测与通报，对全省重点入河排污口流量和污染物排放量进行监测。

四是建设省级水资源监控管理信息平台。结合工作实际，研究开发了全省水资源管理应用软件，包括水源地管理、地下水超采区管理、水资源论证管理、取水许可管理、水资源费征收使用管理、入河排污口管理等模块，为管理人员提供一个实时获取业务相关信息、实时进行决策分析预测、实时发布并执行决策结果的工作环境。目前该系统正在调试阶段，下步将整合到山东省水资源管理系统当中。

(6) 加强组织协调与监督考核，建立最严格水资源管理制度保障体系

一是成立专门组织领导机构，建立协调联动机制。山东省成立了以分管副省长为组长，水利厅厅长和省政府办公厅负责人为副组长，省发改委、经信委、监察厅等 11 家省直部门负责人为成员的山东省加快实施最严格水资源管理制度试点工作领导小组，领导小组办公室设在省水利厅，具体负责试点工作的组织和协调工作以及日常事务。充分利用各类会议、培训，在水利系统内部广泛发动动员，凝神聚力，形成合力，全力推进试点工作。

二是明确职责分工，分解下达试点建设任务。结合部门职责分工，把全省试点工作的任务具体分解到各责任单位。水利部、省人民政府对《试点方案》进行批复后，将《试点方案》转发各市、县人民政府及省政府各有关部门执行。加强水利系统内部责任分工，印发了《山东省“十二五”期间推动落实最严格水资源管理制度重点工作任务》，将实行最严格水资源管理制度细分为 26 项任务、118 项主要工作，明确了责任分工及任务时限，确保各项工作任务按期落实。

三是加强最严格水资源管理制度考核。2011 年以来，将水资源管理有关指标纳入到省委组织部对各市委、市政府的科学发展综合考核评价体系中。通过考核，地方政府进一步提高了对水资源管理工作的重视程度，推动了最严格水资源管理制度的全面落实。2013 年 6 月 9 日，省政府办公厅印发了《山东省实行最严格水资源管理制度考核办法》，把国家下达山东的水资源管理控制目标进一步分解下达到各设区市，由省政府对各设区市落实最严格水资源管理制度情况进行考核，考核结果交由干部主管部门，作为对各设区市人民政府主要负责人和领导班子综合考核评价的重要依据。强化水利系统内部的考核，把落实最严格水资源管理制度作为重点考核内容，在水利系统内部形成争先创优的良好氛围。

四是定期开展监督检查，有效促进各项工作的落实。2012 年下半年，由省政府办公厅牵头，全省成立 6 个督导组，由水利厅厅级领导带队，省发改委、经信委、财政厅、环保厅、统计局等有关部门参加，对全省 17 市实行最严格水资源管理制度情况进行重点督察，督察结果作为对各市考核评价的重要依据。认真落实水政执法巡查、水行政许可稽查和重大水事案件挂牌督办三项执法制度，对水事违法行为实施事前、事

中、事后的全过程监督检查。

五是抓好示范带动，推动全省水资源管理规范化水平。2012年起，在全省范围内部署开展了水资源管理规范化建设活动，从建立完善水资源管理制度体系、管理体系、保障体系方面提出规范化建设目标要求，经自查自评达到规范化建设要求的县（市、区）可申报全省水资源管理规范化建设示范县（市、区），力争用5年左右时间使全省80%以上的县（市、区）都达到规范化建设的目标要求。2013年上半年，全省有11个县（市、区）被命名为第一批"山东省水资源管理规范化建设示范县（市、区）"。

六是加强宣传教育，营造良好宣传氛围。通过报纸、电视、广播、网络等媒体，广泛深入开展省情水情和水法律法规宣传，增强了人民群众的水忧患意识和水资源节约保护意识。先后在《人民日报》、《大众日报》、《经济日报》等重要位置刊登关于实行最严格水资源管理制度信息，宣传实行最严格水资源管理制度的重要性、必要性及措施要求。通过宣传，社会各界的水资源节约保护意识进一步提高。

总之，山东省开展试点工作以来，按照"四个率先"的总体要求，较好地完成了试点期中各项工作任务。《试点方案》中确定的五大任务35项具体内容，24项已基本完成，其余11项也已经落实并在持续推进中；《试点方案》提出的11项考核指标，截至2012年底有6项指标已达标，其余5项指标完成情况基本符合试点中期工作进度要求。

下一阶段，山东省要对照《试点方案》和中期评估意见，继续推进和深化试点工作。重点抓好以下几项工作：

一是严格落实水资源管理责任与考核制度。编制完成山东省实行最严格水资源管理制度考核工作实施方案，做好市、县政府的考核工作，把水资源管理责任落实到县级以上地方政府主要负责人。重视对考核结果的运用，将考核结果作为对各设区市政府综合考核评价的重要依据，为国家对山东省进行最严格水资源管理制度的试考核工作做好准备。

二是加快推进水资源监控体系建设。按照国家水资源监控能力建设要求，加快推进国家水资源监控能力建设省级项目的实施，尽早完成取用水户、水功能区、重要水源地的国控监测点建设任务，2013年底以前完成70%以上的国控监测点建设任务，实现非农业重点取用水户监控率达到80%以上，实现省级平台与流域平台、中央平台的互联互通，为水资源管理和考核工作提供支撑。

三是加大试点项目资金投入。加快项目投资和使用进度，积极拓宽项目融资渠道，进一步加大试点资金投资力度，试点建设项目资金及时到位，确保建设任务顺利开展。

第 11 章　建设项目水资源论证

2002 年 3 月 24 日，水利部、国家发展计划委员会联合发布了《建设项目水资源论证管理办法》（水利部、国家发展计划委员会令第 15 号），标志着建设项目水资源论证制度在我国正式实行。水资源论证工作服务于取水许可审批，是深化取水许可制度管理的要求，它与取水许可审批是一个整体，两个环节。本章主要根据《建设项目水资源论证管理办法》、《建设项目水资源论证培训教材》、《建设项目水资源论证导则》、《水利水电建设项目水资源论证导则》等文献整编。

11.1　概述

我国是世界上水资源严重短缺的国家之一。党中央和国务院高度重视水资源问题，已经将粮食、能源和水资源确定为三大战略资源，明确了水资源可持续利用是支撑我国社会经济可持续发展的战略问题。解决好水资源的问题对于一个国家来说至关重要，直接关系到一个国家经济发展的后劲。粮食和能源不足可以进口，可以找到替代品，但水资源却不能靠进口来解决，只能依靠本国优化配置、合理开发、高效利用、有效保护和科学管理来逐步加以解决。建立水资源论证制度是适应我国水资源状况的客观要求；建立水资源论证制度是保障社会经济可持续发展的需要；建立水资源论证制度是加强水资源宏观调控的重要手段；建立水资源论证制度是提升取水许可审批科学性和合理性的重要措施。

水资源论证制度的形成过程为：1993 年国务院颁布实施《取水许可制度实施办法》之后，为了加强建设项目取水管理和水资源合理配置，1997 年由国家计划委员会（以下简称国家计委）和水利部联合下发了《关于建设项目办理取水许可预申请的通知》，在实践的过程中，许多省（如江苏、山东等）积极组织开展了建设项目取水水源论证工作，收到了较好的效果；同时，也发现对重大建设项目在办理取水预申请时对水资源论证要求较简单、较粗略，审批取水量难以准确把握，影响科学化决策等问题。于是要求加强建设项目水资源、论证逐渐形成共识。首先，由国家计委制定，国务院印发的《水利产业政策》（国发［1997］735 号），要求“国民经济的总体规划及重大建设项目的布局必须考虑防洪安全与水资源条件，必须有防洪除涝、供水、水资源保护、水土保持、水污染防治、节约用水等方面的专项规划和论证”。这一要求又写入了 1998 年国务院批准的《水利部主要职责、内设机构和人员编制规定》方案中，明确组织建设项目水资源论证是水利部的管理工作职责。1998 年底，水利部就组织有关单位对山东聊城电厂取用地下水源进行了论证。2000 年国务院下发了《关于加强城市供水节水和水污染防治工作的通知》（国发［2000］36 号）文件，更明确要求“强化取水许可和排污许可制度，建立建设项目水资源论证制度和用水、节水评估制度”，“凡需要办理取水许可的建设项目都必须进行水资源论证”。修订后的《中华人民共和国水法》一直强调水资源论证，九届全国人大第二十九次会议通过的新《中华人民共和国水法》第二十三条明确规定：“国民经济和社会发展规划以及城市总体规划的编制、重大建设项目的布局，应当与当地水资源条件和防洪要求相适应，并进行科学论证，”这为建立水资源论证制度奠定了坚实的法律基础。2002 年 5 月 1 日，《建设项目水资源论证管理办法》正式实施，明确提出了需要申请取水许可的建设项目，对取用水资源进行专题论证制度。

11.2　建设项目水资源论证的主要内容与等级

11.2.1.1　建设项目水资源论证的主要内容

《建设项目水资源论证管理办法》共 17 条，主要突出的几个方面的规定为：适用范围的规定；从业单位资质的规定；审查权限的规定；报告书的审查规定；取水许可受理与项目可行性报告批准的规定；论证主要内容的规定。建设项目水资源论证的主要内容有以下几个方面：

(1) 取水水源论证

建设项目取水水源论证包括对地表水源、地下水源、再生水和混合水源等水量与水质的论证。取水水源论证是水资源论证的重要内容之一，主要解决的问题是：

①以现状条件下的水资源状况来确定建设项目水资源开发规模和取水规模，真正做到以水定产，以水定规模；

②在现状水质状况下，能否满足建设项目取水的水质要求；

③合理确定取水位置和取水方式，包括地下水源取水井群布局、取水层位；

④要解决地表水、地下水、再生水的混合配置问题，论证三种水源的取水规模，提出三种水源开发的推荐意见。

如对于水利工程建设项目，主要论证工程规模是否有水源保证及保证程度如何，不能仅仅用过去资源状况下确定的开发规模，来建设现状条件下的工程；工程开发要考虑对下游河势、生态系统的影响；工程开发需要兼顾下游河道最低流量，要预留河道最低流量及制定合理的调度线；上游水资源开发利用对水利工程本身规模的影响及对下游水资源开发的影响等。

(2) 用水合理性论证

建设项目用水合理性分析是水资源论证制度又一重要内容，也是贯彻国家节水产业政策，发展节水产业，建设节水型工业、节水型农业、节水型服务业和节水型社会，从源头上抓清洁生产，节水减污的重要手段。建设项目用水合理性分析要结合新《中华人民共和国水法》确定的用水总量控制和用水定额制度，遵照由省（自治区、直辖市）人民政府颁布的用水定额执行。对于省级人民政府尚未出台用水定额的地方，可参考行业和地区制定的用水定额标准，合理确定用水工艺和节水技术，使得建设项目用水符合当地的产业发展方向，符合区域或行业的用水定额。如果建设项目用水环节不符合节水产业政策的要求，即使在南方水资源相对丰富地区，也不能大引大排，影响生态与环境，增加社会支出成本。

（3）退水论证

退水论证是指在确定的影响范围内，对水功能区、不确定的影响对象及其有直接影响的第三者而进行的分析论证工作。因此，退水论证要紧紧围绕项目用水后的退水水质进行分析，要重点突出对不确定影响对象的论证，要结合水功能区划、纳污能力，合理确定退水地点，对于不能满足退水要求的项目要寻求污水治理的方案，并提出污水处理回用的意见，对不能使用处理后的污水要选择合理地点进行排放。同时，要将污水治理方案、退水地点在项目初步设计中加以明确，在项目建设时加以落实，作为项目竣工后取水许可证发放验收的前提。

（4）开发影响补偿方案论证

水资源论证不仅要论证其他用水户对本建设项目取水的影响，确定建设项目取水的保证程度，还要考虑建设项目取水对第三者取水权益的影响程度，特别是对社会效益、生态效益产生不利影响的退水要着重进行分析论证，对于造成取水影响的，要制定出补偿的方案。

11.2.1.2 建设项目水资源论证的等级

建设项目水资源论证工作等级由分类等级的最高级别确定，分类等级由地表取水、地下取水、取水和退水影响分类指标的最高级别确定。水资源论证分类分级指标见表11-1。

表 11-1 水资源论证分类分级指标

分类	分类指标	等级		
		一级	二级	三级
地表取水	水资源状况	紧张	一般	丰沛
	开发利用程度[①]/%	≥30	5～30	≤5
	农业用水水量/（m^3/s）	≥20	3～20	≤3
	工业取水量/（万 m^3/d）	≥2.5	1～2.5	≤1
	生活取水量/（万 m^3/d）	≥15	5～15	≤5
	灌区/万亩	大型（≥50）	中型（3～50）	小型（≤3）
	水库、水闸	大型	中型	小型
	水电站/（万 kW）	≥30	3～50	≤5
地下取水	工业取水/（万 m^3/d）	≥1	0.3～1	≤0.3
	生活取水/（万 m^3/d）	≥5	1～5	≤1
	地质条件[②]	复杂	中等	简单
	开发利用程度/%	≥70（或超采区）	50～70（或平衡区）	≤50（或有潜力区）

续表

分类	分类指标	等级		
		一级	二级	三级
取水和退水影响	水资源利用	对流域或区域水资源利用产生影响	对第三者取水影响显著	对第三者取用水影响轻微
	生态	1. 现状生态问题敏感 2. 取水对水文情势和生态水量产生明显影响 3. 退水有水温或水体富营养影响问题	1. 现状生态问题较为敏感 2. 取水对水文情势和生态水量产生一般影响 3. 退水有潜在水体富营养化影响	1. 现状无敏感生态问题 2. 取水和退水对生态影响轻微
	水域管理要求	1. 涉及保护区、保留区、省际缓冲区及饮用水水源区等区域 2. 涉及两个以上水功能二级区	1. 涉及过渡区、省级以下多个行政区的水功能区等区域 2. 涉及两个水功能二级区	涉及单个水功能二级区
	退水污染类型	含有毒有机物、重金属或多种化学污染物	含有多种可降解化学污染物	含有少量可降解的污染物
	退水量（缺水地区）/（m^3/s）	≥0.1	0.05～0.1	≤0.05

注：①指地表水源供水量占地表水资源量的百分比；
②依据《供水水文地质勘察规范》(GB 50027—2001)。

11.3　水资源论证的范围与程序

11.3.1.1　水资源论证的范围

水资源论证范围应按照水资源论证的主要内容分别确定，即建设项目所在区域水资源状况及其开发利用分析应确定分析范围，地表取水和地下取水确定取水水源论证范围，取水和退水影响应确定影响论证范围。

11.3.1.2　水资源论证工作程序

水资源论证工作程序应包括准备阶段、工作大纲阶段、报告书编制阶段等，工作程序如图 11-1 所示。

（1）准备阶段

对进行审批的项目，业主单位在相关部门批复项目建议书之后，就要组织编制建设项目水资源论证报告书。对于核准制和备案制项目，在项目核准、备案前，要组织编制建设项目水资源论证报告书。

（2）工作大纲阶段

业主单位与具有建设项目水资源论证资质证书单位（以下简称资质单位）初步议定协议，由资质单位编制报告书工作大纲，由资质单位邀请水行政主管部门和部分专家进行咨询，确定工作重点。根据《建设项目水资源论证《导则》》（以下简称《导则》）的要求，对于不同类型的建设项目可根据实际情况适当增减工作程序，以下建设项目的水资源论证应编制工作大纲：水资源论证工作等级为一、二级的；调整取水用途（节水或水权转换）作为水源的；利用调水水源的；混合取水水源论证的。《导则》中水资源论证工作大纲编制提纲见附录11。

（3）报告书编制阶段

由业主单位与资质单位正式签订合同，开展水资源论证报告书编制工作，《导则》中水资源论证报告书编制提纲见附录12。由于建设项目规模不等，取水水源类型不同，水资源论证的内容也有区别。报告书编制单位可根据项目及取水水源类型，选择其中相应内容开展论证工作。编制完成报告初稿并经专家审查后，根据专家审查意见修改完善报告内容，形成论证报告送审稿。

完成以上三个过程后，业主单位便可向具有水资源论证报告书审查权的水行政主管部门或机构提请报告审查。

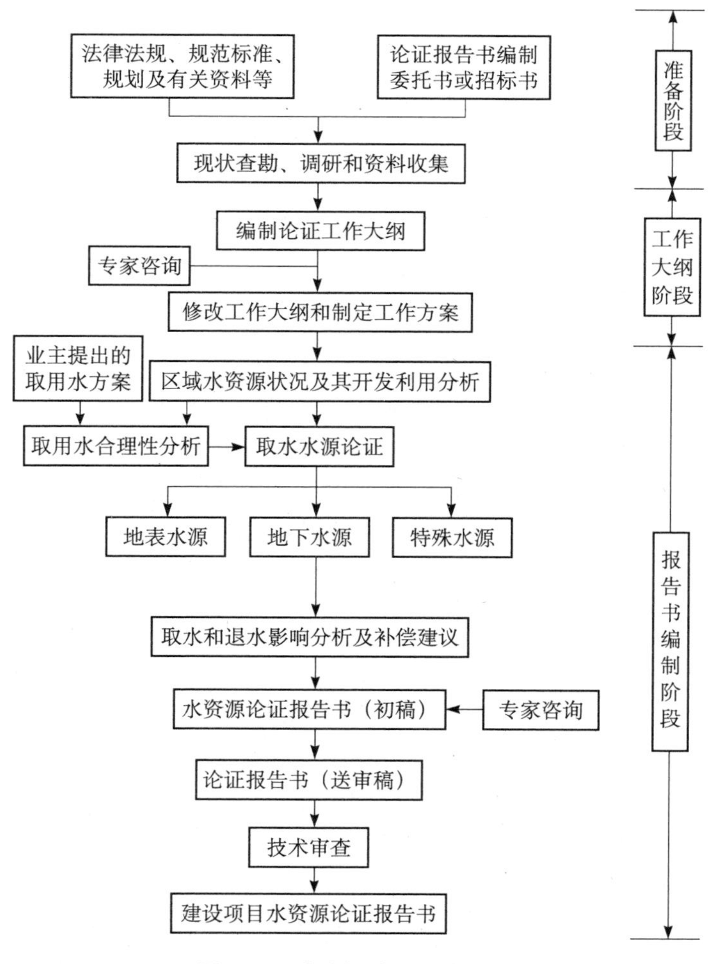

图 11-1 水资源论证工作程序

11.4　建设项目所在区域水资源状况及其开发利用分析

11.4.1.1　分析范围

考虑到既便于引用水资源综合规划的分区成果和易于获得行政区域的基础资料，如社会、经济、供水用水资料等，又能满足分析的需要，分析范围应以建设项目取用水有直接影响关系的区域为基准，统筹考虑流域与行政区域确定分析范围，并以行政区为宜。对于影响全流域的建设项目，分析范围应扩大到整个流域。

11.4.1.2　区域水资源状况及其开发利用分析

（1）区域概况

对于已确定的分析范围，应附分析范围图，并简要介绍分析范围内自然地理、社会经济、气候特征、水系、水文及水文地质条件、水资源规划及水功能区划等。

（2）水资源状况

应在水资源调查评价的现有成果基础上，结合调查和收集的资料，简述分析范围内水资源量及其时空分布特点。应在水功能区划成果的基础上，结合调查和收集的资料，概述分析范围内的水资源质量状况。当水污染严重地域建设项目对水质有明确要求时，应分析污染源和入河污染物的现状与近年来的变化情况。

（3）水资源开发利用分析

①应在水资源开发利用调查评价成果的基础上，结合现场调查和收集的资料，根据分析范围内的实际供水量、各行业的实际用水量和需水量资料，进行供需平衡和现状开发利用程度分析。

②根据建设项目所在区域水资源开发利用和保护的有关规划，结合供水工程的供水能力和水资源的状况，简要分析水资源的开发利用潜力。

③应在现状用水调查的基础上，分析生活、生产和生态用水状况以及不同时期的主要用水指标，并与国内外先进水平、有关部门制定的用水和节水指标等进行比较，评价区域用水水平。

④在前述分析的基础上，有针对性地提出区域内现状水资源开发利用中存在的主要问题。

11.5　建设项目取用水合理性分析

11.5.1.1　基本要求

应在建设项目所在区域水资源开发利用现状调查和业主提供的取用水要求的基础上，根据国家和地方产业政策、水资源管理要求、水资源规划、水资源配置方案等，论证建设项目的取水合理性；分析建设项目用水流程，计算有关用水指标，论证建设项目的用水合理性；分析建设项目的节水潜力，提出建议的节水措施。取用水合理性分析的工作程序如图 11-2 所示。

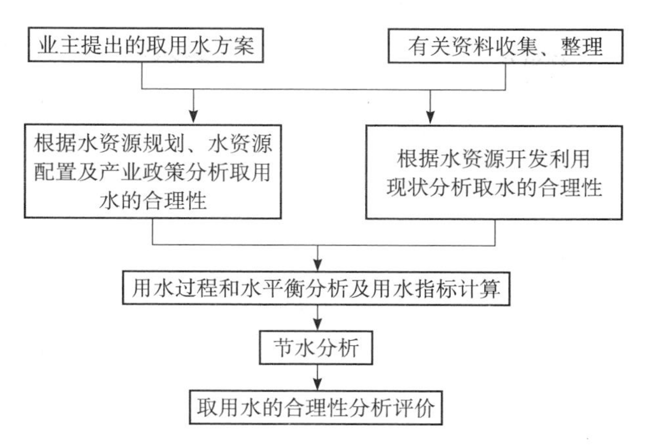

图 11-2 取用水合理性分析工作程序

11.5.1.2 取水合理性分析

(1) 应从建设项目所属行业、产品、规模、工艺、技术和当地水资源条件等方面分析与国家产业政策的符合性。属于国家鼓励发展的项目、推广的产品和工艺技术，应符合行业对产品和规模的限制规定以及缺水地区对高耗水、重污染项目的制定。对于国家和地方鼓励发展的高新技术、新材料、新工艺、新装备等建设项目，在水源和水量安排上应优先给予支持；对于国家和地方明令淘汰的落后的生产技术、工艺、产品及低水平重复的建设项目，应不予安排供水水源。

(2) 应符合有关水资源规划、配置和管理要求，遵守经批准的水量分配方案（协议）或国际公约（协议）等，符合地下水超采区（禁采区、限采区）和水功能区的管理规定等。

(3) 应与项目所在区域的水资源条件、开发利用程度、区域的用水水平等相适应，满足河道内最小生态需水量，在通航河道上满足最小通航水深等。

11.5.1.3 用水合理性分析

(1) 应根据业主提供的取水方案和用水工艺，阐述和分析建设项目取水、用水、耗水及退水情况：

①用水、耗水情况。包括建设项目设计方案的主要用水环节（或系统）、工艺、设备和技术，主要用水环节的用水量和耗水量。

②退水情况。包括废水、污水产生的环节、退水量，主要污染物种类、浓度和总量、达标排放情况和排放去向等。

③废水、污水处理情况。包括废水、污水处理工艺、设备、技术和设计能力、回用措施等。

④非正常工况和风险事故的可能性分析及应急措施。

(2) 改建、扩建项目，应按照“以新带旧”的原则，分析项目改建、扩建前后的用水指标，提出现有工程应采取的改进措施。

(3) 绘制水平衡图，分析取水、用水、耗水、退水等过程。水平衡图应符合《企业水平衡与测试通则》(GB/T 12452—90) 的要求。对于用水受季节影响较大的建设项目，应分析最大水量或绘制不同季节的水平衡图。自来水厂、水利水电工程等，不必绘制水平衡图。

（4）根据水平衡分析结果，计算相关用水指标。

11.5.1.4　节水潜力分析

（1）根据业主提供的用水工艺（设备）、节水和减污措施，按照行业先进水平和清洁生产要求，分析其合理性与先进性。

（2）对建设项目用水指标与区域用水指标、国内外同行业用水指标、有关部门制定的节水标准和用水定额进行比较，分析其用水水平。

（3）根据水资源管理和节水要求，结合当地水资源条件，分析节水潜力。

（4）应在分析节水潜力的基础上，对建设项目的用水合理性和节水潜力给出综合性的评价结论，提出技术可行、经济合理的节水措施，并确定合理的取用水量。

11.6　建设项目地表取水水源论证

根据《建设项目水资源论证导则》，建设项目地表取水水源论证所涉及的有以下主要内容。

11.6.1.1　基本要求

（1）地表取水水源论证应在建设项目所在区域水资源状况及其开发利用分析的基础上，分析论证范围内现状与规划水平年来水量、用水量、可供水量以及水资源供需平衡情况，分析评价取水水源的水质、取水可靠性和可行性以及取水口的合理性等。

（2）地表取水水源论证应按照论证等级确定工作深度。地表取水分级论证深度技术要求见表 11-2。

表 11-2　地表取水分级论证深度技术要求

类别	等级		
	一级	二级	三级
现场查勘及资料收集	应进行现场查勘，水文资料系列要求 30 年以上，并全面分析资料的一致性、代表性和可靠性。用水量资料 5～10 年	应进行现场查勘，水文资料系列一般要求 30 年以上，最低不应少于 15 年，分析论证资料的一致性、代表性和可靠性。用水量资料不应少于 3 年	宜进行现场查勘，收集实测水文资料、已有成果、用水量资料或相似流域（地区）的有关资料
来水量分析	依据实测资料分析计算，确定不同水平年来水量	依据实测资料分析计算，或在已有水资源评价成果基础上，采用简化方法处理，确定不同水平年来水量	依据实测资料或类比法分析计算，或引用已有的成果，确定不同水平年来水量
可供水量计算	应充分考虑现有工程和规划工程条件，对不同的工程条件，对不同的工程条件和需水水平进行多方案调节计算，对于具有多年调节功能的蓄水工程，在典型年调节计算的基础上，应进行多年调节计算。对于保证率要求较高的建设项目，应对连续枯水年进行调节计算	应充分考虑现有工程和规划工程条件，对不同的工程条件和需水水平进行典型年多方案调节计算。有条件时可进行多年调节计算	可供水量的计算要说明计算依据和考虑的工程条件，宜进行典型年调节计算

续表

类别	等级		
	一级	二级	三级
供水可靠性分析	应进行供水可靠性性分析，要求对各种影响可供水量的因素进行全面评估，并进行风险分析，定量给出规划水平年不同保证率可供水量的可靠程度	应进行供水可靠性分析，要求对各种影响可供水量的因素进行评估，适当考虑供水风险，定量或定性给出规划水平年可供水量的可靠程度	论述供水量可靠性，定性给出规划水平年可供水量的可靠程度

注：实测资料系列须具有一致性，对于受人类活动影响较大的，应进行一致性修正。

（3）地表取水水源论证的工作程序如图 11-3 所示。

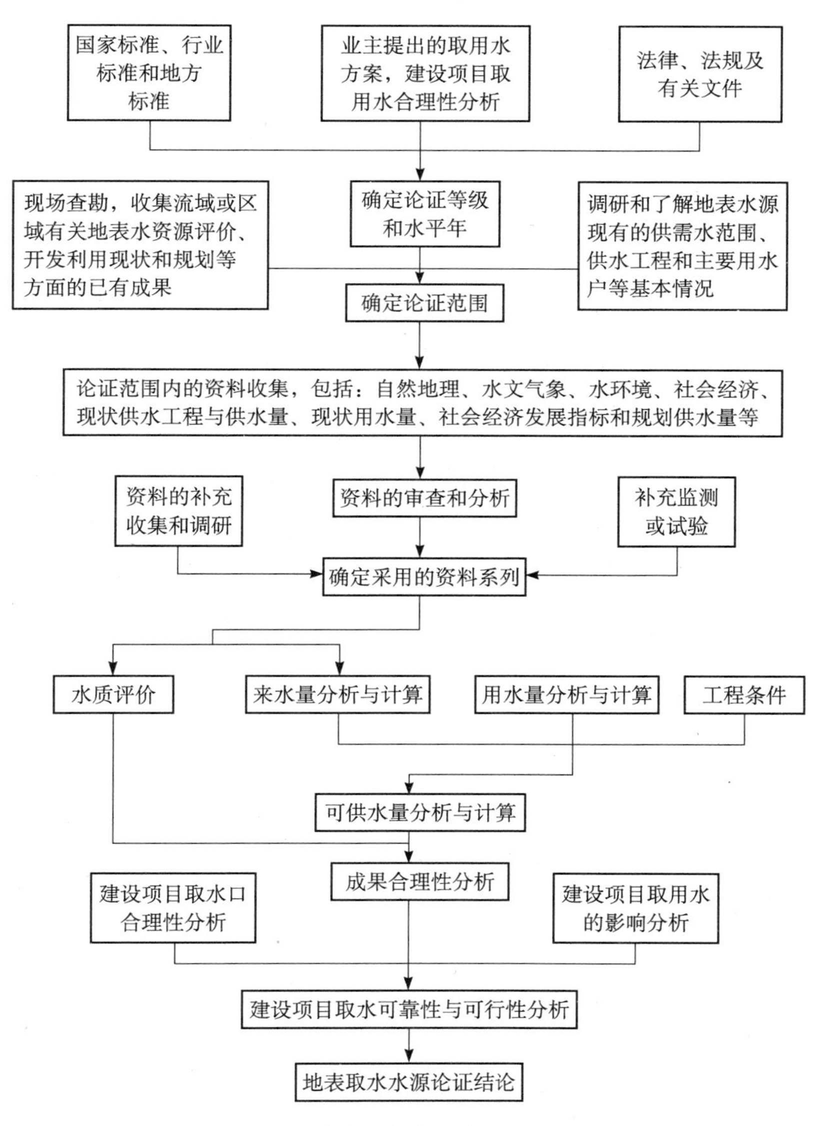

图 11-3 地表取水水源论证工作程序

11.6.1.2 论证范围

（1）按照便于水量平衡分析，突出重点、兼顾一般的原则，结合已有成果及实测资料，综合考虑取水水源地来水情况、现有工程和供水情况、水资源开发利用程度、水文站网、建设项目取水和退水可能影响的范围等因素，确定地表取水水源论证范围。对于确定的地表取水水源论证范围，应附论证范围图及相关的河流、取水口、退水口、供水范围、取水户位置等内容标注。

（2）对于中小河流，若建设项目非汛期取水量占同期来水量比重较大（5%以上）或整个流域开发利用程度较高时，其论证范围应为整个流域。对于水资源丰沛的平原水网区可适当简化。

11.6.1.3 基本资料

资料的收集与调查应符合《水文调查规范》（SL 196—97），并按照论证等级的深度要求进行。采用的资料系列应具有代表性、可靠性和一致性。当流域内的人类活动明显影响资料的一致性时，应将资料通过换算或修正到统一的基础上，使其具有一致性，一般要求统一到现状下垫面条件。

11.6.1.4 可供水量分析计算

（1）根据建设项目提出的实施计划和开始取水的时间，结合水文条件分析结果和资料的实际情况，明确论证的现状水平年和规划水平年。

（2）根据建设项目对取水设计保证率的要求，选择取样时段和取样方法。根据水文统计方法进行频率计算。

（3）对于有设计水位要求的，应以水深进行频率分析。

（4）现状水平年和规划水平年不同保证率的来水量计算，应明确来水流域、水量平衡分析的范围和水量控制断面，应依据具有一致性的实测水文资料，调查收集的用水资料和已有的水资源调查评价与规划等成果，采用水文分析计算来水量。

（5）现状用水量主要通过调查和收集的资料估算。需水预测应利用已规划成果，或根据社会经济发展指标和统计分析的用水指标采用分项预测法等确定。在缺乏资料的地区，可用类比法估算。需水预测中应包括河道内生态需水量。

（6）应以需水预测和供水工程规划为基础，结合工程的设计供水能力、不同水平年和不同保证率的来水与用水过程，通过水量调节计算确定可供水量。

11.6.1.5 水资源质量评价

（1）水资源质量评价应利用已有的污染源和水质资料，根据水功能区水质管理要求和现状水质情况，以水功能区作为地表水质评价的基本单元，按汛期、非汛期及全年对水质状况进行评价，污染源和水质评价方法可分别采用等标污染负荷法和单因子评价法等。

（2）当水功能区因缺乏资料不能满足评价要求时，应补充开展相应的水质和入河污染源监测工作。

（3）评价水域污染较重、存在重金属或有机物污染时，应进行底质污染调查；评价水域存在富营养化问题时，应选择磷、氮等控制参数进行监测分析，并定量说明水体富营养化程度。

(4) 当建设项目对取水水质有明确要求时，应进行规划水平年的水质和污染源的预测与评价。

11.6.1.6 调水水源论证

(1) 利用已建调水工程作为取水水源的，水源论证应收集工程建成后的实际运行资料，分析调水工程的供水能力，现有取用水户的用水量和可供建设项目利用的水量及其可靠性、水质评价等。对于调水水源地的供水保证率，通常是利用原调水工程的规划成果，不再进行专门分析。

(2) 利用规划调水工程作为取水水源的，水源论证应以批准的调水工程规划、可行性研究报告或设计报告为主要依据。论证时，应阐述调水工程的规模、供水对象与范围、供水保证率等。

11.6.1.7 取水口位置的合理性分析

(1) 根据建设项目业主提出的取水方案，在取水合理性分析的基础上，从取水河段的稳定性，取水口位置与现有取水口、排污口的关系以及对第三者的影响等方面分析取水口位置的合理性。

(2) 明确给出取水口位置合理性分析结论。对以下情况应予以说明：需改变取水口位置或另辟水源地的，应说明原因和提出建议；通过采取补救措施能够满足建设项目用水要求的，应说明补救措施，并给出有条件的结论。

11.6.1.8 取水口可靠性和可行性分析

(1) 对来水量和用水量的可能变化及其各种组合情况进行多方案比较，分析各种组合方案的供水保证率和抗风险能力，结合水质变化情况，综合分析取水的可靠性。

(2) 在取水可靠性分析的基础上，结合建设项目取用水合理性，取水口位置，取水对区域水资源和其他取用水户的影响等方面分析取水的可行性。

11.7 建设项目地下取水水源论证

根据《建设项目水资源论证导则》，建设项目地下取水水源论证所涉及的有以下主要内容。

11.7.1.1 基本要求

(1) 地下取水水源论证内容应包括水文地质条件分析；地下水资源量及可开发采量分析与计算；地下水水质分析；地下水开采后的地下水位预测；取水可靠性和可行性分析。

(2) 地下取水水源论证应按照论证等级确定工作深度。地下取水分级论证深度技术要求见表 11-3。

(3) 地下取水水源论证的工作程序如图 11-4 所示。

表 11-3　地下取水分级论证深度技术要求

类　别	等　级		
	一　级	二　级	三　级
水文地质条件分析	查明含水层特征，地下水的补给、径流、排泄等情况	基本查明含水层特征，地下水的补给、径流、排泄等情况	概略分析含水层特征，地下水的补给、径流、排泄等情况
水文地质参数	通过现场勘探和试验确定，满足建立地下水资源评价模型要求	通过室内试验和现场简易试验确定	通过现场简易试验，或利用类比资料、经验资料确定，并以经验值为主
地下水资源评价	详细评价，提交 C 级或 D 级可开采量	初步评价，提交 D 级可开采量	初步估算，提交 D 级可开采量
开采建议	开采方案建议	水源地方案比较	开采建议

注：要开采量精度要求依据《供水水文地质勘察规范》(GB 50027—2001)。

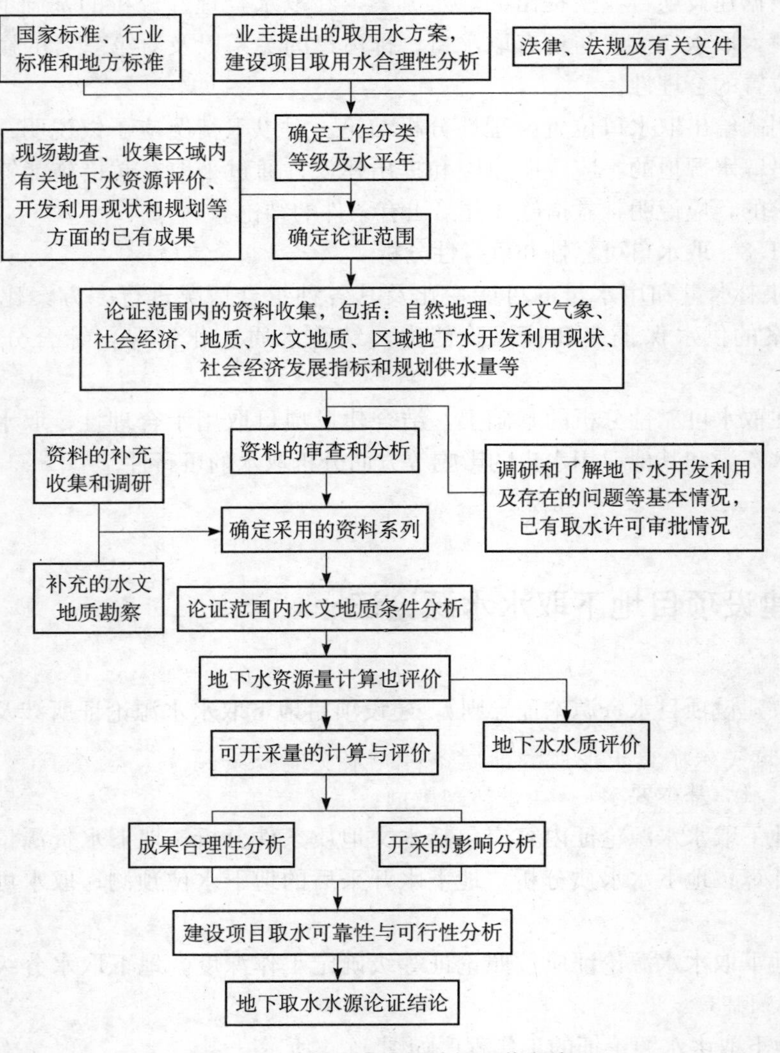

图 11-4　地下取水水源论证工作程序

11.7.1.2 论证范围

（1）以有利于促进区域水资源合理配置，满足建设项目对水量和水质的要求，并便于查明水文地质边界条件为原则，应包括项目建成区和规划区，一般以覆盖较为完整的或独立的水文地质单元，或不小于地下水水位降落漏斗及其影响的范围为地下取水水源论证范围。

（2）确定地下取水水源论证范围，应考虑目标含水层组和地下取水水源地的平面位置、目标含水层组的空间分布特征和建设项目所在地区的实际情况三个主要方面。

11.7.1.3 基本资料

按照地下取水水源论证分类等级的深度要求收集基本资料。包括气象、水文资料；地质钻孔资料；水文地质试验资料；地下水水位、水质动态观测资料；地下水的开采现状和开采规划等资料。采用的资料应具有代表性和可靠性。

11.7.1.4 地下水资源量分析

（1）地下水资源量分析内容。补给量、排泄量、可开采量及其时空分布，并进行总补给量与总排泄量的平衡分析。沙漠区还应包括凝结水补给量分析。

（2）在平原深层承压地下水的地区，应查明开采含水层的岩性、厚度和层位等水文地质特征，确定出限定水头下降条件下的可开采量。

（3）山丘地区地下水资源量分析可只进行排泄量计算。

（4）地下水开采量应选择适用于评价区特点的几种方法分别计算，并对比分析。

11.7.1.5 地热水资源量分析

（1）计算地热水的可回收地热资源量（热量）和地热水的可能性开采量应符合以下要求：应包括地热田地质、地温场、热储及地热水赋存条件的分析；应推断深部热储温度及流体的成因与年龄，分析推断地热活动特征及其发展历史；应圈定地热异常范围和热储体的空间展布，确定地热田基底起伏及隐伏断裂的空间展布，圈定隐伏火成岩体和岩浆房位置，圈定地热蚀变带；在地热地质条件、地球化学及地球物理分析的基础上，结合钻探资料和用水要求，确定目标含水层组和水源地的平面位置。

（2）地热水水量分析具体要参照《地热资源地质勘察规范》（GB 11615—89）和《地热资源评价方法》(DZ 40—1985)。

11.7.1.6 天然矿泉水水资源量分析

（1）根据天然矿泉水形成的地质条件、水文地质条件，结合水动力学实验、动态观测等资料，分析天然矿泉水的类型和形成机制。

（2）根据天然矿泉水形成的地质条件、水文地质条件、水动力特征及水质类型，选择合理的计算方法和参数，建立数学模型，计算可开采量。

（3）应对天然矿泉水水源地卫生保护区的卫生保护措施进行分析。

（4）天然矿泉水水量分析具体要求参照《天然矿泉水地质勘探规范》（GB/T 13727—1992)。

11.7.1.7 矿坑排水水源论证

（1）矿坑排水水源论证的基本内容。矿区概况、矿区地质条件、矿井充分因素、突水系数和导水性等。

（2）已建矿井矿坑排水量变化及其影响因素，选择排水量变化稳定且能够代表未来矿山开采水平相应时段排水量的平均值，作为评价矿坑排水量。

(3) 规划矿区矿坑排水量的分析计算。规划矿区矿坑排水量多采用稳定流大井法和水文地质比拟法—富水系数法；稳定流大井法主要适用于对矿坑充水条件较好、矿区煤田地质勘探精度较高的矿区；采用水文地质比拟法—富水系数法时，应根据相似条件选择具有多年矿坑排水量资料的比拟矿区，分析确定比拟参数—富水系数，并结合煤炭产量推算矿坑排水量。比拟相似条件主要包括矿区气象、水文、矿区地质条件及周边环境、开采情况、矿井充水水源等。

11.7.1.8　地下水水质分析

(1) 地下水水质分析应参照《地下水质量标准》(GB/T 14848—93)、《生活饮用水卫生标准》(GB 5749—2006) 等有关标准进行分析。

(2) 地下水水质分析应符合的要求。根据用水水质要求选择相应水质标准，在地下水水质调查分析资料或水质监测资料的基础上，进行水质评价；地下水水质监测应能反映论证范围内的地下水水质动态；所依据的调查分析及监测资料应能反映丰水期、枯水期及污染地区的水质情况；对地下水水质变化复杂的地区，应分区、分层分析。

11.7.1.9　取水井布设的合理性分析

地下取水水源论证为一级的，应进行地下水取水井布设的合理性分析。取水布设的合理性分析的主要内容包括取水井平面或剖面上的布置（排列）形式和井间距离与井数等。

11.7.1.10　取水可靠性与可行性分析

(1) 在地下水资源相对缺乏、现状地下水资源开发利用程度较高或开采地下水易发生环境问题的地区，应考虑水文要素、含水层参数等的不确定性，分析地下取水的可靠性。

(2) 在地下取水可靠性分析的基础上，结合地下取水对区域水资源状况和其他用水户的影响分析、建设项目用水合理性分析等，综合分析地下取水的可行性。

11.8　建设项目取水和退水影响论证

根据《建设项目水资源论证导则》，建设项目取水和退水的影响论证所涉及的有以下主要内容。

11.8.1.1　基本要求

(1) 建设项目取水和退水的影响论证应依据有关法规、规划和水资源管理要求，分析建设项目取水和退水与流域和区域水资源配置、管理与保护的协调一致性。建设项目取水、退水行为必须遵循水功能区管理规定，并应考虑论证范围内已批准的规划建设项目取水和退水的累积影响。

(2) 应从水资源基本条件、水功能区管理、水域纳污能力使用、水生态保护及对第三者的影响等方面，分析取水和退水对其所产生的影响，提出减缓和消除不利影响的对策措施与补偿方案建议。

（3）取水和退水影响论证应按照论证等级确定工作深度。取水和退水影响分级论证工作深度要求见表 11-4。对于可能严重影响水功能区的入河排污口，应进行专题分析；地下水开发利用程度较高的区域、地下水取水规模较大或采取集中方式开采地下水的建设项目，也应进行专题分析。

表 11-4　取水退水影响分级论证深度技术要求

类别		等级		
		一级	二级	三级
取水影响	地表水	1. 应详细分析水量过程、分布和配置的时空变化，全面调查和分析对河流生态基流的影响 2. 应定量分析对水域纳污能力的影响 3. 应论证水资源特性改变对重要湿地和敏感水生物生境的影响	1. 应分析水量分布和配置的时空变化影响，分析对河流生态基流的影响 2. 应定量分析对水域纳污能力的影响 3. 应对取水产生的一般性水生态影响进行分析	1. 分析说明对河流生态基流的影响 2. 分析说明对水域纳污能力的影响
	地下水	应分析地下水位下降、漏斗范围扩展情况，以及对区域地下水利用条件和生态环境的影响	应分析区域地下水水位下降及由此产生的地表污染迁移条件改变	一般可不开展论证分析工作
退水影响		1. 应论证和定量分析对退水口所在水域和相邻水功能一级和二级区的水利功能、水域纳污能力、水质、水温和水生态的影响 2. 应对影响水功能区内的水源地和其他利益相关者水资源利用权益情况进行分析 3. 应论证水资源特性改变对水体富营养化、重要湿地和其他保护性生境，以及农业生态的影响 4. 应论证可能对地下水质量影响 5. 论证项目入河排污口（退水口）设置的可行性	1. 应论证对退水口所在水功能一级与二级区使用功能、水域纳污能力、水质、水温和水生态等方面的影响 2. 应分析相关水域水源地和第三者取用水户水资源利用权益的影响 3. 应分析水资源特性改变可能产生的生态影响 4. 应对可能产生的地下水质量影响进行分析 5. 论证项目入河排污口（退水口）设置的可行性	1. 分析说明对退水口所在二级水功能区的影响 2. 分析说明退水对影响水功能区水源地和其他利益相关者水资源利用权益的影响 3. 分析项目退水对生态的影响 4. 论证项目入河排污口（退水口）设置的可行性
水资源保护措施与影响补偿建议		1. 应提出建设项目进一步采取的节水减污综合控制措施和污水资源化的对策方案，以及进一步改善相关区域水资源条件的建议 2. 应对取水和退水造成第三者用水权益的损耗进行计算，并提出具体的工程补偿或经济补偿方案建议	1. 应提出建设项目采取的节水减污综合控制措施和污水资源化的对策方案，提出改善相关区域水资源条件的建议 2. 应对取水和退水造成第三者用水权益的损失进行分析，提出具体的工程补偿或经济补偿方案建议	1. 应分析提出建设项目采取的节水减污控制措施和污水资源化的对策方案，提出改善相关区域水资源条件的建议 2. 分析取水和退水造成第三者用水权益的损失，并提出补偿方案建议

（4）建设项目退水应满足防洪与河道建设项目管理的要求；在江河、湖泊等水域通过新建、改建、扩建入河排污口退水的，应符合水利部入河排污口监督管理方面的有关要求及入河排污口设置论证的基本要求。

（5）取水和退水影响论证工作程序如图 11-5 所示。

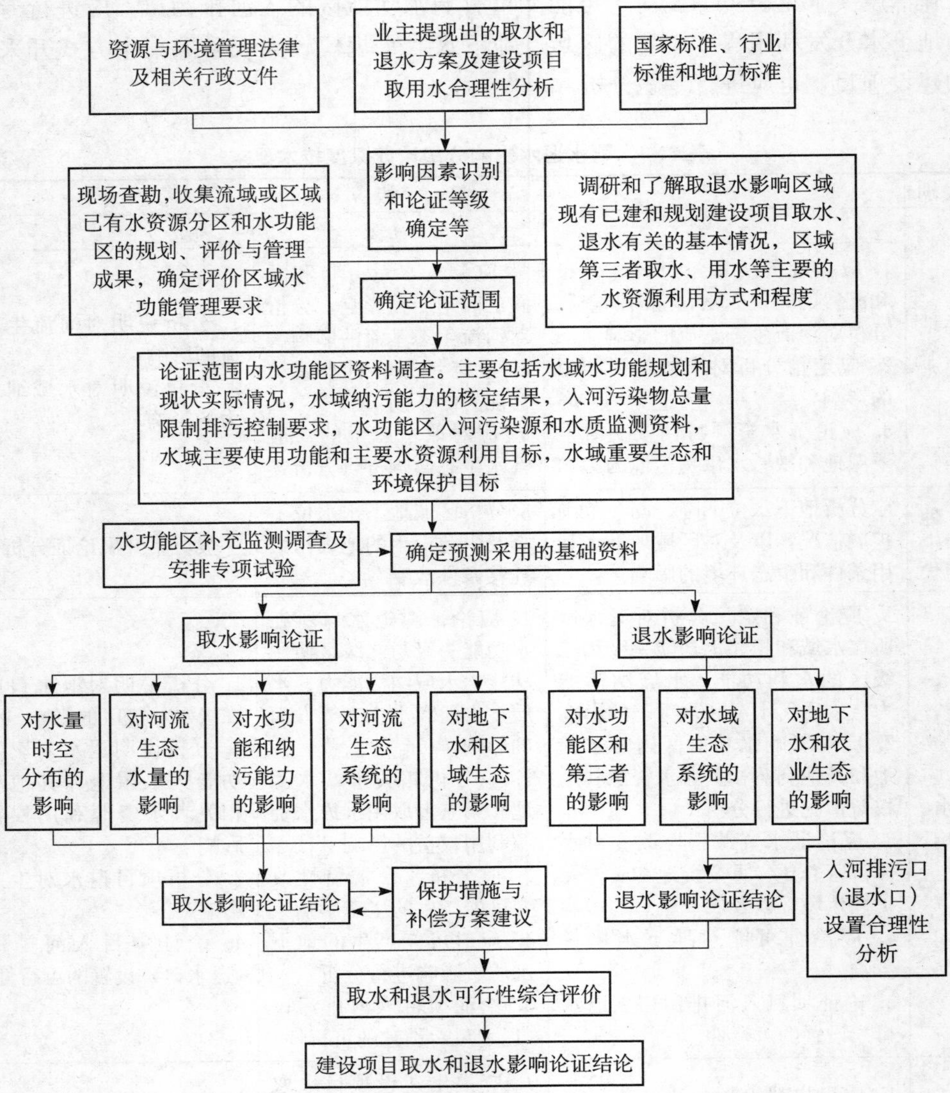

资源与环境管理法律及相关行政文件

业主提现出的取水和退水方案及建设项目取用水合理性分析

国家标准、行业标准和地方标准

现场查勘，收集流域或区域已有水资源分区和水功能区的规划、评价与管理成果，确定评价区域水功能管理要求

影响因素识别和论证等级确定等

调研和了解取退水影响区域现有已建和规划建设项目取水、退水有关的基本情况，区域第三者取水、用水等主要的水资源利用方式和程度

确定论证范围

论证范围内水功能区资料调查。主要包括水域水功能规划和现状实际情况，水域纳污能力的核定结果，入河污染物总量限制排污控制要求，水功能区入河污染源和水质监测资料，水域主要使用功能和主要水资源利用目标，水域重要生态和环境保护目标

水功能区补充监测调查及安排专项试验

确定预测采用的基础资料

取水影响论证

退水影响论证

对水量时空分布的影响

对河流生态水量的影响

对水功能和纳污能力的影响

对河流生态系统的影响

对地下水和区域生态的影响

对水功能区和第三者的影响

对水域生态系统的影响

对地下水和农业生态的影响

取水影响论证结论

保护措施与补偿方案建议

退水影响论证结论

入河排污口（退水口）设置合理性分析

取水和退水可行性综合评价

建设项目取水和退水影响论证结论

图 11-5　建设项目取水和退水影响论证工作程序

11.8.1.2　论证范围

（1）取水和退水影响论证范围应根据其影响的范围与程度确定。建设项目取水和退水影响的相关水域和其影响范围内的第三者，原则上应纳入取水和退水影响论证范围。

（2）对地表水的影响论证应以水功能区为分析单元，论证的重点区域应为取水和退水口所在水域和可能受到影响的周边水功能区。

（3）对地下水的影响论证应以影响区的水文地质单元为重点区域。

（4）应绘制取水和退水影响范围示意图，并图示水域水功能区划、取水和退水口、水质监测断面和重要水功能与水生态保护目标。

11.8.1.3 基本资料

所需资料主要有：在取水水源论证等工作的基础上，针对取水和退水影响论证的因素，重点调查和收集影响论证范围内的有关资料；水功能一级和二级区划情况与管理要求，水行政主管部门核定的水域纳污染物总量控制方案与阶段控制要求；已建、在建和规划建设取水口位置、退水口位置，运行方式及实际运行情况，取水和退水现状及水资源存在的主要问题；水功能区水质和入河排污口监测与评价资料；重要水功能和水生态敏感目标的分布情况与保护要求。

11.8.1.4 地表取水影响分析

分析建设项目地表取水对论证范围内水量时空分布与水文情势的影响；水网区及湖泊、水库、闸坝河段等，应分析取水对水位和最小水深的影响；水资源丰沛地区，论证范围内累积取水小于多年平均流量的10%，或累积取水量小于多年最枯月平均流量的5%时，可简化或不进行取水影响分析；建设项目取水应保证河流生态水量的基本要求，生态脆弱地区的建设项目取水不得进一步加剧生态系统的恶化趋势等；分析取水对水域主要功能和纳污能力的影响；建设项目取水对重要和敏感水功能区的水资源状况产生影响并可能由此引发水域生态问题或影响区域有重要生态需水保护目标时，应进行生态调查和需水专题分析。同时，在生态调查和生态需水计算基础上，专题分析取水造成水资源变化而产生的水域生态问题，并重点论证取水对水体富营养化和濒危物种生存环境的影响。

11.8.1.5 地下取水影响分析

分析取水造成的地下水位变化及其影响范围；分析开采地下水对其他取用水户产生的影响；开采影响范围内存在污染的地表水体时，要在分析地表水和地下水水力联系的基础上，预测地表水域污染可能对地下水质量的影响；当取水可能引发环境地质问题时，应根据取水工程和所在区域环境地质情况进行专题分析；地下取水对附近地表水体构成影响时，应根据地下水和地表水的补给关系，分析影响的范围与程度，及可能产生的河流流量衰减等问题；生态脆弱地区建设集中或大规模地下取水工程时，应分析开发地下水资源对区域植被生态系统的影响；在生态敏感区域或重点水土流失防治区的取水项目，应分析取水诱发水土流失和土地次生沙漠化的可能性，并预测有关生态敏感问题的发展趋势。

11.8.1.6 退水影响分析

(1) 退水影响分析必须遵循水功能区管理的规定，满足水功能保护的要求，分析建设项目废污水退至地表水域后，对论证范围内水功能区的水资源使用功能、纳污能力、水质、水温和水生态的影响。

(2) 当退水水域形成较大范围污染混合区域或产生近岸污染带时，应定量分析退水对河流和近岸水域水功能及第三者取用水的影响；当退水可能会产生水源地重金属、有毒的有机污染物和生物污染风险时，应专题论证有关特征污染物对水源地的污染风险影响，并提出针对性的对策意见。

(3) 建设项目退水不得引发水域生态失衡和破坏问题。建设项目退水改变区域水资源条件或造成水域污染时，应进一步根据水域生态保护及管理要求，分析对水域生态系统可能产生的影响。

(4) 应在分析退水区域的地表水与地下水补排关系的基础上，计算和分析建设项目退水对地下水尤其是地下水源地的水质影响。建设项目需建设永久或临时固体废弃物堆放和存储场时，应在固体废弃物危险鉴别实验基础上，分析固体废弃物存贮可能产生的水环境风险影响，并提出预防和保护措施。

(5) 农业灌溉工程和引水输水工程，应结合论证范围内土壤理化条件和工程措施情况，分析对农业耕地可能产生的盐渍化影响，农业灌溉项目还应分析灌溉退水对受纳水域的污染影响。

11.8.1.7　入河排污口（退水口）设置和水资源保护措施

(1) 建设项目需设置入河排污口（退水口）的，应根据水利部入河排污口监督管理方面的有关要求分析论证入河排污口设置的合理性和可行性。

(2) 针对建设项目取水和退水可能产生的影响，应提出相应的水资源保护措施。

11.8.1.8　取水和退水影响补偿方案建议

根据建设项目取水和退水的影响分析，若建设项目在采取必要的措施后，取水和退水行为仍对第三者构成影响和损害时，应定量估算造成的损失，并提出补偿建议。对建设项目造成的间接影响或潜在的长期影响等难以定量估算的，应定性说明影响的可能程度和范围，提出补救或补偿措施建议。

11.9　特殊水源论证

11.9.1.1　特殊水源的含义

特殊水源指污水再生利用水源、调整取水用途（节水或水权转换）水源和混合水源。

11.9.1.2　特殊水源论证要求

(1) 污水再生利用水源论证应在对污水处理设施进行详细分析的基础上进行。论证的内容包括污水再生利用系统可供建设项目利用的水量及其可靠性、水质及其稳定性。污水再生利用的水量一般为污水处理厂实际水量的50%～70%，最大不应超过80%。对于利用已建污水处理厂作为水源的，应在收集工程运行有关资料的基础上，分析污水处理厂的实际处理能力、污水收集系统和收集的污废水量、处理后的水量、出水水质、中水利用的已有用户和可供建设项目利用的水量及其可靠性、水质评价等。对于利用规划污水处理厂的中水作为建设项目取水水源的，水源论证应以污水处理厂前期工作中已通过审查或批准的成果为主要依据，论证时应阐述污水处理厂的建设地点、规模、污水收集系统、可收集的污废水量、污水处理方案和出水水质等。重点论证规划污水处理厂可供建设项目利用的中水水量和保证率，水质和稳定情况。

(2) 通过节水措施节约的水量、水权转换等调整取水用途来解决建设项目取水水源的，论证的内容除水源论证的一般要求外，应增加节水或水权转换的可行性论证，并分析其约束条件和实施方案等。

(3) 采用混合取水水源的，应在各单一水源分别论证的基础上，按照社会、经济和环境三方面效益总体最优的原则，进行多方案比较，确定各种水源的取水比例，提出合理的取水方案。混合取水水源选择应遵循合理利用地表水，严格控制地下水，充分利用中水、矿坑水等替代水源的原则。混合取水水源方案比较指标有：水量、水质、取水位置、取水方式，输水方式、输水线路，经济合理性等。

11.10 基于最严格的水资源管理的水资源论证

最严格的水资源管理制度理念是我国新时期水利改革形势下治水方略的重要组成部分。作为既为取水许可审批提供技术依据，又为水资源科学管理提供决策支持的水资源论证制度是最严格水资源管理制度的重要组成与补充。新形势下水资源论证工作也要紧密结合最严格的水资源管理制度。李晓龙[49]等在《基于红线管理下的水资源论证报告的编制》一文中探讨了水资源论证与最严格水资源管理制度之间的关系，围绕"三条红线"管理的要求，阐明了新形势下水资源论证报告编制中需要注意的问题，下面就部分内容介绍如下。

11.10.1.1 水资源论证与"三条红线"之间的关系分析

最严格水资源管理就是围绕水资源的配置、节约和保护三个领域，划定水资源开发利用总量控制、用水效率控制和水功能区限制纳污"三条红线"，而建设项目水资源论证正是围绕着这"三条红线"开展分析论证工作的。

(1) 取用水合理性分析与用水总量、效率红线

用水总量控制红线中规定，对取水总量已达到或超过总量控制指标的地区，暂停审批建设项目新增取水；对取水总量接近取水许可控制指标的地区，限制审批新增取水。取水合理性分析是分析项目取水与（国家或地方）产业政策、区域水资源配置、经济发展、水功能区管理与水资源保护的符合性，是用水总量控制红线的具体体现。用水合理性分析主要分析建设项目的用水过程，产品用水定额、用水水平，节水潜力与节水措施。这是用水效率红线中，提高水资源利用效率、加强节水力度的体现。

(2) 取水水源论证与用水总量控制红线

取水水源论证包括对地表水源、地下水源和混合（多类型）水源水量与水质的论证。水源论证是在区域水资源状况及开发利用分析的基础上，分析论证范围内现状和规划水平年来水、用水、可供水量及供需平衡情况，分析评价取水水源的水质、水量、取水可靠、可行性和取水口设置的合理性。简单来说，就是主要解决论证区域内有没有水，有多少水；给不给用，能给多少；如何用的问题。项目取水需在水资源开发利用总量控制红线范围内，用水总量控制红线为取水水源论证提供了有力依据。

(3) 取退水影响分析与水功能区纳污红线

取退水影响分析是在确定的影响范围内，按照国家和地方有关政策、法律、法规、标准等规定，综合分析取退水对区域水资源、水生态及第三者的影响。对纳污能力的影响分析中，首先分析项目取退水河道的纳污容量，再分析取退水对纳污河道的影响。取退水影响分析为加强区域水资源保护，改善水生态环境，保障水功能区纳污红线的

实现提供支撑。

（4）取退水影响补偿建议与水资源管理责任与考核制度

取退水补偿建议是在取退水影响分析的基础上，定量估算对第三者造成的直接或间接的影响，采取相应的补偿方案。它为水资源管理责任与考核制度中明确责任主体提供依据，为水资源监督、考核制度提供支撑。

11.10.1.2　如何围绕“三条红线”做好水资源论证

水资源论证是强化水资源开发利用管理中的宏观控制，通过论证有效加强水资源开发利用的事前管理和过程管理，实现水资源条件与水资源配置相协调、提高区域用水效率、控制污染物入河排放量。水资源论证的目的决定了新形势下论证工作需紧扣“三条红线”进行。

（1）用水总量控制红线

总量控制红线在取水合理性分析中的体现。取水合理性是从项目所属行业、产品、规模、工艺、技术和当地水资源条件等方面分析与国家产业政策的符合性；与水资源规划、配置和管理要求的符合性；与区域经济发展的符合性；与区域水资源条件、开发利用程度、用水水平的符合性。在与水资源规划、配置与管理的符合性中，增添本项目新增取水量与总量控制中划分的区域总用水量的关系，论证取水合理性与总量控制红线的符合性。

取水水源论证应在水源地开发利用情况分析的基础上，在用水总量控制红线范围内，利用各种手段和渠道来解决水资源短缺问题，确保项目用水的可靠性与可行性。

（2）用水效率控制红线

用水效率控制红线为用水合理性分析提供了新的依据。用水合理性需要在根据水量平衡图分析整个用水过程的基础上，计算各个环节的用水指标，并与同行业、国内及国内外先进水平比较，评价项目用水效率，分析节水潜力，提出节水措施。其中，用水效率控制红线应作为评价项目用水效率的一项重要指标，严格限制水资源不足地区建设高耗水型工业项目，严格控制取用水达到一定规模的用水户新增用水。

（3）水功能区纳污控制红线

水功能区纳污控制红线为纳污能力的影响分析提供了新的标准。项目取退水对水功能区纳污能力影响应首先分析项目退水河道的纳污容量，并根据项目取退水量和污染物成分，分析其对纳污河道污染的贡献率，量化取退水影响。在水功能区纳污能力控制红线的范围内，提出项目截污减排措施，严格控制入河排污量。

（4）编制中需注意的其他要素

在依据“三条红线”提高论证的合法性与合理性之外，提高水资源论证报告质量还应注意以下几个要素：

①可行性

需要注意以下几个方面的可行性：节水措施、取水水源、水资源保护措施、补偿方案。

节水措施的可行性。将项目用水指标与同行业先进指标对比，找出指标相对较大的项目，从用水设备、工艺、过程入手找出节水潜力，从业主角度考虑提出较为合理，可行性较高的节水措施。

取水水源的可行性。在充分理解区域水资源规划与配置情况的基础上，进行水源条件分析，确定可以供项目使用的水源，再确定论证的思路。依据收集到的水文、工程资料进行区域来水及用水分析，经调节计算得出水源的水量和供水保证率结论，若需采取措施（如节水、限制农业用水等）或调整其他用水户用水之后才能满足取水条件，则需要补充必要的承诺或协议，来明确措施及取水水源的可行性。

水资源保护措施的可行性。水资源保护措施应结合取水水源的情况和区域水资源状况，提出切实可行、针对区域水资源整体状况、针对项目具体水源地的保护措施。避免陷入套话、空话的陈词滥调中。

补偿方案的可行性。补偿方案应在定性分析取退水影响的基础上进行制订，对第三者权益的补偿可以采用工程补偿和费用补偿相结合的方式；对生态环境等公共利益的补偿，可采取设立恢复生态用水要求专项项目等补偿方式。定性说明潜在或间接影响，提出补偿的建议。总的来说要明确补偿的主体、对象、方式、责任人，为项目的后续工作提供切实可靠的依据，也避免了水事纠纷。

②完整性

参考《建设项目水资源论证导则（试行）》中各个章节的划定，确保报告本身章节的完整性。报告中附图、附表应统一编排，确保清晰、完整，方便阅读。附件应包含委托书，前期工作中相关部门关于项目立项、进度、环保、土地等相关批复文件，以及地方及区域关于本项目用水的相关协议等。

③严密性

报告要做到思路清晰、逻辑严密，每章节编制提纲，根据每项提纲内容开展论证分析。每个结论都要明确背景和依据，做到有理有据。

④真实性

水资源论证报告是项目行政取水许可审批的依据，编制人员必须本着对项目、对自身负责的态度，确保报告的真实性。

总之，“三条红线”的出台为水资源论证的工作提出了新的要求，应在深入解读“三条红线”精髓的基础上，围绕用水总量、用水效率、水功能区限制纳污红线开展论证工作，提高报告质量。这也是积极响应“三条红线”的举动，有利于“三条红线”的继续推进，为其目标的实现提供有力的技术支撑。

附 录

水文统计计算附表

附 表

附表 1　皮尔逊Ⅲ型频率曲线的离均系数 Φ_P 值表

C_S \ P/%	0.01	0.1	0.2	0.33	0.5	1	2	5	10	20	50	75	90	95	99	P/% / C_S
0.0	3.72	3.09	2.88	2.71	2.58	2.33	2.05	1.64	1.28	0.84	0.00	−0.67	−1.28	−1.64	−2.33	0.0
0.1	3.94	3.23	3.00	2.82	2.67	2.40	2.11	1.67	1.29	0.84	−0.02	−0.68	−1.27	−1.62	−2.25	0.1
0.2	4.16	3.38	3.12	2.92	2.76	2.47	2.16	1.70	1.30	0.83	−0.03	−0.69	−1.26	−1.59	−2.18	0.2
0.3	4.38	3.52	3.24	3.03	2.86	2.54	2.21	1.73	1.31	0.82	−0.05	−0.70	−1.24	−1.55	−2.10	0.3
0.4	4.61	3.67	3.36	3.14	2.95	2.62	2.26	1.75	1.32	0.82	−0.07	−0.71	−1.23	−1.52	−2.03	0.4
0.5	4.83	3.81	3.48	3.25	3.04	2.68	2.31	1.77	1.32	0.81	−0.08	−0.71	−1.22	−1.49	−1.96	0.5
0.6	5.05	3.96	3.60	3.35	3.13	2.75	2.35	1.80	1.33	0.80	−0.10	−0.72	−1.20	−1.45	−1.88	0.6
0.7	5.28	4.10	3.72	3.45	3.22	2.82	2.40	1.82	1.33	0.79	−0.12	−0.72	−1.18	−1.42	−1.81	0.7
0.8	5.50	4.24	3.85	3.55	3.31	2.89	2.45	1.84	1.34	0.78	−0.13	−0.73	−1.17	−1.38	−1.74	0.8
0.9	5.73	4.39	3.97	3.65	3.40	2.96	2.50	1.86	1.34	0.77	−0.15	−0.73	−1.15	−1.35	−1.66	0.9
1.0	5.96	4.53	4.09	3.76	3.49	3.02	2.54	1.88	1.34	0.76	−0.16	−0.73	−1.13	−1.32	−1.59	1.0
1.1	6.18	4.67	4.20	3.86	3.58	3.09	2.58	1.89	1.34	0.74	−0.18	−0.74	−1.10	−1.28	−1.52	1.1
1.2	6.41	4.81	4.32	3.95	3.66	3.15	2.62	1.91	1.34	0.73	−0.19	−0.74	−1.08	−1.24	−1.45	1.2
1.3	6.64	4.95	4.44	4.05	3.74	3.21	2.67	1.92	1.34	0.72	−0.21	−0.74	−1.06	−1.20	−1.38	1.3
1.4	6.87	5.09	4.56	4.15	3.83	3.27	2.71	1.94	1.33	0.71	−0.22	−0.73	−1.04	−1.17	−1.32	1.4
1.5	7.09	5.23	4.68	4.24	3.91	3.33	2.74	1.95	1.33	0.69	−0.24	−0.73	−1.02	−1.13	−1.26	1.5
1.6	7.31	5.37	4.80	4.34	3.99	3.39	2.78	1.96	1.33	0.68	−0.25	−0.73	−0.99	−1.10	−1.20	1.6
1.7	7.54	5.50	4.91	4.43	4.07	3.44	2.82	1.97	1.32	0.66	−0.27	−0.72	−0.97	−1.06	−1.14	1.7
1.8	7.76	5.64	5.01	4.52	4.15	3.50	2.85	1.98	1.32	0.64	−0.28	−0.72	−0.94	−1.02	−1.09	1.8
1.9	7.98	5.77	5.12	4.61	4.23	3.55	2.88	1.99	1.31	0.63	−0.29	−0.72	−0.92	−0.98	−1.04	1.9
2.0	8.21	5.91	5.22	4.70	4.30	3.61	2.91	2.00	1.30	0.61	−0.31	−0.71	−0.895	−0.949	−0.989	2.0
2.1	8.43	6.04	5.33	4.79	4.37	3.66	2.93	2.00	1.29	0.59	−0.32	−0.71	−0.869	−0.914	−0.945	2.1
2.2	8.65	6.17	5.43	4.88	4.44	3.71	2.96	2.00	1.28	0.57	−0.33	−0.70	−0.844	−0.879	−0.905	2.2
2.3	8.87	6.30	5.53	4.97	4.51	3.76	2.99	2.00	1.27	0.55	−0.34	−0.69	−0.820	−0.849	−0.867	2.3
2.4	9.08	6.42	5.63	5.05	4.58	3.81	3.02	2.01	1.26	0.54	−0.35	−0.68	−0.795	−0.820	−0.831	2.4
2.5	9.30	6.55	5.73	5.13	4.65	3.85	3.04	2.01	1.25	0.52	−0.36	−0.67	−0.772	−0.791	−0.800	2.5

续表

P/% / C_S	0.01	0.1	0.2	0.33	0.5	1	2	5	10	20	50	75	90	95	99	P/% / C_S
2.6	9.51	6.67	5.82	5.20	4.72	3.89	3.06	2.01	1.23	0.50	−0.37	−0.66	−0.748	−0.764	−0.769	2.6
2.7	9.72	6.79	5.92	5.28	4.78	3.93	3.09	2.01	1.22	0.48	−0.37	−0.65	−0.726	−0.739	−0.740	2.7
2.8	9.93	9.91	6.01	5.36	4.84	3.97	3.11	2.01	1.21	0.46	−0.38	−0.64	−0.702	−0.710	−0.714	2.8
2.9	10.14	7.03	6.10	5.44	4.90	4.01	3.13	2.01	1.20	0.44	−0.39	−0.63	−0.680	−0.687	−0.690	2.9
3.0	10.35	7.15	6.20	5.51	4.96	4.05	3.15	2.00	1.18	0.42	−0.39	−0.62	−0.638	−0.665	−0.667	3.0
3.1	10.56	7.26	6.30	5.59	5.02	4.08	3.17	2.00	1.16	0.40	−0.40	−0.60	−0.639	−0.644	−0.645	3.1
3.2	10.77	7.38	6.39	5.66	5.08	4.12	3.19	2.00	1.14	0.38	−0.40	−0.59	−0.621	−0.625	−0.625	3.2
3.3	10.97	7.49	6.48	5.74	5.14	4.15	3.21	1.99	1.12	0.36	−0.40	−0.58	−0.604	−0.606	−0.606	3.3
3.4	11.17	7.60	6.56	5.80	5.20	4.18	3.22	1.98	1.11	0.34	−0.41	−0.57	−0.587	−0.588	−0.588	3.4
3.5	11.37	7.72	6.65	5.86	5.25	4.22	3.23	1.97	1.09	0.32	−0.41	−0.55	−0.570	−0.571	−0.571	3.5
3.6	11.57	7.83	6.73	5.93	5.30	4.25	3.24	1.96	1.08	0.30	−0.41	−0.54	−0.555	−0.556	−0.556	3.6
3.7	11.77	7.94	6.81	5.99	5.35	4.28	3.25	1.95	1.06	0.28	−0.42	−0.53	−0.540	−0.541	−0.541	3.7
3.8	11.97	8.05	6.89	6.05	5.40	4.31	3.26	1.94	1.04	0.26	−0.42	−0.52	−0.525	−0.526	−0.526	3.8
3.9	12.16	8.15	6.97	6.11	5.45	4.34	3.27	1.93	1.02	0.24	−0.41	−0.506	−0.512	−0.513	−0.513	3.9
4.0	12.36	8.25	7.05	6.18	5.50	4.37	3.27	1.92	1.00	0.23	−0.41	−0.495	−0.500	−0.500	−0.500	4.0
4.1	12.55	8.35	7.13	6.24	5.54	4.39	3.28	1.91	0.98	0.21	−0.41	−0.484	−0.488	−0.488	−0.488	4.1
4.2	12.74	8.45	7.21	6.30	5.59	4.41	3.29	1.90	0.96	0.19	−0.41	−0.473	−0.476	−0.476	−0.476	4.2
4.3	12.93	8.55	7.29	6.36	5.63	4.44	3.29	1.88	0.94	0.17	−0.41	−0.462	−0.465	−0.465	−0.465	4.3
4.4	13.12	8.65	7.36	6.41	5.68	4.46	3.30	1.87	0.92	0.16	−0.40	−0.453	−0.455	−0.455	−0.455	4.4
4.5	13.30	8.75	7.43	6.46	5.72	4.48	3.30	1.85	0.90	0.14	−0.40	−0.444	−0.444	−0.444	−0.444	4.5
4.6	13.49	8.85	7.50	6.52	5.76	4.50	3.30	1.84	0.88	0.13	−0.40	−0.435	−0.435	−0.435	−0.435	4.6
4.7	13.67	8.95	7.56	6.57	5.80	4.52	3.30	1.82	0.86	0.11	−0.39	−0.426	−0.426	−0.426	−0.426	4.7
4.8	13.85	9.04	7.63	6.63	5.84	4.54	3.30	1.80	0.84	0.09	−0.39	−0.417	−0.417	−0.417	−0.417	4.8
4.9	14.04	9.13	7.70	6.68	5.88	4.55	3.30	1.78	0.82	0.08	−0.38	−0.408	−0.408	−0.408	−0.408	4.9
5.0	14.22	9.22	7.77	6.73	5.92	4.57	3.30	1.77	0.80	0.06	−0.379	−0.400	−0.400	−0.400	−0.400	5.0
5.1	14.40	9.31	7.84	6.78	5.95	4.58	3.30	1.75	0.78	0.05	−0.374	−0.392	−0.392	−0.392	−0.392	5.1
5.2	14.57	9.40	7.90	6.83	5.99	4.59	3.30	1.73	0.76	0.03	−0.369	−0.385	−0.385	−0.385	−0.385	5.2
5.3	14.75	9.49	7.96	6.87	6.02	4.60	3.30	1.72	0.74	0.02	−0.363	−0.377	−0.377	−0.377	−0.377	5.3
5.4	14.92	9.57	8.02	6.91	6.05	4.62	3.29	1.70	0.72	0.00	−0.358	−0.370	−0.370	−0.370	−0.370	5.4
5.5	15.10	9.66	8.08	6.96	6.08	4.63	3.28	1.68	0.70	−0.01	−0.353	−0.364	−0.364	−0.364	−0.364	5.5
5.6	15.27	9.74	8.14	7.00	6.11	4.64	3.28	1.66	0.67	−0.03	−0.349	−0.357	−0.357	−0.357	−0.357	5.6
5.7	15.45	9.82	8.21	7.04	6.14	4.65	3.27	1.65	0.65	−0.04	−0.344	−0.351	−0.351	−0.351	−0.351	5.7
5.8	15.62	9.91	8.27	7.08	6.17	4.67	3.27	1.63	0.63	−0.05	−0.339	−0.345	−0.345	−0.345	−0.345	5.8
5.9	15.78	9.99	8.32	7.12	6.20	4.68	3.26	1.61	0.61	−0.06	−0.334	−0.339	−0.339	−0.339	−0.339	5.9
6.0	15.94	10.07	8.38	7.15	6.23	4.68	3.25	1.59	0.59	−0.07	−0.329	−0.333	−0.333	−0.333	−0.333	6.0
6.1	16.11	10.15	8.43	7.19	6.26	4.69	3.24	1.57	0.57	−0.08	−0.325	−0.328	−0.328	−0.328	−0.328	6.1
6.2	16.28	10.22	8.49	7.23	6.28	4.70	3.23	1.55	0.55	−0.09	−0.320	−0.323	−0.323	−0.323	−0.323	6.2
6.3	16.45	10.30	8.54	7.26	6.30	4.70	3.22	1.53	0.53	−0.10	−0.315	−0.317	−0.317	−0.317	−0.317	6.3
6.4	16.61	10.38	8.60	7.30	6.32	4.71	3.21	1.51	0.51	−0.11	−0.311	−0.313	−0.313	−0.313	−0.313	6.4

附表 2　皮尔逊Ⅲ型频率曲线的模比系数 k_p 值表

(1) $C_s=2C_v$

P/% / C_S	0.01	0.1	0.2	0.33	0.5	1	2	5	10	20	50	75	90	95	99	P/% / C_S
0.05	1.20	1.16	1.15	1.14	1.13	1.12	1.11	1.08	1.06	1.04	1.00	0.97	0.94	0.92	0.89	0.10
0.10	1.42	1.34	1.31	1.29	1.27	1.25	1.21	1.17	1.13	1.08	1.00	0.93	0.87	0.84	0.78	0.20
0.15	1.67	1.54	1.48	1.46	1.43	1.38	1.33	1.26	1.20	1.12	0.99	0.90	0.81	0.77	0.69	0.30

续表

$P/\%$ \ C_S	0.01	0.1	0.2	0.33	0.5	1	2	5	10	20	50	75	90	95	99	$P/\%$ \ C_S
0.20	1.92	1.73	1.67	1.63	1.59	1.52	1.45	1.35	1.26	1.16	0.99	0.86	0.75	0.70	0.59	0.40
0.22	2.04	1.82	1.75	1.70	1.66	1.58	1.50	1.39	1.29	1.18	0.98	0.84	0.73	0.67	0.56	0.44
0.24	2.16	1.91	1.83	1.77	1.73	1.64	1.55	1.43	1.32	1.19	0.98	0.83	0.71	0.64	0.53	0.48
0.25	2.22	1.96	1.87	1.81	1.77	1.67	1.58	1.45	1.33	1.20	0.98	0.82	0.70	0.63	0.52	0.50
0.26	2.28	2.01	1.91	1.85	1.80	1.70	1.60	1.46	1.34	1.21	0.98	0.82	0.69	0.62	0.50	0.52
0.28	2.40	2.10	2.00	1.93	1.87	1.76	1.66	1.50	1.37	1.22	0.97	0.79	0.66	0.59	0.47	0.56
0.30	2.52	2.19	2.08	2.01	1.94	1.83	1.71	1.54	1.40	1.24	0.97	0.78	0.64	0.56	0.44	0.60
0.35	2.86	2.44	2.31	2.22	2.13	2.00	1.84	1.64	1.47	1.28	0.96	0.75	0.59	0.51	0.37	0.70
0.40	3.20	2.70	2.54	2.42	2.32	2.16	1.98	1.74	1.54	1.31	0.95	0.71	0.53	0.45	0.30	0.80
0.45	3.59	2.98	2.80	2.65	2.53	2.33	2.13	1.84	1.60	1.35	0.93	0.67	0.48	0.40	0.26	0.90
0.50	3.98	3.27	3.05	2.88	2.74	2.51	2.27	1.94	1.67	1.38	0.92	0.64	0.44	0.34	0.21	1.00
0.55	4.42	3.58	3.32	3.12	2.97	2.70	2.42	2.04	1.74	1.41	0.90	0.59	0.40	0.30	0.16	1.10
0.60	4.85	3.89	3.59	3.37	3.20	2.89	2.57	2.15	1.80	1.44	0.89	0.56	0.35	0.26	0.13	1.20
0.65	5.33	4.22	3.89	3.64	3.44	3.09	2.74	2.25	1.87	1.47	0.87	0.52	0.31	0.22	0.10	1.30
0.70	5.81	4.56	4.19	3.91	3.68	3.29	2.90	2.36	1.94	1.50	0.85	0.49	0.27	0.18	0.08	1.40
0.75	6.33	4.93	4.52	4.19	3.93	3.50	3.06	2.46	2.00	1.52	0.82	0.45	0.24	0.15	0.06	1.50
0.80	6.85	5.30	4.84	4.47	4.19	3.71	3.22	2.57	2.06	1.54	0.80	0.42	0.21	0.12	0.04	1.60
0.90	7.98	6.08	5.51	5.07	4.74	4.15	3.56	2.78	2.19	1.58	0.75	0.35	0.15	0.08	0.02	1.80

(2) $C_s = 3C_v$

$P/\%$ \ C_S	0.01	0.1	0.2	0.33	0.5	1	2	5	10	20	50	75	90	95	99	$P/\%$ \ C_S
0.20	2.02	1.79	1.72	1.67	1.63	1.55	1.47	1.36	1.27	1.16	0.98	0.86	0.76	0.71	0.62	0.60
0.25	2.35	2.05	1.95	1.88	1.82	1.72	1.61	1.46	1.34	1.20	0.97	0.82	0.71	0.65	0.56	0.75
0.30	2.72	2.32	2.19	2.10	2.02	1.89	1.75	1.56	1.40	1.23	0.96	0.78	0.66	0.60	0.50	0.90
0.35	3.12	2.61	2.46	2.33	2.24	2.07	1.90	1.66	1.47	1.26	0.94	0.74	0.61	0.55	0.46	1.05
0.40	3.56	2.92	2.73	2.58	2.46	2.26	2.05	1.76	1.54	1.29	0.92	0.70	0.57	0.50	0.42	1.20
0.42	3.75	3.06	2.85	2.69	2.56	2.34	2.11	1.81	1.56	1.31	0.91	0.69	0.55	0.49	0.41	1.26
0.44	3.94	3.19	2.97	2.80	2.65	2.42	2.17	1.85	1.59	1.32	0.91	0.67	0.54	0.47	0.40	1.32
0.45	4.04	3.26	3.03	2.85	2.70	2.46	2.21	1.87	1.60	1.32	0.90	0.67	0.53	0.47	0.39	1.35
0.46	4.14	3.33	3.09	2.90	2.75	2.50	2.24	1.89	1.61	1.33	0.90	0.66	0.52	0.46	0.39	1.38
0.48	4.34	3.47	3.21	3.01	2.85	2.58	2.31	1.93	1.65	1.34	0.89	0.65	0.51	0.45	0.38	1.44
0.50	4.55	3.62	3.34	3.12	2.96	2.67	2.37	1.98	1.67	1.35	0.88	0.64	0.49	0.44	0.37	1.50
0.52	4.76	3.76	3.46	3.24	3.06	2.75	2.44	2.02	1.69	1.36	0.87	0.62	0.48	0.42	0.36	1.56
0.54	4.98	3.91	3.60	3.36	3.16	2.84	2.51	2.06	1.72	1.36	0.86	0.61	0.47	0.41	0.36	1.62
0.55	5.09	3.99	3.66	3.42	3.21	2.88	2.54	2.08	1.73	1.36	0.86	0.60	0.46	0.41	0.36	1.65
0.56	5.20	4.07	3.73	3.48	3.27	2.93	2.57	2.10	1.74	1.37	0.85	0.59	0.46	0.40	0.35	1.68
0.58	5.43	4.23	3.86	3.59	3.38	3.01	2.64	2.14	1.77	1.38	0.84	0.58	0.45	0.40	0.35	1.74
0.60	5.66	4.38	4.01	3.71	3.49	3.10	2.71	2.19	1.79	1.38	0.83	0.57	0.44	0.39	0.35	1.80
0.65	6.26	4.81	4.36	4.03	3.77	3.33	2.88	2.29	1.85	1.40	0.80	0.53	0.41	0.37	0.34	1.95
0.70	6.90	5.23	4.73	4.35	4.06	3.56	3.05	2.40	1.90	1.41	0.78	0.50	0.39	0.36	0.34	2.10
0.75	7.57	5.68	5.12	4.69	4.36	3.80	3.24	2.50	1.96	1.42	0.76	0.48	0.38	0.35	0.34	2.25
0.80	8.26	6.14	5.50	5.04	4.66	4.05	3.42	2.61	2.01	1.43	0.72	0.46	0.36	0.34	0.34	2.40

(3) $C_s=3.5C_v$ 　　续表

P/% \ C_S	0.01	0.1	0.2	0.33	0.5	1	2	5	10	20	50	75	90	95	99	P/% \ C_S
0.20	2.06	1.82	1.74	1.69	1.64	1.56	1.48	1.36	1.27	1.16	0.98	0.86	0.76	0.72	0.64	0.70
0.25	2.42	2.09	1.99	1.91	1.85	1.74	1.62	1.46	1.34	1.19	0.96	0.82	0.71	0.66	0.58	0.88
0.30	2.82	2.38	2.24	2.14	2.06	1.92	1.77	1.57	1.40	1.22	0.95	0.78	0.67	0.61	0.53	1.05
0.35	3.26	2.70	2.52	2.39	2.29	2.11	1.92	1.67	1.47	1.26	0.93	0.74	0.62	0.57	0.50	1.22
0.40	3.75	3.04	2.82	2.66	2.53	2.31	2.08	1.78	1.53	1.28	0.91	0.71	0.58	0.53	0.47	1.40
0.42	3.95	3.18	2.95	2.77	2.63	2.39	2.15	1.82	1.56	1.29	0.90	0.69	0.57	0.52	0.46	1.47
0.44	4.16	3.33	3.08	2.88	2.73	2.48	2.21	1.86	1.59	1.30	0.89	0.68	0.56	0.51	0.46	1.54
0.45	4.27	3.40	3.14	2.94	2.79	2.52	2.25	1.88	1.60	1.31	0.89	0.67	0.55	0.50	0.45	1.58
0.46	4.37	3.48	3.21	3.00	2.84	2.56	2.28	1.90	1.61	1.31	0.88	0.66	0.54	0.50	0.45	1.61
0.48	4.60	3.63	3.35	3.12	2.94	2.65	2.35	1.95	1.64	1.32	0.87	0.65	0.53	0.49	0.45	1.68
0.50	4.82	3.78	3.48	3.24	3.06	2.74	2.42	1.99	1.66	1.32	0.86	0.64	0.52	0.48	0.44	1.75
0.52	5.06	3.95	3.62	3.36	3.16	2.83	2.48	2.03	1.69	1.33	0.85	0.63	0.51	0.47	0.44	1.82
0.54	5.30	4.11	3.76	3.48	3.28	2.91	2.55	2.07	1.71	1.34	0.84	0.61	0.50	0.47	0.44	1.89
0.55	5.41	4.20	3.83	3.55	3.34	2.96	2.58	2.10	1.72	1.34	0.84	0.60	0.50	0.46	0.44	1.92
0.56	5.55	4.28	3.91	3.61	3.39	3.01	2.62	2.12	1.73	1.35	0.83	0.60	0.49	0.46	0.43	1.96
0.58	5.80	4.45	4.05	3.74	3.51	3.10	2.69	2.16	1.75	1.35	0.82	0.58	0.48	0.46	0.43	2.03
0.60	6.06	4.62	4.20	3.87	3.62	3.20	2.76	2.20	1.77	1.35	0.81	0.57	0.48	0.45	0.43	2.10
0.65	6.73	5.08	4.58	4.22	3.92	3.44	2.94	2.30	1.83	1.36	0.78	0.55	0.46	0.44	0.43	2.28
0.70	7.43	5.54	4.98	4.56	4.23	3.68	3.12	2.41	1.88	1.37	0.75	0.53	0.45	0.44	0.43	2.45
0.75	8.16	6.02	5.38	4.92	4.55	3.92	3.30	2.51	1.92	1.37	0.72	0.50	0.44	0.43	0.43	2.62
0.80	8.94	6.53	5.81	5.29	4.87	4.18	3.49	2.61	1.97	1.37	0.70	0.49	0.44	0.43	0.43	2.80

(4) $C_s=4C_v$

P/% \ C_S	0.01	0.1	0.2	0.33	0.5	1	2	5	10	20	50	75	90	95	99	P/% \ C_S
0.20	2.10	1.85	1.77	1.71	1.66	1.58	1.49	1.37	1.27	1.16	0.97	0.85	0.77	0.72	0.65	0.80
0.25	2.49	2.13	2.02	1.94	1.87	1.76	1.64	1.47	1.34	1.19	0.96	0.82	0.72	0.67	0.60	1.00
0.30	2.92	2.44	2.30	2.18	2.10	1.94	1.79	1.57	1.40	1.22	0.94	0.78	0.68	0.63	0.56	1.20
0.35	3.40	2.78	2.60	2.45	2.34	2.14	1.95	1.68	1.47	1.25	0.92	0.74	0.64	0.59	0.54	1.40
0.40	3.92	3.15	2.92	2.74	2.60	2.36	2.11	1.78	1.53	1.27	0.90	0.71	0.60	0.56	0.52	1.60
0.42	4.15	3.30	3.05	2.86	2.70	2.44	2.18	1.83	1.56	1.28	0.89	0.70	0.59	0.55	0.52	1.68
0.44	4.38	3.46	3.19	2.98	2.81	2.53	2.25	1.87	1.58	1.29	0.88	0.68	0.58	0.55	0.51	1.76
0.45	4.49	3.54	3.25	3.03	2.87	2.58	2.28	1.89	1.59	1.29	0.87	0.68	0.58	0.54	0.51	1.80
0.46	4.62	3.62	3.32	3.10	2.92	2.62	2.32	1.91	1.61	1.29	0.87	0.67	0.57	0.54	0.51	1.84
0.48	4.86	3.79	3.47	3.22	3.04	2.71	2.39	1.96	1.63	1.30	0.86	0.66	0.56	0.53	0.51	1.92
0.50	5.10	3.96	3.61	3.35	3.15	2.80	2.45	2.00	1.65	1.31	0.84	0.64	0.55	0.53	0.50	2.00
0.52	5.36	4.12	3.76	3.48	3.27	2.90	2.52	2.04	1.67	1.31	0.83	0.63	0.55	0.52	0.50	2.08
0.54	5.62	4.30	3.91	3.61	3.38	2.99	2.59	2.08	1.69	1.31	0.82	0.62	0.54	0.52	0.50	2.16
0.55	5.76	4.39	3.99	3.68	3.44	3.03	2.63	2.10	1.70	1.31	0.82	0.62	0.54	0.52	0.50	2.20
0.56	5.90	4.48	4.06	3.75	3.50	3.09	2.66	2.12	1.71	1.31	0.81	0.61	0.53	0.51	0.50	2.24
0.58	6.18	4.67	4.22	3.89	3.62	3.19	2.74	2.16	1.74	1.32	0.80	0.60	0.53	0.51	0.50	2.32
0.60	6.45	4.85	4.38	4.03	3.75	3.29	2.81	2.21	1.76	1.32	0.79	0.59	0.52	0.51	0.50	2.40
0.65	7.18	5.34	4.78	4.38	4.07	3.53	2.99	2.31	1.80	1.32	0.76	0.57	0.51	0.50	0.50	2.60
0.70	7.95	5.84	5.21	4.75	4.39	3.78	3.18	2.41	1.85	1.32	0.73	0.55	0.51	0.50	0.50	2.80
0.75	8.76	6.36	5.65	5.13	4.72	4.03	3.36	2.50	1.88	1.32	0.71	0.54	0.51	0.50	0.50	3.00
0.80	9.62	6.90	6.11	5.53	5.06	4.30	3.55	2.60	1.91	1.30	0.68	0.53	0.50	0.50	0.50	3.20

附表3　三点法用表——S与C_s关系表

(1) $P=1\%-50\%-99\%$

S	0	1	2	3	4	5	6	7	8	9
0.0	0.00	0.03	0.05	0.07	0.10	0.12	0.15	0.17	0.20	0.23
0.1	0.26	0.28	0.31	0.34	0.36	0.39	0.41	0.44	0.47	0.49
0.2	0.52	0.54	0.57	0.59	0.62	0.65	0.67	0.70	0.73	0.76
0.3	0.78	0.81	0.84	0.86	0.89	0.92	0.94	0.97	1.00	1.02
0.4	1.05	1.08	1.10	1.13	1.16	1.18	1.21	1.24	1.27	1.30
0.5	1.32	1.36	1.39	1.42	1.45	1.48	1.51	1.55	1.58	1.61
0.6	1.64	1.68	1.71	1.74	1.78	1.81	1.84	1.88	1.92	1.95
0.7	1.99	2.03	2.07	2.11	2.16	2.20	2.25	2.30	2.34	2.39
0.8	2.44	2.50	2.55	2.61	2.67	2.74	2.81	2.89	2.97	3.05
0.9	3.14	3.22	3.33	3.46	3.59	3.73	3.92	4.14	4.44	4.90

例：当$S=0.43$时，$C_S=1.13$

(2) $P=3\%-50\%-97\%$

S	0	1	2	3	4	5	6	7	8	9
0.0	0.00	0.04	0.08	0.11	0.14	0.17	0.20	0.23	0.26	0.29
0.1	0.32	0.35	0.38	0.42	0.45	0.48	0.51	0.54	0.57	0.60
0.2	0.63	0.66	0.70	0.73	0.76	0.79	0.82	0.86	0.89	0.92
0.3	0.95	0.98	1.01	1.04	1.08	1.11	1.14	1.17	1.20	1.24
0.4	1.27	1.30	1.33	1.36	1.40	1.43	1.46	1.49	1.52	1.56
0.5	1.59	1.63	1.66	1.70	1.73	1.76	1.80	1.83	1.87	1.90
0.6	1.94	1.97	2.00	2.04	2.08	2.12	2.16	2.20	2.23	2.27
0.7	2.31	2.36	2.40	2.44	2.49	2.54	2.58	2.63	2.68	2.74
0.8	2.79	2.85	2.90	2.96	3.02	3.09	3.15	3.22	3.29	3.37
0.9	3.46	3.55	3.67	3.79	3.92	4.08	4.26	4.50	4.75	5.21

(3) $P=5\%-50\%-97\%$

S	0	1	2	3	4	5	6	7	8	9
0.0	0.00	0.04	0.08	0.12	0.16	0.20	0.24	0.27	0.31	0.35
0.1	0.38	0.41	0.45	0.48	0.52	0.55	0.59	0.63	0.66	0.70
0.2	0.73	0.76	0.80	0.84	0.87	0.90	0.94	0.98	1.01	1.04
0.3	1.08	1.11	1.14	1.18	1.21	1.25	1.28	1.31	1.35	1.38
0.4	1.42	1.46	1.49	1.52	1.56	1.59	1.63	1.66	1.70	1.74
0.5	1.78	1.81	1.85	1.88	1.92	1.95	1.99	2.03	2.06	2.10
0.6	2.13	2.17	2.20	2.24	2.28	2.32	2.36	2.40	2.44	2.48
0.7	2.53	2.57	2.62	2.66	2.70	2.76	2.81	2.86	2.91	2.97
0.8	3.02	3.07	3.13	3.19	3.25	3.32	3.38	3.46	3.52	3.60
0.9	3.70	3.80	3.91	4.03	4.17	4.32	4.49	4.72	4.94	5.43

(4) $P=10\%-50\%-97\%$

S	0	1	2	3	4	5	6	7	8	9
0.0	0.00	0.05	0.10	0.15	0.20	0.24	0.29	0.34	0.38	0.43
0.1	0.47	0.52	0.56	0.60	0.65	0.69	0.74	0.78	0.83	0.87
0.2	0.92	0.96	1.00	1.04	1.08	1.13	1.17	1.22	1.26	1.30
0.3	1.34	1.38	1.43	1.47	1.51	1.55	1.59	1.63	1.67	1.71
0.4	1.75	1.79	1.83	1.87	1.91	1.95	1.99	2.02	2.06	2.10
0.5	2.14	2.18	2.22	2.26	2.30	2.34	2.38	2.42	2.46	2.50
0.6	2.54	2.58	2.62	2.66	2.70	2.74	2.78	2.82	2.86	2.90
0.7	2.95	3.00	3.04	3.08	3.13	3.18	3.24	3.28	3.33	3.38
0.8	3.44	3.50	3.55	3.61	3.67	3.74	3.80	3.87	3.94	4.02
0.9	4.11	4.20	4.32	4.45	4.59	4.75	4.96	5.20	5.56	—

附表 4 三点法用表——C_S 与有关值 Φ 的关系表

C_S	$\Phi_{50\%}$	$\Phi_{1\%}-\Phi_{99\%}$	$\Phi_{3\%}-\Phi_{97\%}$	$\Phi_{5\%}-\Phi_{95\%}$	$\Phi_{10\%}-\Phi_{90\%}$
0.0	0.000	4.652	3.762	3.290	2.564
0.1	−0.017	4.648	3.756	3.287	2.560
0.2	−0.033	4.645	3.750	3.284	2.557
0.3	−0.055	4.641	3.743	3.278	2.550
0.4	−0.068	4.637	3.736	3.273	2.543
0.5	−0.084	4.633	3.732	3.266	2.532
0.6	−0.100	4.629	3.727	3.259	2.522
0.7	−0.116	4.624	3.718	3.246	2.510
0.8	−0.132	4.620	3.709	3.233	2.498
0.9	−0.148	4.615	3.692	3.218	2.483
1.0	−0.164	4.611	3.674	3.204	2.468
1.1	−0.179	4.606	3.656	3.185	2.448
1.2	−0.194	4.601	3.638	3.167	2.427
1.3	−0.208	4.595	3.620	3.144	2.404
1.4	−0.223	4.590	3.601	3.120	2.380
1.5	−0.238	4.586	3.582	3.090	2.353
1.6	−0.253	4.586	3.562	3.062	2.326
1.7	−0.267	4.587	3.541	3.032	2.296
1.8	−0.282	4.588	3.520	3.002	2.265
1.9	−0.294	4.591	3.499	2.974	2.232
2.0	−0.307	4.594	3.477	2.945	2.198
2.1	−0.319	4.603	3.469	2.918	2.164
2.2	−0.330	4.613	3.440	2.890	2.130
2.3	−0.340	4.625	3.421	2.862	2.095
2.4	−0.350	4.636	3.403	2.833	2.060
2.5	−0.359	4.648	3.385	2.806	2.024
2.6	−0.367	4.660	3.367	2.778	1.987
2.7	−0.376	4.674	3.350	2.749	1.949
2.8	−0.383	4.687	3.333	2.720	1.911
2.9	−0.389	4.701	3.318	2.695	1.876
3.0	−0.395	4.716	3.303	2.670	1.840
3.1	−0.399	4.732	3.288	2.645	1.806
3.2	−0.404	4.748	3.273	2.619	1.772
3.3	−0.407	4.765	3.259	2.594	1.738
3.4	−0.410	4.781	3.245	2.568	1.705
3.5	−0.412	4.796	3.225	2.543	1.670
3.6	−0.414	4.810	3.216	2.518	1.635
3.7	−0.415	4.824	3.203	2.494	1.600
3.8	−0.416	4.837	3.189	2.470	1.570
3.9	−0.415	4.850	3.175	2.446	1.536
4.0	−0.414	4.863	3.160	2.422	1.502
4.1	−0.412	4.876	3.145	2.396	1.471
4.2	−0.410	4.888	3.130	2.372	1.440
4.3	−0.407	4.901	3.115	2.348	1.408
4.4	−0.404	4.914	3.100	2.325	1.376
4.5	−0.400	4.924	3.084	2.300	1.345
4.6	−0.396	4.934	3.067	2.276	1.315
4.7	−0.392	4.942	3.050	2.251	1.286
4.8	−0.388	4.949	3.034	2.226	1.257
4.9	−0.384	4.955	3.016	2.200	1.229
5.0	−0.379	4.961	2.997	2.174	1.200
5.1	−0.374		2.978	2.148	1.173
5.2	−0.370		2.960	2.123	1.145
5.3	−0.365		2.098	1.118	
5.4	−0.360			2.072	1.090
5.5	−0.356			2.047	1.063
5.6	−0.350			2.021	1.035

取水许可和水资源费征收管理条例

第一章　总　则

第一条　为加强水资源管理和保护，促进水资源的节约与合理开发利用，根据《中华人民共和国水法》，制定本条例。

第二条　本条例所称取水，是指利用取水工程或者设施直接从江河、湖泊或者地下取用水资源。

取用水资源的单位和个人，除本条例第四条规定的情形外，都应当申请领取取水许可证，并缴纳水资源费。

本条例所称取水工程或者设施，是指闸、坝、渠道、人工河道、虹吸管、水泵、水井以及水电站等。

第三条　县级以上人民政府水行政主管部门按照分级管理权限，负责取水许可制度的组织实施和监督管理。

国务院水行政主管部门在国家确定的重要江河、湖泊设立的流域管理机构（以下简称流域管理机构），依照本条例规定和国务院水行政主管部门授权，负责所管辖范围内取水许可制度的组织实施和监督管理。

县级以上人民政府水行政主管部门、财政部门和价格主管部门依照本条例规定和管理权限，负责水资源费的征收、管理和监督。

第四条　下列情形不需要申请领取取水许可证：

（一）农村集体经济组织及其成员使用本集体经济组织的水塘、水库中的水的；

（二）家庭生活和零星散养、圈养畜禽饮用等少量取水的；

（三）为保障矿井等地下工程施工安全和生产安全必须进行临时应急取（排）水的；

（四）为消除对公共安全或者公共利益的危害临时应急取水的；

（五）为农业抗旱和维护生态与环境必须临时应急取水的。

前款第（二）项规定的少量取水的限额，由省、自治区、直辖市人民政府规定；第（三）项、第（四）项规定的取水，应当及时报县级以上地方人民政府水行政主管部门或者流域管理机构备案；第（五）项规定的取水，应当经县级以上人民政府水行政主管部门或者流域管理机构同意。

第五条　取水许可应当首先满足城乡居民生活用水，并兼顾农业、工业、生态与环境用水以及航运等需要。

省、自治区、直辖市人民政府可以依照本条例规定的职责权限，在同一流域或者区域内，根据实际情况对前款各项用水规定具体的先后顺序。

第六条　实施取水许可必须符合水资源综合规划、流域综合规划、水中长期供求规划和水功能区划，遵守依照《中华人民共和国水法》规定批准的水量分配方案；尚未制定水量分配方案的，应当遵守有关地方人民政府间签订的协议。

第七条　实施取水许可应当坚持地表水与地下水统筹考虑，开源与节流相结合、节流优先的原则，实行总量控制与定额管理相结合。

流域内批准取水的总耗水量不得超过本流域水资源可利用量。

行政区域内批准取水的总水量，不得超过流域管理机构或者上一级水行政主管部门下达的可供本行政区域取用的水量；其中，批准取用地下水的总水量，不得超过本行政区域地下水可开采量，并应当符合地下水开发利用规划的要求。制定地下水开发利用规划应当征求国土资源主管部门的意见。

第八条　取水许可和水资源费征收管理制度的实施应当遵循公开、公平、公正、高效和便民的原则。

第九条　任何单位和个人都有节约和保护水资源的义务。

对节约和保护水资源有突出贡献的单位和个人，由县级以上人民政府给予表彰和奖励。

第二章　取水的申请和受理

第十条　申请取水的单位或者个人（以下简称申请人），应当向具有审批权限的审批机关提出申请。申请利用多种水源，且各种水源的取水许可审批机关不同的，应当向其中最高一级审批机关提出申请。

取水许可权限属于流域管理机构的，应当向取水口所在地的省、自治区、直辖市人民政府水行政主管部门提出申请。省、自治区、直辖市人民政府水行政主管部门，应当自收到申请之日起20个工作日内提出意见，并连同全部申请材料转报流域管理机构；流域管理机构收到后，应当依照本条例第十三条的规定作出处理。

第十一条　申请取水应当提交下列材料：

（一）申请书；

（二）与第三者利害关系的相关说明；

（三）属于备案项目的，提供有关备案材料；

（四）国务院水行政主管部门规定的其他材料。

建设项目需要取水的，申请人还应当提交由具备建设项目水资源论证资质的单位编制的建设项目水资源论证报告书。论证报告书应当包括取水水源、用水合理性以及对生态与环境的影响等内容。

第十二条　申请书应当包括下列事项：

（一）申请人的名称（姓名）、地址；

（二）申请理由；

（三）取水的起始时间及期限；

（四）取水目的、取水量、年内各月的用水量等；

（五）水源及取水地点；

（六）取水方式、计量方式和节水措施；

（七）退水地点和退水中所含主要污染物以及污水处理措施；

（八）国务院水行政主管部门规定的其他事项。

第十三条　县级以上地方人民政府水行政主管部门或者流域管理机构，应当自收到取水申请之日起5个工作日内对申请材料进行审查，并根据下列不同情形分别作出处理：

（一）申请材料齐全、符合法定形式、属于本机关受理范围的，予以受理；

（二）提交的材料不完备或者申请书内容填注不明的，通知申请人补正；

（三）不属于本机关受理范围的，告知申请人向有受理权限的机关提出申请。

第三章　取水许可的审查和决定

第十四条　取水许可实行分级审批。

下列取水由流域管理机构审批：

（一）长江、黄河、淮河、海河、滦河、珠江、松花江、辽河、金沙江、汉江的干流和太湖以及其他跨省、自治区、直辖市河流、湖泊的指定河段限额以上的取水；

（二）国际跨界河流的指定河段和国际边界河流限额以上的取水；

（三）省际边界河流、湖泊限额以上的取水；

（四）跨省、自治区、直辖市行政区域的取水；

（五）由国务院或者国务院投资主管部门审批、核准的大型建设项目的取水；

（六）流域管理机构直接管理的河道（河段）、湖泊内的取水。

前款所称的指定河段和限额以及流域管理机构直接管理的河道（河段）、湖泊，由国务院水行政主管部门规定。

其他取水由县级以上地方人民政府水行政主管部门按照省、自治区、直辖市人民政府规定的审批权限审批。

第十五条　批准的水量分配方案或者签订的协议是确定流域与行政区域取水许可总量控制的依据。

跨省、自治区、直辖市的江河、湖泊，尚未制定水量分配方案或者尚未签订协议的，有关省、自治区、直辖市的取水许可总量控制指标，由流域管理机构根据流域水资源条件，依据水资源综合规划、流域综合规划和水中长期供求规划，结合各省、自治区、直辖市取水现状及供需情况，商有关省、自治区、直辖市人民政府水行政主管部门提出，报国务院水行政主管部门批准；设区的市、县（市）行政区域的取水许可总量控制指标，由省、自治区、直辖市人民政府水行政主管部门依据本省、自治区、直辖市取水许可总量控制指标，结合各地取水现状及供需情况制定，并报流域管理机构备案。

第十六条　按照行业用水定额核定的用水量是取水量审批的主要依据。

省、自治区、直辖市人民政府水行政主管部门和质量监督检验管理部门对本行政区域行业用水定额的制定负责指导并组织实施。

尚未制定本行政区域行业用水定额的，可以参照国务院有关行业主管部门制定的行业用水定额执行。

第十七条　审批机关受理取水申请后，应当对取水申请材料进行全面审查，并综合考虑取水可能对水资源的节约保护和经济社会发展带来的影响，决定是否批准取水申请。

第十八条　审批机关认为取水涉及社会公共利益需要听证的，应当向社会公告，并举行听证。

取水涉及申请人与他人之间重大利害关系的，审批机关在作出是否批准取水申请的决定前，应当告知申请人、利害关系人。申请人、利害关系人要求听证的，审批机关应当组织听证。

因取水申请引起争议或者诉讼的，审批机关应当书面通知申请人中止审批程序；争议解决或者诉讼终止后，恢复审批程序。

第十九条　审批机关应当自受理取水申请之日起45个工作日内决定批准或者不批准。决定批准的，应当同时签发取水申请批准文件。

对取用城市规划区地下水的取水申请，审批机关应当征求城市建设主管部门的意见，城市建设主管部门应当自收到征求意见材料之日起5个工作日内提出意见并转送取水审批机关。

本条第一款规定的审批期限，不包括举行听证和征求有关部门意见所需的时间。

第二十条　有下列情形之一的，审批机关不予批准，并在作出不批准的决定时，书面告知申请人不批准的理由和依据：

（一）在地下水禁采区取用地下水的；

（二）在取水许可总量已经达到取水许可控制总量的地区增加取水量的；

（三）可能对水功能区水域使用功能造成重大损害的；

（四）取水、退水布局不合理的；

（五）城市公共供水管网能够满足用水需要时，建设项目自备取水设施取用地下水的；

（六）可能对第三者或者社会公共利益产生重大损害的；

（七）属于备案项目，未报送备案的；

（八）法律、行政法规规定的其他情形。

审批的取水量不得超过取水工程或者设施设计的取水量。

第二十一条　取水申请经审批机关批准，申请人方可兴建取水工程或者设施。需由国家审批、核准的建设项目，未取得取水申请批准文件的，项目主管部门不得审批、核准该建设项目。

第二十二条　取水申请批准后3年内，取水工程或者设施未开工建设，或者需由国家审批、核准的建设项目未取得国家审批、核准的，取水申请批准文件自行失效。

建设项目中取水事项有较大变更的，建设单位应当重新进行建设项目水资源论证，并重新申请取水。

第二十三条　取水工程或者设施竣工后，申请人应当按照国务院水行政主管部门的规定，向取水审批机关报送取水工程或者设施试运行情况等相关材料；经验收合格的，由审批机关核发取水许可证。

直接利用已有的取水工程或者设施取水的，经审批机关审查合格，发给取水许可证。

审批机关应当将发放取水许可证的情况及时通知取水口所在地县级人民政府水行政主管部门，并定期对取水许可证的发放情况予以公告。

第二十四条　取水许可证应当包括下列内容：

（一）取水单位或者个人的名称（姓名）；

（二）取水期限；

（三）取水量和取水用途；

（四）水源类型；

（五）取水、退水地点及退水方式、退水量。

前款第（三）项规定的取水量是在江河、湖泊、地下水多年平均水量情况下允许的取水单位或者个人的最大取水量。

取水许可证由国务院水行政主管部门统一制作，审批机关核发取水许可证只能收取工本费。

第二十五条　取水许可证有效期限一般为5年，最长不超过10年。有效期届满，需要延续的，取水单位或者个人应当在有效期届满45日前向原审批机关提出申请，原审批机关应当在有效期届满前，作出是否延续的决定。

第二十六条　取水单位或者个人要求变更取水许可证载明的事项的，应当依照本条例的规定向原审批机关申请，经原审批机关批准，办理有关变更手续。

第二十七条　依法获得取水权的单位或者个人，通过调整产品和产业结构、改革工艺、节水等措施节约水资源的，在取水许可的有效期和取水限额内，经原审批机关批准，可以依法有偿转让其节约的水资源，并到原审批机关办理取水权变更手续。具体办法由国务院水行政主管部门制定。

第四章　水资源费的征收和使用管理

第二十八条　取水单位或者个人应当缴纳水资源费。

取水单位或者个人应当按照经批准的年度取水计划取水。超计划或者超定额取水的，对超计划或者超定额部分累进收取水资源费。

水资源费征收标准由省、自治区、直辖市人民政府价格主管部门会同同级财政部门、水行政主管部门制定，报本级人民政府批准，并报国务院价格主管部门、财政部门和水行政主管部门备案。其中，由流域管理机构审批取水的中央直属和跨省、自治区、直辖市水利工程的水资源费征收标准，由国务院价格主管部门会同国务院财政部门、水行政主管部门制定。

第二十九条　制定水资源费征收标准，应当遵循下列原则：

（一）促进水资源的合理开发、利用、节约和保护；

（二）与当地水资源条件和经济社会发展水平相适应；

（三）统筹地表水和地下水的合理开发利用，防止地下水过量开采；

（四）充分考虑不同产业和行业的差别。

第三十条　各级地方人民政府应当采取措施，提高农业用水效率，发展节水型农业。

农业生产取水的水资源费征收标准应当根据当地水资源条件、农村经济发展状况和促进农业节约用水需要制定。农业生产取水的水资源费征收标准应当低于其他用水的水资源费征收标准，粮食作物的水资源费征收标准应当低于经济作物的水资源费征收标准。农业生产取水的水资源费征收的步骤和范围由省、自治区、直辖市人民政府规定。

第三十一条　水资源费由取水审批机关负责征收；其中，流域管理机构审批的，水资源费由取水口所在地省、自治区、直辖市人民政府水行政主管部门代为征收。

第三十二条 水资源费缴纳数额根据取水口所在地水资源费征收标准和实际取水量确定。

水力发电用水和火力发电贯流式冷却用水可以根据取水口所在地水资源费征收标准和实际发电量确定缴纳数额。

第三十三条 取水审批机关确定水资源费缴纳数额后，应当向取水单位或者个人送达水资源费缴纳通知单，取水单位或者个人应当自收到缴纳通知单之日起 7 日内办理缴纳手续。

直接从江河、湖泊或者地下取用水资源从事农业生产的，对超过省、自治区、直辖市规定的农业生产用水限额部分的水资源，由取水单位或者个人根据取水口所在地水资源费征收标准和实际取水量缴纳水资源费；符合规定的农业生产用水限额的取水，不缴纳水资源费。取用供水工程的水从事农业生产的，由用水单位或者个人按照实际用水量向供水工程单位缴纳水费，由供水工程单位统一缴纳水资源费；水资源费计入供水成本。

为了公共利益需要，按照国家批准的跨行政区域水量分配方案实施的临时应急调水，由调入区域的取用水的单位或者个人，根据所在地水资源费征收标准和实际取水量缴纳水资源费。

第三十四条 取水单位或者个人因特殊困难不能按期缴纳水资源费的，可以自收到水资源费缴纳通知单之日起 7 日内向发出缴纳通知单的水行政主管部门申请缓缴；发出缴纳通知单的水行政主管部门应当自收到缓缴申请之日起 5 个工作日内作出书面决定并通知申请人；期满未作决定的，视为同意。水资源费的缓缴期限最长不得超过 90 日。

第三十五条 征收的水资源费应当按照国务院财政部门的规定分别解缴中央和地方国库。因筹集水利工程基金，国务院对水资源费的提取、解缴另有规定的，从其规定。

第三十六条 征收的水资源费应当全额纳入财政预算，由财政部门按照批准的部门财政预算统筹安排，主要用于水资源的节约、保护和管理，也可以用于水资源的合理开发。

第三十七条 任何单位和个人不得截留、侵占或者挪用水资源费。

审计机关应当加强对水资源费使用和管理的审计监督。

第五章 监督管理

第三十八条 县级以上人民政府水行政主管部门或者流域管理机构应当依照本条例规定，加强对取水许可制度实施的监督管理。

县级以上人民政府水行政主管部门、财政部门和价格主管部门应当加强对水资源费征收、使用情况的监督管理。

第三十九条 年度水量分配方案和年度取水计划是年度取水总量控制的依据，应当根据批准的水量分配方案或者签订的协议，结合实际用水状况、行业用水定额、下一年度预测来水量等制定。

国家确定的重要江河、湖泊的流域年度水量分配方案和年度取水计划，由流域管理机构会同有关省、自治区、直辖市人民政府水行政主管部门制定。

县级以上各地方行政区域的年度水量分配方案和年度取水计划，由县级以上地方人民政府水行政主管部门根据上一级地方人民政府水行政主管部门或者流域管理机构下达的年度水量分配方案和年度取水计划制定。

第四十条　取水审批机关依照本地区下一年度取水计划、取水单位或者个人提出的下一年度取水计划建议，按照统筹协调、综合平衡、留有余地的原则，向取水单位或者个人下达下一年度取水计划。

取水单位或者个人因特殊原因需要调整年度取水计划的，应当经原审批机关同意。

第四十一条　有下列情形之一的，审批机关可以对取水单位或者个人的年度取水量予以限制：

（一）因自然原因，水资源不能满足本地区正常供水的；

（二）取水、退水对水功能区水域使用功能、生态与环境造成严重影响的；

（三）地下水严重超采或者因地下水开采引起地面沉降等地质灾害的；

（四）出现需要限制取水量的其他特殊情况的。

发生重大旱情时，审批机关可以对取水单位或者个人的取水量予以紧急限制。

第四十二条　取水单位或者个人应当在每年的 12 月 31 日前向审批机关报送本年度的取水情况和下一年度取水计划建议。

审批机关应当按年度将取用地下水的情况抄送同级国土资源主管部门，将取用城市规划区地下水的情况抄送同级城市建设主管部门。

审批机关依照本条例第四十一条第一款的规定，需要对取水单位或者个人的年度取水量予以限制的，应当在采取限制措施前及时书面通知取水单位或者个人。

第四十三条　取水单位或者个人应当依照国家技术标准安装计量设施，保证计量设施正常运行，并按照规定填报取水统计报表。

第四十四条　连续停止取水满 2 年的，由原审批机关注销取水许可证。由于不可抗力或者进行重大技术改造等原因造成停止取水满 2 年的，经原审批机关同意，可以保留取水许可证。

第四十五条　县级以上人民政府水行政主管部门或者流域管理机构在进行监督检查时，有权采取下列措施：

（一）要求被检查单位或者个人提供有关文件、证照、资料；

（二）要求被检查单位或者个人就执行本条例的有关问题作出说明；

（三）进入被检查单位或者个人的生产场所进行调查；

（四）责令被检查单位或者个人停止违反本条例的行为，履行法定义务。

监督检查人员在进行监督检查时，应当出示合法有效的行政执法证件。有关单位和个人对监督检查工作应当给予配合，不得拒绝或者阻碍监督检查人员依法执行公务。

第四十六条　县级以上地方人民政府水行政主管部门应当按照国务院水行政主管部门的规定，及时向上一级水行政主管部门或者所在流域的流域管理机构报送本行政区域上一年度取水许可证发放情况。

流域管理机构应当按照国务院水行政主管部门的规定，及时向国务院水行政主管部门报送其上一年度取水许可证发放情况，并同时抄送取水口所在地省、自治区、直辖市人民政府水行政主管部门。

上一级水行政主管部门或者流域管理机构发现越权审批、取水许可证核准的总取水量超过水量分配方案或者协议规定的数量、年度实际取水总量超过下达的年度水量分配方案和年度取水计划的，应当及时要求有关水行政主管部门或者流域管理机构纠正。

第六章　法律责任

第四十七条　县级以上地方人民政府水行政主管部门、流域管理机构或者其他有关部门及其工作人员，有下列行为之一的，由其上级行政机关或者监察机关责令改正；情节严重的，对直接负责的主管人员和其他直接责任人员依法给予行政处分；构成犯罪的，依法追究刑事责任：

（一）对符合法定条件的取水申请不予受理或者不在法定期限内批准的；

（二）对不符合法定条件的申请人签发取水申请批准文件或者发放取水许可证的；

（三）违反审批权限签发取水申请批准文件或者发放取水许可证的；

（四）对未取得取水申请批准文件的建设项目，擅自审批、核准的；

（五）不按照规定征收水资源费，或者对不符合缓缴条件而批准缓缴水资源费的；

（六）侵占、截留、挪用水资源费的；

（七）不履行监督职责，发现违法行为不予查处的；

（八）其他滥用职权、玩忽职守、徇私舞弊的行为。

前款第（六）项规定的被侵占、截留、挪用的水资源费，应当依法予以追缴。

第四十八条　未经批准擅自取水，或者未依照批准的取水许可规定条件取水的，依照《中华人民共和国水法》第六十九条规定处罚；给他人造成妨碍或者损失的，应当排除妨碍、赔偿损失。

第四十九条　未取得取水申请批准文件擅自建设取水工程或者设施的，责令停止违法行为，限期补办有关手续；逾期不补办或者补办未被批准的，责令限期拆除或者封闭其取水工程或者设施；逾期不拆除或者不封闭其取水工程或者设施的，由县级以上地方人民政府水行政主管部门或者流域管理机构组织拆除或者封闭，所需费用由违法行为人承担，可以处5万元以下罚款。

第五十条　申请人隐瞒有关情况或者提供虚假材料骗取取水申请批准文件或者取水许可证的，取水申请批准文件或者取水许可证无效，对申请人给予警告，责令其限期补缴应当缴纳的水资源费，处2万元以上10万元以下罚款；构成犯罪的，依法追究刑事责任。

第五十一条　拒不执行审批机关作出的取水量限制决定，或者未经批准擅自转让取水权的，责令停止违法行为，限期改正，处2万元以上10万元以下罚款；逾期拒不改正或者情节严重的，吊销取水许可证。

第五十二条　有下列行为之一的，责令停止违法行为，限期改正，处5 000元以上2万元以下罚款；情节严重的，吊销取水许可证：

（一）不按照规定报送年度取水情况的；

（二）拒绝接受监督检查或者弄虚作假的；

（三）退水水质达不到规定要求的。

第五十三条　未安装计量设施的，责令限期安装，并按照日最大取水能力计算的取水量和水资源费征收标准计征水资源费，处5 000元以上2万元以下罚款；情节严重的，吊销取水许可证。

计量设施不合格或者运行不正常的，责令限期更换或者修复；逾期不更换或者不修复的，按照日最大取水能力计算的取水量和水资源费征收标准计征水资源费，可以处1万元以下罚款；情节严重的，吊销取水许可证。

第五十四条　取水单位或者个人拒不缴纳、拖延缴纳或者拖欠水资源费的，依照《中华人民共和国水法》第七十条规定处罚。

第五十五条　对违反规定征收水资源费、取水许可证照费的，由价格主管部门依法予以行政处罚。

第五十六条　伪造、涂改、冒用取水申请批准文件、取水许可证的，责令改正，没收违法所得和非法财物，并处2万元以上10万元以下罚款；构成犯罪的，依法追究刑事责任。

第五十七条　本条例规定的行政处罚，由县级以上人民政府水行政主管部门或者流域管理机构按照规定的权限决定。

第七章　附　则

第五十八条　本条例自2006年4月15日起施行。1993年8月1日国务院发布的《取水许可制度实施办法》同时废止。

山东省取水许可管理办法

（1996年8月11日山东省第八届人大常委会第23次会议通过）

第一条 为加强水资源管理，节约用水，保证水资源的合理开发利用，促进国民经济和各项社会事业的发展，根据《中华人民共和国水法》和《取水许可制度实施办法》等法律、法规，结合我省实际，制定本办法。

第二条 凡在本省行政区域内利用水工程或者提水设施直接从地下或者河流、湖泊取水的单位和个人，除本办法第四条、第五条规定的情形和第三十五条规定外，都应当依照本办法申请取水许可证，并依照规定取水。

第三条 省水行政主管部门负责全省取水许可制度的组织实施和监督管理。

市（地）、县（市、区）水行政主管部门负责本行政区域内取水许可制度的组织实施和监督管理。

第四条 下列少量取水不需要申请取水许可证：

（一）为家庭生活取水的；

（二）为农业灌溉月取水量4 000立方米以下的；

（三）为非经营性活动取水，月取水量50立方米以下的。

第五条 下列取水免予申请取水许可证：

（一）为农业抗旱应急必须取水的；

（二）为保障矿井等地下工程施工安全和生产安全必须取水的；

（三）为防御和消除对公共安全或者公共利益的危害必须取水的。

第六条 地下水取水许可不得超过本行政区域地下水年度计划可采总量，并应当符合井点总体布局和取水层位的要求。

全省地下水年度计划可采总量、井点总体布局和取水层位，由省水行政主管部门会同省地质矿产行政主管部门确定。

市（地）、县（市、区）地下水年度计划可开采量、井点总体布局和取水层位，由市（地）、县（市、区）水行政主管部门会同同级地质矿产行政主管部门确定。对城市规划区地下水年度计划可采总量、井点总体布局和取水层位，水行政主管部门还应当会同城市建设行政主管部门确定。

第七条 在地下水超采区，应当严格控制开采地下水，不得扩大取水。禁止在没有回灌措施的地下水严重超采区取水。

地下水超采区和禁止取水区，由省水行政主管部门会同省地质矿产行政主管部门划定，报省人民政府批准；涉及城市规划区和城市供水水源的，由省水行政主管部门会同省地质矿产行政主管部门和省城市建设行政主管部门划定，报省人民政府批准。

第八条 新建、改建、扩建的建设项目，需要申请或者重新申请取水许可的，建设单位应当在报送建设项目可行性研究报告前，向县级以上水行政主管部门提出取水许可预申请；需要取用城市规划区内地下水的，在向水行政主管部门提出取水许可预申请前，须经城市建设行政主管部门审核同意并签署意见。

水行政主管部门收到建设单位提出的取水许可预申请后，应当及时会同有关部门审议，提出书面意见。

建设单位在报送建设项目可行性研究报告时，应当附具体行政主管部门的书面意见。

第九条　申请取水许可预申请需提交以下文件：

（一）取水许可预申请书；

（二）建设项目建议书的简要说明；

（三）取水水源已开发利用状况及水源动态的分析报告；

（四）节约用水措施；

（五）取水和退水对水环境影响的分析报告；

（六）取水许可预申请与第三者有利害关系时，第三者的承诺书或者其他文件。

第十条　建设项目经批准后，建设单位应当持经批准的可行性研究报告等有关文件，向县级以上水行政主管部门提出取水许可申请；需要取用城市规划区内地下水的，应当经城市建设行政主管部门审核同意并签署意见后由水行政主管部门审批。

第十一条　水行政主管部门在审批大中型建设项目的地下取水许可申请、供水水源地的地下水取水许可申请时，必须经地质矿产行政主管部门审核同意并签署意见后方可审批。

第十二条　免予审批可行性研究报告的新建、改建、扩建的建设项目，需要申请和重新申请取水许可的，建设单位应当在申报年度投资计划的同时，直接向县级以上水行政主管部门提出取水许可申请。

第十三条　取水许可证审批、发放权限：

（一）在卫运河、漳卫新河干流取水和在沂河、沭河、韩庄运河干流距省际边界十公里内取水，其取水量大于十立方米每秒的，经省水行政主管部门审核后，报国务院水行政主管部门授权的流域管理机构按照国家规定审批、发放；

（二）从大型水库取水的，在市（地）边界河道取水或者在市（地）边界两侧各五公里内取地下水的，非灌溉用水日取地表水四万立方米以上、地下水二万立方米以上的，以及大中型建设项目和大型灌区的取水，由省水行政主管部门审批、发放；

（三）本条第一项、第二项规定之外的取水许可证的审批、发放权限，由市（地）人民政府（行署）决定。

第十四条　申请取水许可应当提交下列文件：

（一）取水许可申请书；

（二）取水许可申请所依据的有关文件；

（三）取水许可申请与第三者有利害关系时，第三者的承诺书或者其他文件。

第十五条　有下列情形之一的，水行政主管部门应当在接到取水许可预申请或者取水许可申请之日起十五日内通知申请人补正：

（一）不符合法律、法规规定的；

（二）申请书内容填注不明的；

（三）应提交的文件不完备的；

（四）取水许可申请与预申请取水内容不符的。

申请取水许可的单位和个人应当在接到补正通知之日起三十日内补正；逾期不补正的，视为放弃申请。

第十六条　水行政主管部门应当自收到取水许可申请或者补正的取水许可申请之日起，六十日内决定批准或者不批准；对急需取水的，应当在三十日内决定批准或者不批准。逾期未作出决定的，视为批准。

需要先经地质矿产行政主管部门、城市建设行政主管部门审核的，地质矿产行政主管部门和城市建设行政主管部门应当自收到取水许可申请之日起三十日内送出审核意见；对急需取水的，应在十五日内送出审核意见。逾期未送出审核意见的，视为同意。

取水许可申请引起争议或者诉讼，应当书面通知申请人，待争议或者诉讼终止后，重新提出取水许可申请。

第十七条　对取水许可申请不予批准时，申请取水许可的单位和个人认为取水许可申请符合法定条件的，可以依法申请复议或者向人民法院起诉。

第十八条　建设项目取水许可申请经水行政主管部门批准后，取水单位方可兴建取水工程或者取水设施。取水工程或者取水设施竣工后，由原批准机关验收并核定其实际取水量，发给取水许可证。

有关批准机关验收时，建设单位应提交取水工程竣工报告，取用地下水的还应当同时提供抽水试验报告、水质化验报告、取水计量装置等有关资料。

第十九条　取水许可证持有人必须按照取水许可证规定的地点、方式、数量、有效期限等取水。

第二十条　有下列情形之一的，水行政主管部门根据本部门的权限，经同级人民政府批准，可以对取水许可证持有人的取水量予以核减或者限制：

（一）由于自然原因等使水源不能满足本地区正常供水的；

（二）地下水严重超采或者因地下水开采引起地面沉降等地质灾害的；

（三）社会总取水量增加而又无法另得水源的；

（四）产品、产量或者生产工艺发生变化使取水量发生变化的；

（五）出现需要核减或者限制取水量的其他特殊情况的。

第二十一条　因自然原因等需要更改取水地点的，须经原发证机关批准。

第二十二条　取水许可证持有人连续停止取水满一年的，由原发证机关核查后，报同级人民政府批准，吊销其取水许可证。但是由于不可抗力或者进行重大技术改造等造成连续停止取水满一年的，经县级以上人民政府批准，不予吊销取水许可证。

第二十三条　取水许可证的有效期限由发证机关确定，其有效期限最长不超过五年。

取水期满，取水许可证自行失效。需要延长取水期限的，取水单位和个人应当在距期满九十日前向原发证机关办理更换取水许可证手续。

第二十四条　取水许可证不得复制、涂改；不得买卖、出租或者以其他形式非法转让。

第二十五条　取水许可证持有人应当采取措施，节约用水，防止水污染，切实保护好水资源。

取水许可证持有人应当在开始取水前向水行政主管部门报送本年度用水计划，并在每年的1月份报送上一年的用水总结。取用地下水的，应当将年度用水计划和用水总结抄报地质矿产行政主管部门；在城市规划区内取地下水的，应当将年度用水计划和总结同时抄报城市建设行政主管部门。

第二十六条　取水许可证实行年度审验制度。

第二十七条　有下列情形之一的，由水行政主管部门责令其限期纠正违法行为；情节严重的，报县级以上人民政府批准，吊销其取水许可证：

（一）未依照规定取水的；

（二）未在规定期限内装置计量设施的；

（三）拒绝提供取水量测定数据等有关资料或者提供假资料的；

（四）拒不执行水行政主管部门作出的取水量核减或者限制决定的；

（五）将依照取水许可证取得的水非法转售的。

第二十八条　未经批准擅自取水的，由水行政主管部门责令其停止取水；对有关责任人员可由其所在单位或者上级主管部门给予行政处分。

第二十九条　复制、涂改、买卖、出租或者以其他形式非法转让取水许可证的，由水行政主管部门吊销其取水许可证，没收非法所得。

第三十条　水行政主管部门实施罚没处罚时，应当使用财政部门统一印制的罚没收据。罚没款项缴同级财政。

第三十一条　当事人对行政处罚决定不服的，可以依照《中华人民共和国行政诉讼法》和《行政复议条例》的规定申请复议或者提起诉讼；当事人逾期不申请复议或者不向人民法院起诉又不履行处罚决定的，作出处罚决定的机关可以申请人民法院强制执行。

第三十二条　水行政主管部门违反本办法第六条第一款、第七条第一款规定审批、发放取水许可证的，发放的取水许可证由上一级水行政主管部门予以收回；由此给取水单位和个人造成损失的，水行政主管部门应当负责赔偿；对直接负责的主管人员和其他直接责任人员依法给予行政处分；构成犯罪的，依法追究刑事责任。

第三十三条　本办法施行前已经取水的单位和个人，除本办法第四条、第五条规定的情形外，应当向县级以上人民政府水行政主管部门办理取水登记，领取取水许可证；取用地下水或者在城市规划区内取水的，已由水行政主管部门办理了取水登记的，水行政主管部门应当将取水登记表分别抄送同级地质矿产行政主管部门、城市建设行政主管部门；在城市规划区内尚未办理取水登记的，取水登记工作由水行政主管部门会同城市建设行政主管部门进行。

第三十四条　水行政主管部门在办理取水许可审批手续时，必须使用国务院水行政主管部门统一印制的取水许可证及取水许可申请书。

发放取水许可证，只准收取工本费。

第三十五条　在黄河取水的，按国家的有关规定执行。

第三十六条　本办法自公布之日起施行。

中共中央　国务院关于加快水利改革发展的决定

（中发［2011］1号）

2010年12月31日

水是生命之源、生产之要、生态之基。兴水利、除水害，事关人类生存、经济发展、社会进步，历来是治国安邦的大事。促进经济长期平稳较快发展和社会和谐稳定，夺取全面建设小康社会新胜利，必须下决心加快水利发展，切实增强水利支撑保障能力，实现水资源可持续利用。近年来我国频繁发生的严重水旱灾害，造成重大生命财产损失，暴露出农田水利等基础设施十分薄弱，必须大力加强水利建设。现就加快水利改革发展，作出如下决定。

一、新形势下水利的战略地位

（一）水利面临的新形势。新中国成立以来，特别是改革开放以来，党和国家始终高度重视水利工作，领导人民开展了气壮山河的水利建设，取得了举世瞩目的巨大成就，为经济社会发展、人民安居乐业作出了突出贡献。但必须看到，人多水少、水资源时空分布不均是我国的基本国情水情。洪涝灾害频繁仍然是中华民族的心腹大患，水资源供需矛盾突出仍然是可持续发展的主要瓶颈，农田水利建设滞后仍然是影响农业稳定发展和国家粮食安全的最大硬伤，水利设施薄弱仍然是国家基础设施的明显短板。随着工业化、城镇化深入发展，全球气候变化影响加大，我国水利面临的形势更趋严峻，增强防灾减灾能力要求越来越迫切，强化水资源节约保护工作越来越繁重，加快扭转农业主要“靠天吃饭”局面任务越来越艰巨。2010年西南地区发生特大干旱、多数省区市遭受洪涝灾害、部分地方突发严重山洪泥石流，再次警示我们加快水利建设刻不容缓。

（二）新形势下水利的地位和作用。水利是现代农业建设不可或缺的首要条件，是经济社会发展不可替代的基础支撑，是生态环境改善不可分割的保障系统，具有很强的公益性、基础性、战略性。加快水利改革发展，不仅事关农业农村发展，而且事关经济社会发展全局；不仅关系到防洪安全、供水安全、粮食安全，而且关系到经济安全、生态安全、国家安全。要把水利工作摆上党和国家事业发展更加突出的位置，着力加快农田水利建设，推动水利实现跨越式发展。

二、水利改革发展的指导思想、目标任务和基本原则

（三）指导思想。全面贯彻党的十七大和十七届三中、四中、五中全会精神，以邓小平理论和“三个代表”重要思想为指导，深入贯彻落实科学发展观，把水利作为国家基础设施建设的优先领域，把农田水利作为农村基础设施建设的重点任务，把严格水资源管理作为加快转变经济发展方式的战略举措，注重科学治水、依法治水，突出加强薄弱环节建设，大力发展民生水利，不断深化水利改革，加快建设节水型社会，促进水利可持续发展，努力走出一条中国特色水利现代化道路。

（四）目标任务。力争通过5年到10年努力，从根本上扭转水利建设明显滞后的局面。到2020年，基本建成防洪抗旱减灾体系，重点城市和防洪保护区防洪能力明显提高，抗旱能力显著增强，“十二五”期间基本完成重点中小河流（包括大江大河支流、独流入海河流和内陆河流）重要河段治理、全面完成小型水库除险加固和山洪灾害易发区预警预报系统建设；基本建成水资源合理配置和高效利用体系，全国年用水总量力争控制在6 700亿立方米以内，城乡供水保证率显著提高，城乡居民饮水安全得到全面保障，万元国内生产总值和万元工业增加值用水量明显降低，农田灌溉水有效利用系数提高到0.55以上，“十二五”期间新增农田有效灌溉面积4 000万亩；基本建成水资源保护和河湖健康保障体系，主要江河湖泊水功能区水质明显改善，城镇供水水源地水质全面达标，重点区域水土流失得到有效治理，地下水超采基本遏制；基本建成有利于水利科学发展的制度体系，最严格的水资源管理制度基本建立，水利投入稳定增长机制进一步完善，有利于水资源节约和合理配置的水价形成机制基本建立，水利工程良性运行机制基本形成。

（五）基本原则。一要坚持民生优先。着力解决群众最关心最直接最现实的水利问题，推动民生水利新发展。二要坚持统筹兼顾。注重兴利除害结合、防灾减灾并重、治标治本兼顾，促进流域与区域、城市与农村、东中西部地区水利协调发展。三要坚持人水和谐。顺应自然规律和社会发展规律，合理开发、优化配置、全面节约、有效保护水资源。四要坚持政府主导。发挥公共财政对水利发展的保障作用，形成政府社会协同治水兴水合力。五要坚持改革创新。加快水利重点领域和关键环节改革攻坚，破解制约水利发展的体制机制障碍。

三、突出加强农田水利等薄弱环节建设

（六）大兴农田水利建设。到2020年，基本完成大型灌区、重点中型灌区续建配套和节水改造任务。结合全国新增千亿斤粮食生产能力规划实施，在水土资源条件具备的地区，新建一批灌区，增加农田有效灌溉面积。实施大中型灌溉排水泵站更新改造，加强重点涝区治理，完善灌排体系。健全农田水利建设新机制，中央和省级财政要大幅增加专项补助资金，市、县两级政府也要切实增加农田水利建设投入，引导农民自愿投工投劳。加快推进小型农田水利重点县建设，优先安排产粮大县，加强灌区末级渠系建设和田间工程配套，促进旱涝保收高标准农田建设。因地制宜兴建中小型水利设施，支持山丘区小水窖、小水池、小塘坝、小泵站、小水渠等“五小水利”工程建设，重点向革命老区、民族地区、边疆地区、贫困地区倾斜。大力发展节水灌溉，推广渠道防渗、管道输水、喷灌滴灌等技术，扩大节水、抗旱设备补贴范围。积极发展旱作农业，采用地膜覆盖、深松深耕、保护性耕作等技术。稳步发展牧区水利，建设节水高效灌溉饲草料地。

（七）加快中小河流治理和小型水库除险加固。中小河流治理要优先安排洪涝灾害易发、保护区人口密集、保护对象重要的河流及河段，加固堤岸，清淤疏浚，使治理河段基本达到国家防洪标准。巩固大中型病险水库除险加固成果，加快小型病险水库除险加固步伐，尽快消除水库安全隐患，恢复防洪库容，增强水资源调控能力。推进大中型病险水闸除险加固。山洪地质灾害防治要坚持工程措施和非工程措施相结合，抓紧完善专群结合的监测预警体系，加快实施防灾避让和重点治理。

（八）抓紧解决工程性缺水问题。加快推进西南等工程性缺水地区重点水源工程建设，坚持蓄引提与合理开采地下水相结合，以县域为单元，尽快建设一批中小型水库、引提水和连通工程，支持农民兴建小微型水利设施，显著提高雨洪资源利用和供水保障能力，基本解决缺水城镇、人口较集中乡村的供水问题。

（九）提高防汛抗旱应急能力。尽快健全防汛抗旱统一指挥、分级负责、部门协作、反应迅速、协调有序、运转高效的应急管理机制。加强监测预警能力建设，加大投入，整合资源，提高雨情汛情旱情预报水平。建立专业化与社会化相结合的应急抢险救援队伍，着力推进县乡两级防汛抗旱服务组织建设，健全应急抢险物资储备体系，完善应急预案。建设一批规模合理、标准适度的抗旱应急水源工程，建立应对特大干旱和突发水安全事件的水源储备制度。加强人工增雨（雪）作业示范区建设，科学开发利用空中云水资源。

（十）继续推进农村饮水安全建设。到2013年解决规划内农村饮水安全问题，“十二五”期间基本解决新增农村饮水不安全人口的饮水问题。积极推进集中供水工程建设，提高农村自来水普及率。有条件的地方延伸集中供水管网，发展城乡一体化供水。加强农村饮水安全工程运行管理，落实管护主体，加强水源保护和水质监测，确保工程长期发挥效益。制定支持农村饮水安全工程建设的用地政策，确保土地供应，对建设、运行给予税收优惠，供水用电执行居民生活或农业排灌用电价格。

四、全面加快水利基础设施建设

（十一）继续实施大江大河治理。进一步治理淮河，搞好黄河下游治理和长江中下游河势控制，继续推进主要江河河道整治和堤防建设，加强太湖、洞庭湖、鄱阳湖综合治理，全面加快蓄滞洪区建设，合理安排居民迁建。搞好黄河下游滩区安全建设。“十二五”期间抓紧建设一批流域防洪控制性水利枢纽工程，不断提高调蓄洪水能力。加强城市防洪排涝工程建设，提高城市排涝标准。推进海堤建设和跨界河流整治。

（十二）加强水资源配置工程建设。完善优化水资源战略配置格局，在保护生态前提下，尽快建设一批骨干水源工程和河湖水系连通工程，提高水资源调控水平和供水保障能力。加快推进南水北调东中线一期工程及配套工程建设，确保工程质量，适时开展南水北调西线工程前期研究。积极推进一批跨流域、区域调水工程建设。着力解决西北等地区资源性缺水问题。大力推进污水处理回用，积极开展海水淡化和综合利用，高度重视雨水、微咸水利用。

（十三）搞好水土保持和水生态保护。实施国家水土保持重点工程，采取小流域综合治理、淤地坝建设、坡耕地整治、造林绿化、生态修复等措施，有效防治水土流失。进一步加强长江上中游、黄河上中游、西南石漠化地区、东北黑土区等重点区域及山洪地质灾害易发区的水土流失防治。继续推进生态脆弱河流和地区水生态修复，加快污染严重江河湖泊水环境治理。加强重要生态保护区、水源涵养区、江河源头区、湿地的保护。实施农村河道综合整治，大力开展生态清洁型小流域建设。强化生产建设项目水土保持监督管理。建立健全水土保持、建设项目占用水利设施和水域等补偿制度。

（十四）合理开发水能资源。在保护生态和农民利益前提下，加快水能资源开发利用。统筹兼顾防洪、灌溉、供水、发电、航运等功能，科学制定规划，积极发展水电，加强水能资源管理，规范开发许可，强化水电安全监管。大力发展农村水电，积极开展水电新农村电气化县建设和小水电代燃料生态保护工程建设，搞好农村水电配套电网改造工程建设。

（十五）强化水文气象和水利科技支撑。加强水文气象基础设施建设，扩大覆盖范围，优化站网布局，着力增强重点地区、重要城市、地下水超采区水文测报能力，加快应急机动监测能力建设，实现资料共享，全面提高服务水平。健全水利科技创新体系，强化基础条件平台建设，加强基础研究和技术研发，力争在水利重点领域、关键环节和核心技术上实现新突破，获得一批具有重大实用价值的研究成果，加大技术引进和推广应用力度。提高水利技术装备水平。建立健全水利行业技术标准。推进水利信息化建设，全面实施“金水工程”，加快建设国家防汛抗旱指挥系统和水资源管理信息系统，提高水资源调控、水利管理和工程运行的信息化水平，以水利信息化带动水利现代化。加强水利国际交流与合作。

五、建立水利投入稳定增长机制

（十六）加大公共财政对水利的投入。多渠道筹集资金，力争今后 10 年全社会水利年平均投入比 2010 年高出一倍。发挥政府在水利建设中的主导作用，将水利作为公共财政投入的重点领域。各级财政对水利投入的总量和增幅要有明显提高。进一步提高水利建设资金在国家固定资产投资中的比重。大幅度增加中央和地方财政专项水利资金。从土地出让收益中提取 10%用于农田水利建设，充分发挥新增建设用地土地有偿使用费等土地整治资金的综合效益。进一步完善水利建设基金政策，延长征收年限，拓宽来源渠道，增加收入规模。完善水资源有偿使用制度，合理调整水资源费征收标准，扩大征收范围，严格征收、使用和管理。有重点防洪任务和水资源严重短缺的城市要从城市建设维护税中划出一定比例用于城市防洪排涝和水源工程建设。切实加强水利投资项目和资金监督管理。

（十七）加强对水利建设的金融支持。综合运用财政和货币政策，引导金融机构增加水利信贷资金。有条件的地方根据不同水利工程的建设特点和项目性质，确定财政贴息的规模、期限和贴息率。在风险可控的前提下，支持农业发展银行积极开展水利建设中长期政策性贷款业务。鼓励国家开发银行、农业银行、农村信用社、邮政储蓄银行等银行业金融机构进一步增加农田水利建设的信贷资金。支持符合条件的水利企业上市和发行债券，探索发展大型水利设备设施的融资租赁业务，积极开展水利项目收益权质押贷款等多种形式融资。鼓励和支持发展洪水保险。提高水利利用外资的规模和质量。

（十八）广泛吸引社会资金投资水利。鼓励符合条件的地方政府融资平台公司通过直接、间接融资方式，拓宽水利投融资渠道，吸引社会资金参与水利建设。鼓励农民自力更生、艰苦奋斗，在统一规划基础上，按照多筹多补、多干多补原则，加大一事一议财政奖补力度，充分调动农民兴修农田水利的积极性。结合增值税改革和立法进程，完善农村水电增值税政策。完善水利工程耕地占用税政策。积极稳妥推进经营性水利项目进行市场融资。

六、实行最严格的水资源管理制度

（十九）建立用水总量控制制度。确立水资源开发利用控制红线，抓紧制定主要江河水量分配方案，建立取用水总量控制指标体系。加强相关规划和项目建设布局水资源论证工作，国民经济和社会发展规划以及城市总体规划的编制、重大建设项目的布局，要与当地水资源条件和防洪要求相适应。严格执行建设项目水资源论证制度，对擅自开工建设或投产的一律责令停止。严格取水许可审批管理，对取用水总量已达到或超过控制指标的地区，暂停审批建设项目新增取水；对取用水总量接近控制指标的地区，限制审批新增取水。严格地下水管理和保护，尽快核定并公布禁采和限采范围，逐步削减地下水超采量，实现采补平衡。强化水资源统一调度，协调好生活、生产、生态环境用水，完善水资源调度方案、应急调度预案和调度计划。建立和完善国家水权制度，充分运用市场机制优化配置水资源。

（二十）建立用水效率控制制度。确立用水效率控制红线，坚决遏制用水浪费，把节水工作贯穿于经济社会发展和群众生产生活全过程。加快制定区域、行业和用水产品的用水效率指标体系，加强用水定额和计划管理。对取用水达到一定规模的用水户实行重点监控。严格限制水资源不足地区建设高耗水型工业项目。落实建设项目节水设施与主体工程同时设计、同时施工、同时投产制度。加快实施节水技术改造，全面加强企业节水管理，建设节水示范工程，普及农业高效节水技术。抓紧制定节水强制性标准，尽快淘汰不符合节水标准的用水工艺、设备和产品。

（二十一）建立水功能区限制纳污制度。确立水功能区限制纳污红线，从严核定水域纳污容量，严格控制入河湖排污总量。各级政府要把限制排污总量作为水污染防治和污染减排工作的重要依据，明确责任，落实措施。对排污量已超出水功能区限制排污总量的地区，限制审批新增取水和入河排污口。建立水功能区水质达标评价体系，完善监测预警监督管理制度。加强水源地保护，依法划定饮用水水源保护区，强化饮用水水源应急管理。建立水生态补偿机制。

（二十二）建立水资源管理责任和考核制度。县级以上地方政府主要负责人对本行政区域水资源管理和保护工作负总责。严格实施水资源管理考核制度，水行政主管部门会同有关部门，对各地区水资源开发利用、节约保护主要指标的落实情况进行考核，考核结果交由干部主管部门，作为地方政府相关领导干部综合考核评价的重要依据。加强水量水质监测能力建设，为强化监督考核提供技术支撑。

七、不断创新水利发展体制机制

（二十三）完善水资源管理体制。强化城乡水资源统一管理，对城乡供水、水资源综合利用、水环境治理和防洪排涝等实行统筹规划、协调实施，促进水资源优化配置。完善流域管理与区域管理相结合的水资源管理制度，建立事权清晰、分工明确、行为规范、运转协调的水资源管理工作机制。进一步完善水资源保护和水污染防治协调机制。

（二十四）加快水利工程建设和管理体制改革。区分水利工程性质，分类推进改革，健全良性运行机制。深化国有水利工程管理体制改革，落实好公益性、准公益性水管单位基本支出和维修养护经费。中央财政对中西部地区、贫困地区公益性工程维修养护经费给予补助。妥善解决水管单位分流人员社会保障问题。深化小型水利工程产权制度改革，明确所有权和使用权，落实管护主体和责任，对公益性小型水利工程管护经费给予补助，探索社会化和专业化的多种水利工程管理模式。对非经营性政府投资项目，加快推行代建制。充分发挥市场机制在水利工程建设和运行中的作用，引导经营性水利工程积极走向市场，完善法人治理结构，实现自主经营、自负盈亏。

（二十五）健全基层水利服务体系。建立健全职能明确、布局合理、队伍精干、服务到位的基层水利服务体系，全面提高基层水利服务能力。以乡镇或小流域为单元，健全基层水利服务机构，强化水资源管理、防汛抗旱、农田水利建设、水利科技推广等公益性职能，按规定核定人员编制，经费纳入县级财政预算。大力发展农民用水合作组织。

（二十六）积极推进水价改革。充分发挥水价的调节作用，兼顾效率和公平，大力促进节约用水和产业结构调整。工业和服务业用水要逐步实行超额累进加价制度，拉开高耗水行业与其他行业的水价差价。合理调整城市居民生活用水价格，稳步推行阶梯式水价制度。按照促进节约用水、降低农民水费支出、保障灌排工程良性运行的原则，推进农业水价综合改革，农业灌排工程运行管理费用由财政适当补助，探索实行农民定额内用水享受优惠水价、超定额用水累进加价的办法。

八、切实加强对水利工作的领导

（二十七）落实各级党委和政府责任。各级党委和政府要站在全局和战略高度，切实加强水利工作，及时研究解决水利改革发展中的突出问题。实行防汛抗旱、饮水安全保障、水资源管理、水库安全管理行政首长负责制。各地要结合实际，认真落实水利改革发展各项措施，确保取得实效。各级水行政主管部门要切实增强责任意识，认真履行职责，抓好水利改革发展各项任务的实施工作。各有关部门和单位要按照职能分工，尽快制定完善各项配套措施和办法，形成推动水利改革发展合力。把加强农田水利建设作为农村基层开展创先争优活动的重要内容，充分发挥农村基层党组织的战斗堡垒作用和广大党员的先锋模范作用，带领广大农民群众加快改善农村生产生活条件。

（二十八）推进依法治水。建立健全水法规体系，抓紧完善水资源配置、节约保护、防汛抗旱、农村水利、水土保持、流域管理等领域的法律法规。全面推进水利综合执法，严格执行水资源论证、取水许可、水工程建设规划同意书、洪水影响评价、水土保持方案等制度。加强河湖管理，严禁建设项目非法侵占河湖水域。加强国家防汛抗旱督察工作制度化建设。健全预防为主、预防与调处相结合的水事纠纷调处机制，完善应急预案。深化水行政许可审批制度改革。科学编制水利规划，完善全国、流域、区域水利规划体系，加快重点建设项目前期工作，强化水利规划对涉水活动的管理和约束作用。做好水库移民安置工作，落实后期扶持政策。

（二十九）加强水利队伍建设。适应水利改革发展新要求，全面提升水利系统干部职工队伍素质，切实增强水利勘测设计、建设管理和依法行政能力。支持大专院校、中等职业学校水利类专业建设。大力引进、培养、选拔各类管理人才、专业技术人才、高技能人才，完善人才评价、流动、激励机制。鼓励广大科技人员服务于水利改革发展第一线，加大基层水利职工在职教育和继续培训力度，解决基层水利职工生产生活中的实际困难。广大水利干部职工要弘扬“献身、负责、求实”的水利行业精神，更加贴近民生，更多服务基层，更好服务经济社会发展全局。

（三十）动员全社会力量关心支持水利工作。加大力度宣传国情水情，提高全民水患意识、节水意识、水资源保护意识，广泛动员全社会力量参与水利建设。把水情教育纳入国民素质教育体系和中小学教育课程体系，作为各级领导干部和公务员教育培训的重要内容。把水利纳入公益性宣传范围，为水利又好又快发展营造良好舆论氛围。对在加快水利改革发展中取得显著成绩的单位和个人，各级政府要按照国家有关规定给予表彰奖励。

加快水利改革发展，使命光荣，任务艰巨，责任重大。我们要紧密团结在以胡锦涛同志为总书记的党中央周围，与时俱进，开拓进取，扎实工作，奋力开创水利工作新局面！

国务院关于实行最严格水资源管理制度的意见

（国发［2012］3号）

各省、自治区、直辖市人民政府，国务院各部委、各直属机构：

水是生命之源、生产之要、生态之基，人多水少、水资源时空分布不均是我国的基本国情和水情。当前我国水资源面临的形势十分严峻，水资源短缺、水污染严重、水生态环境恶化等问题日益突出，已成为制约经济社会可持续发展的主要瓶颈。为贯彻落实好中央水利工作会议和《中共中央　国务院关于加快水利改革发展的决定》（中发［2011］1号）的要求，现就实行最严格水资源管理制度提出以下意见：

一、总体要求

（一）指导思想。深入贯彻落实科学发展观，以水资源配置、节约和保护为重点，强化用水需求和用水过程管理，通过健全制度、落实责任、提高能力、强化监管，严格控制用水总量，全面提高用水效率，严格控制入河湖排污总量，加快节水型社会建设，促进水资源可持续利用和经济发展方式转变，推动经济社会发展与水资源水环境承载能力相协调，保障经济社会长期平稳较快发展。

（二）基本原则。坚持以人为本，着力解决人民群众最关心最直接最现实的水资源问题，保障饮水安全、供水安全和生态安全；坚持人水和谐，尊重自然规律和经济社会发展规律，处理好水资源开发与保护关系，以水定需、量水而行、因水制宜；坚持统筹兼顾，协调好生活、生产和生态用水，协调好上下游、左右岸、干支流、地表水和地下水关系；坚持改革创新，完善水资源管理体制和机制，改进管理方式和方法；坚持因地制宜，实行分类指导，注重制度实施的可行性和有效性。

（三）主要目标。

确立水资源开发利用控制红线，到2030年全国用水总量控制在7 000亿立方米以内；确立用水效率控制红线，到2030年用水效率达到或接近世界先进水平，万元工业增加值用水量（以2000年不变价计，下同）降低到40立方米以下，农田灌溉水有效利用系数提高到0.6以上；确立水功能区限制纳污红线，到2030年主要污染物入河湖总量控制在水功能区纳污能力范围之内，水功能区水质达标率提高到95％以上。

为实现上述目标，到2015年，全国用水总量力争控制在6 350亿立方米以内；万元工业增加值用水量比2010年下降30％以上，农田灌溉水有效利用系数提高到0.53以上；重要江河湖泊水功能区水质达标率提高到60％以上。到2020年，全国用水总量力争控制在6 700亿立方米以内；万元工业增加值用水量降低到65立方米以下，农田灌溉水有效利用系数提高到0.55以上；重要江河湖泊水功能区水质达标率提高到80％以上，城镇供水水源地水质全面达标。

二、加强水资源开发利用控制红线管理，严格实行用水总量控制

（四）严格规划管理和水资源论证。开发利用水资源，应当符合主体功能区的要求，按照流域和区域统一制定规划，充分发挥水资源的多种功能和综合效益。建设水工程，必须符合流域综合规划和防洪规划，由有关水行政主管部门或流域管理机构按照管理权限进行审查并签署意见。加强相关规划和项目建设布局水资源论证工作，国民经济和社会发展规划以及城市总体规划的编制、重大建设项目的布局，应当与当地水资源条件和防洪要求相适应。严格执行建设项目水资源论证制度，对未依法完成水资源论证工作的建设项目，审批机关不予批准，建设单位不得擅自开工建设和投产使用，对违反规定的，一律责令停止。

（五）严格控制流域和区域取用水总量。加快制定主要江河流域水量分配方案，建立覆盖流域和省市县三级行政区域的取用水总量控制指标体系，实施流域和区域取用水总量控制。各省、自治区、直辖市要按照江河流域水量分配方案或取用水总量控制指标，制定年度用水计划，依法对本行政区域内的年度用水实行总量管理。建立健全水权制度，积极培育水市场，鼓励开展水权交易，运用市场机制合理配置水资源。

（六）严格实施取水许可。严格规范取水许可审批管理，对取用水总量已达到或超过控制指标的地区，暂停审批建设项目新增取水；对取用水总量接近控制指标的地区，限制审批建设项目新增取水。对不符合国家产业政策或列入国家产业结构调整指导目录中淘汰类的，产品不符合行业用水定额标准的，在城市公共供水管网能够满足用水需要却通过自备取水设施取用地下水的，以及地下水已严重超采的地区取用地下水的建设项目取水申请，审批机关不予批准。

（七）严格水资源有偿使用。合理调整水资源费征收标准，扩大征收范围，严格水资源费征收、使用和管理。各省、自治区、直辖市要抓紧完善水资源费征收、使用和管理的规章制度，严格按照规定的征收范围、对象、标准和程序征收，确保应收尽收，任何单位和个人不得擅自减免、缓征或停征水资源费。水资源费主要用于水资源节约、保护和管理，严格依法查处挤占挪用水资源费的行为。

（八）严格地下水管理和保护。加强地下水动态监测，实行地下水取用水总量控制和水位控制。各省、自治区、直辖市人民政府要尽快核定并公布地下水禁采和限采范围。在地下水超采区，禁止农业、工业建设项目和服务业新增取用地下水，并逐步削减超采量，实现地下水采补平衡。深层承压地下水原则上只能作为应急和战略储备水源。依法规范机井建设审批管理，限期关闭在城市公共供水管网覆盖范围内的自备水井。抓紧编制并实施全国地下水利用与保护规划以及南水北调东中线受水区、地面沉降区、海水入侵区地下水压采方案，逐步削减开采量。

（九）强化水资源统一调度。流域管理机构和县级以上地方人民政府水行政主管部门要依法制订和完善水资源调度方案、应急调度预案和调度计划，对水资源实行统一调度。区域水资源调度应当服从流域水资源统一调度，水力发电、供水、航运等调度应当服从流域水资源统一调度。水资源调度方案、应急调度预案和调度计划一经批准，有关地方人民政府和部门等必须服从。

三、加强用水效率控制红线管理，全面推进节水型社会建设

（十）全面加强节约用水管理。各级人民政府要切实履行推进节水型社会建设的责任，把节约用水贯穿于经济社会发展和群众生活生产全过程，建立健全有利于节约用水的体制和机制。稳步推进水价改革。各项引水、调水、取水、供用水工程建设必须首先考虑节水要求。水资源短缺、生态脆弱地区要严格控制城市规模过度扩张，限制高耗水工业项目建设和高耗水服务业发展，遏制农业粗放用水。

（十一）强化用水定额管理。加快制定高耗水工业和服务业用水定额国家标准。各省、自治区、直辖市人民政府要根据用水效率控制红线确定的目标，及时组织修订本行政区域内各行业用水定额。对纳入取水许可管理的单位和其他用水大户实行计划用水管理，建立用水单位重点监控名录，强化用水监控管理。新建、扩建和改建建设项目应制订节水措施方案，保证节水设施与主体工程同时设计、同时施工、同时投产（即“三同时”制度），对违反“三同时”制度的，由县级以上地方人民政府有关部门或流域管理机构责令停止取用水并限期整改。

（十二）加快推进节水技术改造。制定节水强制性标准，逐步实行用水产品用水效率标识管理，禁止生产和销售不符合节水强制性标准的产品。加大农业节水力度，完善和落实节水灌溉的产业支持、技术服务、财政补贴等政策措施，大力发展管道输水、喷灌、微灌等高效节水灌溉。加大工业节水技术改造，建设工业节水示范工程。充分考虑不同工业行业和工业企业的用水状况和节水潜力，合理确定节水目标。有关部门要抓紧制定并公布落后的、耗水量高的用水工艺、设备和产品淘汰名录。加大城市生活节水工作力度，开展节水示范工作，逐步淘汰公共建筑中不符合节水标准的用水设备及产品，大力推广使用生活节水器具，着力降低供水管网漏损率。鼓励并积极发展污水处理回用、雨水和微咸水开发利用、海水淡化和直接利用等非常规水源开发利用。加快城市污水处理回用管网建设，逐步提高城市污水处理回用比例。非常规水源开发利用纳入水资源统一配置。

四、加强水功能区限制纳污红线管理，严格控制入河湖排污总量

（十三）严格水功能区监督管理。完善水功能区监督管理制度，建立水功能区水质达标评价体系，加强水功能区动态监测和科学管理。水功能区布局要服从和服务于所在区域的主体功能定位，符合主体功能区的发展方向和开发原则。从严核定水域纳污容量，严格控制入河湖排污总量。各级人民政府要把限制排污总量作为水污染防治和污染减排工作的重要依据。切实加强水污染防控，加强工业污染源控制，加大主要污染物减排力度，提高城市污水处理率，改善重点流域水环境质量，防治江河湖库富营养化。流域管理机构要加强重要江河湖泊的省界水质水量监测。严格入河湖排污口监督管理，对排污量超出水功能区限排总量的地区，限制审批新增取水和入河湖排污口。

（十四）加强饮用水水源保护。各省、自治区、直辖市人民政府要依法划定饮用水水源保护区，开展重要饮用水水源地安全保障达标建设。禁止在饮用水水源保护区内设置排污口，对已设置的，由县级以上地方人民政府责令限期拆除。县级以上地方人民政府要完善饮用水水源地核准和安全评估制度，公布重要饮用水水源地名录。加快实施全国城市饮用水水源地安全保障规划和农村饮水安全工程规划。加强水土流失治理，防治面源污染，禁止破坏水源涵养林。强化饮用水水源应急管理，完善饮用水水源地突发事件应急预案，建立备用水源。

（十五）推进水生态系统保护与修复。开发利用水资源应维持河流合理流量和湖泊、水库以及地下水的合理水位，充分考虑基本生态用水需求，维护河湖健康生态。编制全国水生态系统保护与修复规划，加强重要生态保护区、水源涵养区、江河源头区和湿地的保护，开展内源污染整治，推进生态脆弱河流和地区水生态修复。研究建立生态用水及河流生态评价指标体系，定期组织开展全国重要河湖健康评估，建立健全水生态补偿机制。

五、保障措施

（十六）建立水资源管理责任和考核制度。要将水资源开发、利用、节约和保护的主要指标纳入地方经济社会发展综合评价体系，县级以上地方人民政府主要负责人对本行政区域水资源管理和保护工作负总责。国务院对各省、自治区、直辖市的主要指标落实情况进行考核，水利部会同有关部门具体组织实施，考核结果交由干部主管部门，作为地方人民政府相关领导干部和相关企业负责人综合考核评价的重要依据。具体考核办法由水利部会同有关部门制订，报国务院批准后实施。有关部门要加强沟通协调，水行政主管部门负责实施水资源的统一监督管理，发展改革、财政、国土资源、环境保护、住房城乡建设、监察、法制等部门按照职责分工，各司其职，密切配合，形成合力，共同做好最严格水资源管理制度的实施工作。

（十七）健全水资源监控体系。抓紧制定水资源监测、用水计量与统计等管理办法，健全相关技术标准体系。加强省界等重要控制断面、水功能区和地下水的水质水量监测能力建设。流域管理机构对省界水量的监测核定数据作为考核有关省、自治区、直辖市用水总量的依据之一，对省界水质的监测核定数据作为考核有关省、自治区、直辖市重点流域水污染防治专项规划实施情况的依据之一。加强取水、排水、入河湖排污口计量监控设施建设，加快建设国家水资源管理系统，逐步建立中央、流域和地方水资源监控管理平台，加快应急机动监测能力建设，全面提高监控、预警和管理能力。及时发布水资源公报等信息。

（十八）完善水资源管理体制。进一步完善流域管理与行政区域管理相结合的水资源管理体制，切实加强流域水资源的统一规划、统一管理和统一调度。强化城乡水资源统一管理，对城乡供水、水资源综合利用、水环境治理和防洪排涝等实行统筹规划、协调实施，促进水资源优化配置。

（十九）完善水资源管理投入机制。各级人民政府要拓宽投资渠道，建立长效、稳定的水资源管理投入机制，保障水资源节约、保护和管理工作经费，对水资源管理系统建设、节水技术推广与应用、地下水超采区治理、水生态系统保护与修复等给予重点支持。中央财政加大对水资源节约、保护和管理的支持力度。

（二十）健全政策法规和社会监督机制。抓紧完善水资源配置、节约、保护和管理等方面的政策法规体系。广泛深入开展基本水情宣传教育，强化社会舆论监督，进一步增强全社会水忧患意识和水资源节约保护意识，形成节约用水、合理用水的良好风尚。大力推进水资源管理科学决策和民主决策，完善公众参与机制，采取多种方式听取各方面意见，进一步提高决策透明度。对在水资源节约、保护和管理中取得显著成绩的单位和个人给予表彰奖励。

国务院

二〇一二年一月十二日

山东省用水总量控制管理办法

（山东省人民政府令第 227 号）

《山东省用水总量控制管理办法》已经 2010 年 9 月 14 日省政府第 81 次常务会议通过，现予公布，自 2011 年 1 月 1 日起施行。

省长　姜大明

二〇一〇年十月十九日

山东省用水总量控制管理办法

第一条　为了加强用水总量控制管理，促进水资源合理开发和生态环境保护，实现水资源可持续利用，保障全省经济和社会可持续发展，根据《中华人民共和国水法》等法律、法规，结合本省实际，制定本办法。

第二条　在本省行政区域内开发、利用、管理水资源，应当遵守本办法。

第三条　本办法所称用水总量，是指在一定区域和期限内可以开发利用的地表水、地下水以及区域外调入水量的总和。

本办法所称取用水户，是指依法办理并取得取水许可证的单位和个人。

第四条　实行用水总量控制制度，应当遵循全面规划、科学配置、统筹兼顾、以供定需的原则，统筹利用区域外调入水、地表水、地下水，合理安排生活、生产和生态用水，促进地下水采补平衡，保障水资源可持续利用。

第五条　县级以上人民政府对本行政区域用水总量控制工作负总责，并将水资源开发利用、节约和保护的主要控制性指标纳入经济社会发展综合评价体系。

第六条　县级以上人民政府应当根据当地的水资源条件，组织编制国民经济和社会发展规划以及城乡规划、重大建设项目布局规划，并进行科学论证。在水资源不足的地区，应当对城市规模和建设消耗水量大的工业、农业和服务业项目加以限制。

第七条　县级以上人民政府水行政主管部门负责本行政区域内用水总量控制的监督和管理工作。

发展改革、经济和信息化、财政、住房城乡建设、环境保护等行政主管部门应当按照各自职责，做好与用水总量控制相关的工作。

第八条　用水总量控制实行规划期用水控制指标与年度用水控制指标管理相结合的制度。年度用水控制指标不得超过规划期用水控制指标。

规划期用水控制指标和年度用水控制指标应当对当地地表水、地下水和区域外调入水量分别予以明确。

规划期用水控制指标每一个国民经济和社会发展规划期下达一次。年度用水控制指标每年下达一次。

第九条　设区的市规划期用水控制指标，由省水行政主管部门依据国家或者省批准的水资源综合规划和水量分配方案确定。

县（市、区）规划期用水控制指标，由设区的市水行政主管部门在省水行政主管部门下达的规划期用水控制指标内，结合本级人民政府批准的水资源综合规划和水量分配方案确定。

第十条　设区的年度用水控制指标，根据区域实际水资源开发用水量、水功能区水质、地下水采补平衡监测结果和用水效率考核结果综合确定后，由省水行政主管部门下达。

县（市、区）年度用水控制指标，由设区的市水行政主管部门在省水行政主管部门下达的年度用水控制指标内确定并下达。

第十一条 跨设区的市的河流、水库、湖泊水量分配方案，由省水行政主管部门商有关设区的市人民政府拟订，报省人民政府批准。

南水北调工程调入水量以及黄河、海河和淮河流域分配给本省的水量，其分配方案应当遵循科学统筹、优化配置的原则合理确定，由省水行政主管部门按照国家和省规定的程序报经批准。

经批准的水量分配方案，有关设区的市人民政府应当严格执行。

跨设区的市的河流、水库、湖泊以及区域外调入水的水量调度和监督管理工作，由水行政主管部门或者省有关水利流域管理机构统一负责。

第十二条 鼓励运用市场机制合理配置水资源。区域之间可以在水量分配方案的基础上进行水量交易。

第十三条 利用污水处理再生水和淡化海水的，不受规划期用水控制指标和年度用水控制指标限制。

第十四条 设区的市、县（市、区）的万元国内生产总值取水量、万元工业增加值取水量及农业节水灌溉率等指标未达到国家和省考核标准的，应当相应核减其下一年的年度用水控制指标。

设区的市、县（市、区）通过调整经济结构、采取工程措施、应用节水技术节约的水量，可以用于本行政区域内新增项目用水；其节约的水量，由当地水行政主管部门申请上一级水行政主管部门组织论证并确认。

第十五条 县级以上人民政府应当加强对水功能区和地下水的监督管理，严格控制入河湖排污总量，限制或者禁止开采超采区地下水。

造成水功能区水质达标率降低或者水文地质环境恶化的，应当相应核减责任区域下一年的年度用水控制指标。

第十六条 县级以上人民政府财政和水行政主管部门应当加强对水资源费征缴的监督管理。对应当征收而未征收、未足额征收或者未按规定上缴水资源费的设区的市、县（市、区），由水行政主管部门相应核减该区域下一年的年度用水控制指标。

第十七条 新建、改建、扩建建设项目需要取水的，应当按照有关规定进行建设项目水资源论证；对未进行水资源论证或者论证未通过的，水行政主管部门不得批准取水许可；对未获得取水许可的，发展改革、经济和信息化等部门不得批准立项，环境保护部门不得批准其环境影响评价报告。

第十八条 建立取水许可区域限批制度

取水用水量达到或者超过年度用水控制指标的，有管辖权的水行政主管部门应当对该区域内新建、改建、扩建建设项目取水许可暂停审批。

取水用水量达到规划期用水控制指标的，有管辖权的水行政主管部门应当对该区域内新建、改建、扩建建设项目取水许可暂停审批。

第十九条 县级以上人民政府及其有关部门应当加强水文、水资源管理信息系统建设，建立健全水文、水资源监测网站，完善水量、水质监测设施，为用水总量控制制度的实施提供基础资料。

任何单位和个人不得侵占、毁坏、擅自移动或者擅自使用水量、水质监测设施，不得阻碍、干扰监测工作。

第二十条　省水文水资源勘测机构负责地表水、地下水和区域外调入水开发利用量以及水功能区水质的监测工作。监测数据应当作为确定区域年度用水控制指标且主要依据。

地表水、地下水和区域外调入水开发利用量的具体监测办法，由省水行政主管部门制定。

第二十一条　设区的市、县（市、区）水行政主管部门负责本行政区域内取用水户实际取用水量的监测工作，其监测数据应当向省水文水资源勘测机构汇交。

省水文水资勘测机构和设区的市、县（市、区）水行政主管部门应当互相通报监测数据，实行信息共享，并对监测资料的真实性、合法性负责。

第二十二条　设区的市、县（市、区）水行政主管部门应当按照国家和省的规定，将取水许可统计资料和取用水户年度实际取用水量资料，逐级上报省水行政主管部门。

第二十三条　县级以上人民政府及其有关部门的工作人员，有下列行为之一的，由其上级行政机关或者监察机关责令改正；情节严重的，对直接负责的主管人员和其他直接责任人员依法给予处分：

（一）不按规定上报取水许可统计资料和取用水户年度实际取用水量资料或者提供虚假统计资料的；

（二）不按规定监测地表水、地下水和区域外调入水开发利用量以及水功能区水质的；

（三）取用水量达到规划期用水控制指标，仍批准取水许可或者强行命令水行政主管部门批准取水许可的；

（四）需要取水的建设项目未进行水资源论证或者论证未通过，仍批准取水许可或者强行命令水行政主管部门批准取水许可的；

（五）需要取水的建设项目未获得取水许可，仍批准其立项和环境影响评价报告或者强行命令有关部门批准其立项和环境影响评价报告的。

第二十四条　违反本办法规定，侵占、毁坏、擅自移动或者擅自使用水量、水质监测设施的，由水行政主管部门责令停止违法行为，限期恢复原状或者采取其他补救措施，并可处以 50 000 元以下罚款；构成违反治安管理行为的，依法给予治安管理处罚；构成犯罪的，依法追究刑事责任。

第二十五条　违反本办法规定，阻碍或者干扰水量、水质监测工作的，由水行政主管 部门责令停止违法行为，并可处以 10 000 元以下罚款；构成违反治安管理行为的，依法给予治安管理处罚；构成犯罪的，依法追究刑事责任。

第二十六条　本办法自 2011 年 1 月 1 日起施行。

山东省人民政府关于贯彻落实国发［2012］3号文件实行最严格水资源管理制度的实施意见

（鲁政发［2012］25号）

各市人民政府、各县（市、区）人民政府，省政府各部门、各直属机构，各大企业，各高等院校：

水是生命之源、生产之要、生态之基，水资源是人类生存和经济社会发展不可或缺的资源要素、生态基础和安全保障。我省水资源严重短缺且时空分布不均，已成为制约经济社会可持续发展的主要“瓶颈”。为认真贯彻落实《中共中央　国务院关于加快水利改革发展的决定》（中发［2011］1号）、《国务院关于实行最严格水资源管理制度的意见》（国发［2012］3号）和《山东省用水总量控制管理办法》（省政府令第227号）的要求，结合我省实际，现提出如下实施意见：

一、总体要求

1. 指导思想。深入贯彻落实科学发展观，按照国家关于加快水利改革发展的决策部署，以率先基本实现水利现代化为奋斗目标，以水资源优化配置和节约保护为重点，以用水计划管理和过程监控为手段，以健全责任考核制度为保障，严格控制区域用水总量，全面提高用水效率和效益，严格入河湖污染物总量控制，促进经济结构调整和发展方式转变，推动经济社会发展与水资源禀赋条件和水环境承载能力相协调，以水资源的可持续利用支撑和保障经济社会的可持续发展。

2. 基本原则。坚持以人为本，着力解决好与人民群众利益密切相关的水资源问题，保障饮水安全、供水安全和生态安全；坚持统筹治水，注重发挥各类水资源的综合效益，统筹协调生活、生产、生态用水，统筹考虑防洪、供水、生态需求，统筹解决水资源短缺、水灾害威胁和水生态退化三大水问题；坚持科学用水，实行全社会节约用水，科学确定各类水资源开发利用顺序，强化用水定额和用水计划管理；坚持依法管水，依法管理各类水资源及相关涉水事务，切实发挥“三条红线”的硬约束作用；坚持改革创新，完善水资源管理体制和机制，提升水资源管理现代化水平；坚持人水和谐，处理好水资源开发利用与节约保护的关系，努力做到以水定需、量水而行、因水制宜。

3. 主要目标。确立水资源开发利用控制红线，到2030年全省用水总量控制在312亿立方米以内（含南水北调三期新增引江水量）；确立用水效率控制红线，到2030年全省用水效率达到世界先进水平，万元工业增加值用水量（以2000年不变价计，下同）降低到10立方米以下，农田灌溉水有效利用系数提高到0.7以上；确立水功能区限制纳污红线，到2030年全省主要污染物入河湖总量控制在水功能区纳污能力范围之内，江河湖泊水功能区水质达标率提高到95%以上。

为实现上述目标，到2015年，全省用水总量控制在292亿立方米以内；万元工业增加值用水量降低到15立方米以下，农田灌溉水有效利用系数提高到0.63以上；重要江河湖泊水功能区水质达标率提高到60%以上，城镇供水水源地水质达标率达到

90%以上。到2020年，全省用水总量控制在292亿立方米以内；万元工业增加值用水量降低到13立方米以下，农田灌溉水有效利用系数提高到0.65以上；重要江河湖泊水功能区水质达标率提高到80%以上，城镇供水水源地水质全面达标。

二、严格控制区域用水总量，促进用水方式和发展方式转变

4. 强化水资源统一规划、调度和配置。制定完善全省现代水网建设总体规划和区域水网建设规划，依托南水北调、胶东调水等水资源调配骨干工程，加快规划建设以蓄水、调水、输水和雨洪水资源化利用工程为重点，兼具供水、防洪、生态功能的现代水网体系，有效提升水资源配置效能。县级以上人民政府要依据全省水资源综合规划，修订完善各级行政区域的水资源综合规划及相关专业规划，形成较为完备的水资源规划体系。建设水工程必须符合水资源综合规划和相关专业规划，由水行政主管部门按照管理权限进行审查。县级以上人民政府水行政主管部门要切实做好辖区内地表水、地下水、区域外调入水和污水处理再生水、淡化海水等各类水资源的统一调度配置，依法制订和完善河道、水库、湖泊水量分配方案、水资源调度配置方案、应急调度预案和调度计划。供水、航运、水力发电等专业用水调度应当服从水资源统一调度。水量分配方案、水资源调度配置方案、应急调度预案和用水调度计划一经批准，各级政府和部门必须严格执行。

5. 规范水资源论证管理。加强相关规划和项目建设布局水资源论证工作，制定国民经济和社会发展规划、城市总体规划、行业专项规划时，应当编制水资源论证报告书或编列水资源论证篇章，确保规划与当地水资源条件和防洪要求相适应。各类经济技术开发区、工业园区、生态园区、农业产业园区等重大建设项目布局应当与当地水资源禀赋条件、水土保持和防洪减灾要求相适应，确定布局方案时应当编制水资源论证报告书并报具备审批权限的水行政主管部门审查，未经论证或论证审查未通过的重大建设项目布局方案，各级政府及有关部门不得批准。严格执行建设项目水资源论证制度，凡需要取水的新建、改建、扩建项目必须依法进行水资源论证。对需要占用农业灌溉水源和灌排工程设施的建设项目，必须按照有关规定落实相应补偿措施。对未依法完成水资源论证工作的建设项目，审批机关不得批准，建设单位不得擅自开工建设和投产使用。对违反规定的，一律责令停止，并依法追究相关单位和相关人员的责任。

6. 严格取水许可审批管理。从严控制新增取水审批，对取用水总量已达到或超过年度用水控制指标的地区，暂停审批该区域内建设项目新增取水；对取用水总量接近年度用水控制指标的地区，限制审批该区域内建设项目新增取水。新增取水建设项目在建成竣工并试运行期满后，必须由其取水申请审批机关对取水水源、取水设施、计量设施、节水设施、退水水量水质和去向以及对占用的农业灌溉水源和灌排工程设施的补偿落实情况进行验收，验收不合格的不得发放取水许可证。建立水行政许可稽查制度，依法加强取水许可审批的后续管理，取水许可有效期内，取水法人、取水标的等发生变化的，要及时办理变更手续并重新核发取水许可证。

三、加快推进节水型社会建设，全面提高用水效率和效益

7. 强化用水计划管理。要对所有自备水源的取用水户和由公共管网供水的用水单位全部实行计划用水管理，严格监督用水计划执行，促进用水管理的精细化、科学化。

在上级下达的区域年度用水控制指标内，依据取用水户以往年份实际用水量、下一年度用水计划申请、行业用水定额标准、水平衡测试结果等，制定下达农业、工业、服务业等各类取用水户的年度取用水计划。工业和服务业取用水计划按年度制定，按月分解下达，按季度进行考核，对超计划（定额）取用水的累进加价征收水资源费。农业灌溉和农村非经营取用水计划按年度制定、下达并考核，逐步推行农业灌溉用水超定额累进加价办法。

8. 加快节水技术改造。实行用水产品用水效率标识管理，禁止生产和销售不符合节水强制性标准的用水产品。加大农业节水力度，落实节水灌溉的产业支持、技术服务、财政补贴等政策措施，加强灌区节水改造，大力推广高效节水灌溉技术。加强工业节水技术改造，组织开展工业园区和企业取排水规范化整治，推广园区串联用水和企业中水回用、废污水“零排放”等节水技术。积极开展城市生活和服务业节水，逐步淘汰公共建筑中不符合节水标准的用水设施及产品，大力推广节水型生活用水器具。公共供水单位要强化供水管网的维护和改造，降低管网漏损率和供水产销差率，限期达到国家要求。鼓励并积极发展污水处理再生水、中水、雨水、矿坑水、微咸水、淡化海水等非常规水源开发利用。

9. 加强节约用水管理。各级人民政府要切实履行推进节水型社会建设的责任，建立健全城乡节约用水统一管理的体制和机制。新建、改建、扩建建设项目必须制订节水措施方案，保证节水设施与主体工程同时设计、同时施工、同时投产。节水设施建成后，通过取水许可审批机关进行现场核验方可投入使用。各类建设项目必须按规定建设中水设施，竣工验收时必须有水行政主管部门参加。违反规定的，由县级以上政府水行政主管部门责令停止取用水并限期整改。全面推进各级节水型社会建设，积极组织开展节水型社会建设试点工作。

四、强化水资源保护，改善水生态环境

10. 严格水功能区限制纳污管理。各级政府要把限制排污总量作为水污染防治和污染减排工作的重要依据。县级以上政府水行政主管部门要依据《山东省水功能区划》，制定完善本行政区域的水功能区划，核定各类水功能区纳污能力，提出限制排污总量意见，依法送达同级环境保护主管部门。完善水功能区监督管理制度，建立水功能区水质达标和纳污总量控制评价体系，健全重要水功能区纳污预警管理机制。加强入河湖排污口监督管理，严格执行新建、改建或者扩大入河排污口审查制度，入河排污口的设置须由具有相应权限的水行政主管部门审批。在饮用水水源保护区内，不得批准新建入河排污口，对已设置排污口的，由所在地县级地方人民政府责令限期拆除。对排污量超出水功能区限排总量的地区，限制审批入河湖排污口和建设项目新增取水。新建、改建、扩建项目退水水质超出水功能区水质保护目标的，不得审批入河排污口。

11. 切实加强饮用水水源和水系生态保护。县级以上政府要完善饮用水水源地核准和安全评估制度，适时更新公布重要饮用水水源地名录。依法划定饮用水水源保护区，组织开展重要饮用水水源地安全保障达标建设，禁止在饮用水水源保护区内从事与水质保护无关的生产建设活动。建立完善重要地下水水源地地下水位和重要地表水源工程可供水量预警管理机制。强化饮用水水源应急管理，制定完善突发性水污染事件应急处置预案，因地制宜开展备用水源建设。积极推进河湖水系生态保护与修复，加强重要生态保护区、水源涵养区和湿地的保护，水资源开发利用应当维持河流合理流量和湖泊、水库以及地下水的合理水位，充分考虑基本生态用水需求，维护河湖健康生命。加强水土流失治理，防治河湖淤积和面源污染，禁止破坏水源涵养林。从严控制河湖水域占用，国土开发、城镇建设、工农业生产等确需使用水域的，应当报有管辖权的水行政主管部门批准。河湖岸线开发利用应当符合流域和区域防洪以及水功能区管理的要求，明确开发利用控制条件和保护措施，并按规定程序报批。制定各级水系生态保护和修复规划，建立相关技术标准和评价指标体系，定期组织开展重要河湖健康评估，建立健全水生态环境与资源补偿机制。

12. 严格地下水管理和保护。各级政府要切实加强地下水开发利用管理，严格控制地下水开采，全面实行地下水取水总量和水位控制，积极实施回灌补源工程建设，实现地下水采补平衡。在地下水超采区内，禁止农业、工业建设项目和服务业新增取用地下水，并逐步压缩地下水开采量；在地下水禁采区内，禁止审批新建、改建或扩建地下水取水工程设施；在地下水限采区内，严格控制新开凿取水井和地下水开采量，确需新增取用地下水的，须报经省水利厅批准。深层承压地下水原则上只能作为应急和战略储备水源。限期封闭城市公共供水管网覆盖范围内的自备取水井。依法规范凿井建设审批管理，未经水行政主管部门批准，任何单位、个人均不得擅自开凿取水井。开发利用矿泉水、地热水和取用地下水制冷制热的，必须向有管辖权的水行政主管部门提出取水申请，经批准后方可组织实施，并严格计量缴费。强化地下水水质保护，防治地下水污染，研究建立矿井施工与生产影响地下水环境的补偿机制。

五、健全完善监测计量体系，增强水资源监控能力

13. 建立健全水资源监测计量工作机制。县级以上人民政府及其有关部门要加强水资源监测计量体系建设，制定完善水量、水质监测计量管理办法，健全相关技术标准和规程。各设区市、县（市、区）人民政府水行政主管部门负责对本行政区域内各类取用水户实际取用水量的监控计量。各级水文水资源勘测机构负责地表水、地下水、区域外调入水开发利用量及水功能区水质的监测工作，监测数据作为确定区域年度用水控制指标和考核各级最严格水资源管理制度实施情况的重要依据。县级以上人民政府水行政主管部门要加快建设完善水资源管理业务应用系统，提高水资源管理信息化水平，及时发布水资源公报等信息。

14. 建设完善水资源监控站网设施。县级以上政府及其有关部门要加快水资源监控站网建设，建设完善省、市、县三级互联互通的水资源监控管理信息平台，重点加强对行政区域边界河流湖泊断面、大中型水库、重要地下水水源地、地下水超采区、海水入侵区等监测站网建设，对重要断面的流量、水位和重点地区的地下水埋深变化等逐步实现实时自动监测。按照国家水资源监控能力建设和全省水资源管理系统建设的统一规划部署，加快重点取用水户国控、省控监测点建设，对重点取用水户逐步实行远程实时在线计量监控。

15. 加强水功能区水质监测。加快省、市水环境监测中心实验室与巡测设备更新改造，采取巡测与驻测相结合的方式，加强重点水功能区、入河排污口、重要水源地水质监测。对城镇重要供水水源地水质状况逐步实现实时在线监测。逐步配备移动水质监测设施，提高突发性水污染事件的应急反应能力。

六、切实加强组织领导，落实各项保障措施

16. 建立水资源管理责任考核制度。要将水资源开发、利用、节约和保护的主要指标纳入地方科学发展综合考核评价指标体系，县级以上政府主要负责人对本行政区域水资源管理和保护工作负总责。省政府组织对各设区市主要指标落实情况进行考核，省水利厅会同有关部门具体组织实施，考核结果交由干部主管部门，作为对政府相关领导干部和相关企业负责人综合考核评价的重要依据。具体考核办法由省水利厅会同有关部门制订，报省人民政府批准后实施。县级以上政府要建立完善水资源管理协调合作机制，组建水资源管理议事协调机构，统筹协调解决落实最严格水资源管理制度中的重大问题。各有关部门要加强协作配合，水行政主管部门负责对本行政区域内各类水资源的统一监督管理，发展改革、经济和信息化与环境保护等部门负责严把建设项目立项、环评审批关口，监察、财政、国土资源、住房城乡建设、法制、物价等部门按照职责分工，各司其职，密切配合，协助做好落实最严格水资源管理制度的相关工作。

17. 完善水资源管理体制。各级政府要加快建立集中统一、权威高效、城乡统筹的现代水资源管理体制，实现对区域内地表水、地下水、外调水、非常规水等各类水资源的统一规划、统一配置、统一调度、统一管理，积极推进城乡供水、中水回用、节约用水、水环境治理、水生态保护、防洪排涝等涉水事务统筹管理。加强水资源管理队伍建设，强化县级以上人民政府水行政主管部门水资源和节约用水管理职能，依法核定编制，配备相关人员，统筹管理城乡水资源和各行业节约用水、计划用水工作。

18. 完善水资源管理投入机制。各级政府要拓宽投资渠道，建立长期稳定的水资源管理投入机制，保障水资源节约、保护和管理的工作经费，对水资源监测计量体系建设、节水技术示范与推广应用、地下水超采区治理、饮用水水源地及水系生态系统保护与修复、非常规水资源开发利用、水资源管理能力建设等给予重点支持。各级征收的水资源费主要用于水资源的节约、保护和管理，优先用于水资源监测计量体系建设。

19. 严格水资源管理执法监督。县级以上政府及其有关部门要加强水资源费征收管理，合理调整水资源费征收标准，严格按照规定的征收范围、对象、标准和程序征收水资源费，任何单位和个人不得擅自减免、缓征或者停征水资源费。严格按照法规规定加强水资源费使用管理，任何单位和部门不得挤占、截留或者挪作他用。县级以上政府要定期组织开展水资源管理执法检查，建立完善公安、监察、水利、环保等多部门联动执法机制，加强对取水、用水、节水、排水、污水处理回用和用水计划执行、取用水计量监控、水资源费缴纳等各个环节的执法监督，依法严厉查处无证取水、违规取水、乱开乱采地下水、擅自设置入河排污口、擅自侵占水域、拒缴水资源费等水事违法行为，坚决杜绝违规审批、强行命令审批、擅自减免水资源费等各类违规违法行为。加强水政执法队伍和执法装备建设，进一步提高水资源管理监督执法效能。

20. 深化水价和水权制度改革。按照兼顾公平效率的原则，充分发挥价格杠杆在资源配置中的基础性作用。在多水源供水的区域，应按引进客水、当地水等不同水源的供水比例，科学核定水利工程综合供水价格。合理设定城镇居民生活基本用水量，逐步推行阶梯式水价制度。加快农业水价综合改革步伐，建设完善末级渠系配套工程，积极组建农民用水户协会，大力推行农业灌溉终端水价和计量水价制度，逐步建立起工程配套、产权明晰、水价合理、计量收费的农业用水管理体系。探索建立水权转让交易制度，在对各类水资源实行统筹配置的基础上，积极培育水市场，鼓励开展水权转让交易，运用市场机制合理配置水资源。

21. 加强宣传教育引导。健全完善水资源开发、利用、配置、节约、保护和管理等方面的政策法规体系。完善公众参与机制，充分发挥新闻媒体的作用，开展多层次、多形式的水资源知识宣传。广泛深入开展基本水情宣传教育，将水情和节水教育纳入国民素质教育和中小学教育课程体系，增强全社会水忧患意识和水资源节约保护意识，形成节约水资源和保护水生态的社会风尚、生活方式和消费模式。对在水资源节约、保护和管理中成绩显著的单位和个人按规定给予表彰奖励。

二〇一二年六月二十八日

国务院办公厅关于印发实行最严格水资源管理制度考核办法的通知

（国办发［2013］2号）

各省、自治区、直辖市人民政府，国务院各部委、各直属机构：

《实行最严格水资源管理制度考核办法》已经国务院同意，现印发给你们，请认真贯彻执行。

国务院办公厅

2013年1月2日

实行最严格水资源管理制度考核办法

第一条 为推进实行最严格水资源管理制度，确保实现水资源开发利用和节约保护的主要目标，根据《中华人民共和国水法》、《中共中央国务院关于加快水利改革发展的决定》（中发〔2011〕1号）、《国务院关于实行最严格水资源管理制度的意见》（国发〔2012〕3号）等有关规定，制定本办法。

第二条 考核工作坚持客观公平、科学合理、系统综合、求真务实的原则。

第三条 国务院对各省、自治区、直辖市落实最严格水资源管理制度情况进行考核，水利部会同发展改革委、工业和信息化部、监察部、财政部、国土资源部、环境保护部、住房城乡建设部、农业部、审计署、统计局等部门组成考核工作组，负责具体组织实施。

各省、自治区、直辖市人民政府是实行最严格水资源管理制度的责任主体，政府主要负责人对本行政区域水资源管理和保护工作负总责。

第四条 考核内容为最严格水资源管理制度目标完成、制度建设和措施落实情况。

各省、自治区、直辖市实行最严格水资源管理制度主要目标详见附件；制度建设和措施落实情况包括用水总量控制、用水效率控制、水功能区限制纳污、水资源管理责任和考核等制度建设及相应措施落实情况。

第五条 考核评定采用评分法，满分为100分。考核结果划分为优秀、良好、合格、不合格四个等级。考核得分90分以上为优秀，80分以上90分以下为良好，60分以上80分以下为合格，60分以下为不合格。（以上包括本数，以下不包括本数）

第六条 考核工作与国民经济和社会发展五年规划相对应，每五年为一个考核期，采用年度考核和期末考核相结合的方式进行。在考核期的第2至5年上半年开展上年度考核，在考核期结束后的次年上半年开展期末考核。

第七条 各省、自治区、直辖市人民政府要按照本行政区域考核期水资源管理控制目标，合理确定年度目标和工作计划，在考核期起始年3月底前报送水利部备案，同时抄送考核工作组其他成员单位。如考核期内对年度目标和工作计划有调整的，应及时将调整情况报送备案。

第八条 各省、自治区、直辖市人民政府要在每年3月底前将本地区上年度或上一考核期的自查报告上报国务院，同时抄送水利部等考核工作组成员单位。

第九条 考核工作组对自查报告进行核查，对各省、自治区、直辖市进行重点抽查和现场检查，划定考核等级，形成年度或期末考核报告。

第十条 水利部在每年6月底前将年度或期末考核报告上报国务院，经国务院审定后，向社会公告。

第十一条 经国务院审定的年度和期末考核结果，交由干部主管部门，作为对各省、自治区、直辖市人民政府主要负责人和领导班子综合考核评价的重要依据。

第十二条 对期末考核结果为优秀的省、自治区、直辖市人民政府，国务院予以通报表扬，有关部门在相关项目安排上优先予以考虑。对在水资源节约、保护和管理中取得显著成绩的单位和个人，按照国家有关规定给予表彰奖励。

第十三条　年度或期末考核结果为不合格的省、自治区、直辖市人民政府，要在考核结果公告后一个月内，向国务院作出书面报告，提出限期整改措施，同时抄送水利部等考核工作组成员单位。

整改期间，暂停该地区建设项目新增取水和入河排污口审批，暂停该地区新增主要水污染物排放建设项目环评审批。对整改不到位的，由监察机关依法依纪追究该地区有关责任人员的责任。

第十四条　对在考核工作中瞒报、谎报的地区，予以通报批评，对有关责任人员依法依纪追究责任。

第十五条　水利部会同有关部门组织制定实行最严格水资源管理制度考核工作实施方案。

各省、自治区、直辖市人民政府要根据本办法，结合当地实际，制定本行政区域内实行最严格水资源管理制度考核办法。

第十六条　本办法自发布之日起施行。

附件：1. 各省、自治区、直辖市用水总量控制目标

2. 各省、自治区、直辖市用水效率控制目标

3. 各省、自治区、直辖市重要江河湖泊水功能区水质达标率控制目标

附件1　各省、自治区、直辖市用水总量控制目标　　单位：亿 m^3

地区	2015年	2020年	2030年
北京	40.00	46.58	51.56
天津	27.50	38.00	42.20
河北	217.80	221.00	246.00
山西	76.40	93.00	99.00
内蒙古	199.00	211.57	236.25
辽宁	158.00	160.60	164.58
吉林	141.55	165.49	178.35
黑龙江	353.00	353.34	370.05
上海	122.07	129.35	133.52
江苏	508.00	524.15	527.68
浙江	229.49	244.40	254.67
安徽	273.45	270.84	276.75
福建	215.00	223.00	233.00
江西	250.00	260.00	264.63
山东	250.60	276.59	301.84
河南	260.00	282.15	302.78
湖北	315.51	365.91	368.91
湖南	344.00	359.75	359.77
广东	457.61	456.04	450.18
广西	304.00	309.00	314.00
海南	49.40	50.30	56.00
重庆	94.06	97.13	105.58
四川	273.14	321.64	339.43
贵州	117.35	134.39	143.33
云南	184.88	214.63	226.82
西藏	35.79	36.89	39.77

续表

地区	2015年	2020年	2030年
陕西	102.00	112.92	125.51
甘肃	124.80	114.15	125.63
青海	37.00	37.95	47.54
宁夏	73.00	73.27	87.93
新疆	515.60	515.97	526.74
全国	6 350.00	6 700.00	7 000.00

附件2　各省、自治区、直辖市用水效率控制目标

地区	2015年	
	万元工业增加值用水量比2010年下降	农田灌溉水有效利用系数
北京	25%	0.710
天津	25%	0.664
河北	27%	0.667
山西	27%	0.524
内蒙古	27%	0.501
辽宁	27%	0.587
吉林	30%	0.550
黑龙江	35%	0.588
上海	30%	0.734
江苏	30%	0.580
浙江	27%	0.581
安徽	35%	0.515
福建	35%	0.530
江西	35%	0.477
山东	25%	0.630
河南	35%	0.600
湖北	35%	0.496
湖南	35%	0.490
广东	30%	0.474
广西	33%	0.450
海南	35%	0.562
重庆	33%	0.478
四川	33%	0.450
贵州	35%	0.446
云南	30%	0.445
西藏	30%	0.414
陕西	25%	0.550
甘肃	30%	0.540
青海	25%	0.489
宁夏	27%	0.480
新疆	25%	0.520
全国	30%	0.530

注：各省、自治区、直辖市2015年后的用水效率控制目标，综合考虑国家产业政策、区域发展布局和物价等因素，结合国民经济和社会发展五年规划另行制定。

附件3　各省、自治区、直辖市重要江河湖泊水功能区水质达标率控制目标

地区	2015年	2020年	2030年
北京	50%	77%	95%
天津	27%	61%	95%
河北	55%	75%	95%
山西	53%	73%	95%
内蒙古	52%	71%	95%
辽宁	50%	78%	95%
吉林	41%	69%	95%
黑龙江	38%	70%	95%
上海	53%	78%	95%
江苏	62%	82%	95%
浙江	62%	78%	95%
安徽	71%	80%	95%
福建	81%	86%	95%
江西	88%	91%	95%
山东	59%	78%	95%
河南	56%	75%	95%
湖北	78%	85%	95%
湖南	85%	91%	95%
广东	68%	83%	95%
广西	86%	90%	95%
海南	89%	95%	95%
重庆	78%	85%	95%
四川	77%	83%	95%
贵州	77%	85%	95%
云南	75%	87%	95%
西藏	90%	95%	95%
陕西	69%	82%	95%
甘肃	65%	82%	95%
青海	74%	88%	95%
宁夏	62%	79%	95%
新疆	85%	90%	95%
全国	60%	80%	95%

山东省人民政府办公厅关于印发山东省实行最严格水资源管理制度考核办法的通知

各市人民政府，各县（市、区）人民政府，省政府各部门、各直属机构，各大企业，各高等院校：

《山东省实行最严格水资源管理制度考核办法》已经省政府同意，现印发给你们，请认真贯彻执行。

山东省人民政府办公厅

2013 年 6 月 9 日

山东省实行最严格水资源管理制度考核办法

第一条　为推进实行最严格水资源管理制度，确保实现水资源开发利用和节约保护的主要目标，根据《中华人民共和国水法》、《山东省用水总量控制管理办法》（省政府令第 227 号）等有关法律法规以及《中共中央　国务院关于加快水利改革发展的决定》（中发［2011］1 号）、《国务院关于实行最严格水资源管理制度的意见》（国发［2012］3 号）、《国务院办公厅关于印发实行最严格水资源管理制度考核办法的通知》（国办发［2013］2 号）、《中共山东省委　山东省人民政府关于认真贯彻〈中共中央　国务院关于加快水利改革发展的决定〉的实施意见》（鲁发［2011］1 号）、《山东省人民政府关于贯彻落实国发［2012］3 号文件实行最严格水资源管理制度的实施意见》（鲁政发［2012］25 号）等有关政策规定，制定本办法。

第二条　考核工作坚持客观公平、科学合理、系统综合、求真务实、简便易行的原则。

第三条　省政府对各设区市落实最严格水资源管理制度情况进行考核，省水利厅会同省发展改革委、经济和信息化委、监察厅、财政厅、国土资源厅、环境保护厅、住房城乡建设厅、农业厅、审计厅、统计局等部门组成考核工作组，负责具体组织实施。省节约用水办公室作为考核工作组的办事机构，承担考核工作的综合协调和日常事务。

各设区市政府是实行最严格水资源管理制度的责任主体，政府主要负责人对本行政区域水资源管理和保护工作负总责。

第四条　考核内容为最严格水资源管理制度目标完成、制度建设和措施落实情况。

各设区市实行最严格水资源管理制度主要控制目标详见附件；制度建设和措施落实情况包括用水总量控制、用水效率控制、水功能区限制纳污、水资源管理责任和考核等制度建设及相应措施落实情况。

第五条　考核评定采用评分法，满分为 100 分。考核结果划分为优秀、良好、合格、不合格四个等级。考核得分 90 分以上为优秀，80 分以上 90 分以下为良好，60 分以上 80 分以下为合格，60 分以下为不合格。（以上包括本数，以下不包括本数）

第六条　考核工作与国民经济和社会发展五年规划相对应，每 5 年为一个考核期，采用年度考核和期末考核相结合的方式进行。在考核期的第 2 至 5 年上半年开展上年度考核，在考核期结束后的次年即下一个考核期的第 1 年上半年开展期末考核。

第七条　省水利厅按照本办法附件中明确的各设区市实行最严格水资源管理制度主要控制目标，综合考虑区域水资源开发利用现状、水功能区水质达标率等情况，报经省政府同意，于每年 2 月底前确定下达各设区市的年度控制目标，同时抄送考核工作组其他成员单位。

第八条　各设区市政府要在每年 2 月底前将本地区上年度或上一考核期的自查报告上报省政府，同时抄送省水利厅等考核工作组成员单位。

第九条　考核工作组依据有关监测和统计资料，对自查报告进行核查，对各设区市进行重点抽查和现场检查，进行综合评分，划定考核等级，形成年度或期末考核报告。

第十条　省水利厅在每年 5 月底前将年度或期末考核报告上报省政府，经省政府审定后，向社会公告。

第十一条　经省政府审定的年度和期末考核结果，交由干部主管部门，作为对各设区市政府主要负责人和领导班子综合考核评价的重要依据。

第十二条　对期末考核结果为优秀的设区市政府，省政府予以通报表扬。对在水资源节约、保护和管理中取得显著成绩的单位和个人，按照国家及省有关规定给予表彰奖励。

第十三条　年度或期末考核结果为不合格的设区市政府，要在考核结果公告后一个月内，向省政府作出书面报告，提出限期整改措施，同时抄送省水利厅等考核工作组成员单位，由省监察厅、水利厅等单位监督整改。

整改期间，暂停该地区建设项目新增取水和入河排污口审批，暂停该地区新增主要水污染物排放建设项目环评审批。对整改不到位的，由监察机关依法依纪追究该地区有关责任人员的责任。

第十四条　对在考核工作中瞒报、谎报的地区，予以通报批评，对有关责任人员依法依纪追究责任。

第十五条　省水利厅会同省有关部门组织制定实行最严格水资源管理制度考核工作实施方案。

各设区市政府要根据本办法，结合当地实际，制定本行政区域内实行最严格水资源管理制度考核办法。

第十六条　根据国家政策调整和经济技术条件的变化等客观情况，省水利厅会同省有关部门对本办法适时进行修订，报省政府审定。

第十七条　本办法自2013年8月1日起施行，有效期5年。

附件：1. 各设区市用水总量控制目标

2. 各设区市用水效率控制目标

3. 各设区市重要江河湖泊水功能区水质达标率控制目标

附件1　各设区市用水总量控制目标　　单位：亿 m^3

行政区	2015年	2020年	2030年
济南市	17.31	17.64	19.01
青岛市	12.58	14.73	19.67
淄博市	12.87	12.87	14.57
枣庄市	8	10.12	11.28
东营市	12.43	13.02	14.83
烟台市	12.87	16.33	17.73
潍坊市	19.53	24.01	25.79
济宁市	25.45	26.17	27.01
泰安市	13.34	13.59	14.80
威海市	5.42	6.52	7.87
日照市	6.41	7.27	7.39
莱芜市	3.54	3.56	3.56
临沂市	20.76	27.32	27.50
德州市	20.44	21.70	22.68
聊城市	19.89	20.74	23.17
滨州市	15	16.26	19.89
菏泽市	24.75	24.75	25.10
全　省	250.6	276.59	301.84

附件 2　各设区市用水效率控制目标

行政区	2015 年	
	万元工业增加值用水量比 2010 年下降	农田灌溉水有效利用系数
济南市	25%	0.648 6
青岛市	17%	0.657 6
淄博市	19%	0.645 3
枣庄市	39%	0.651 7
东营市	23%	0.621 9
烟台市	10%	0.674 9
潍坊市	23%	0.661 5
济宁市	23%	0.634 7
泰安市	17%	0.659 9
威海市	10%	0.661 7
日照市	15%	0.645 5
莱芜市	29%	0.651 2
临沂市	22%	0.629 1
德州市	30%	0.625 3
聊城市	25%	0.625 0
滨州市	17%	0.636 0
菏泽市	30%	0.622 4
全　省	25%	0.640 0

注：各设区市 2015 年后的用水效率控制目标，待国务院确定下达各省、自治区、直辖市控制目标后，结合我省实际情况另行制定。

附件 3　各设区市重要江河湖泊水功能区水质达标率控制目标

行政区	2015 年/%	2020 年/%	2030 年/%
济南市	66.7（25.0）	80.0（75.0）	93.3（100）
青岛市	60.9（100）	80.4（100）	95.7（100）
淄博市	58.3（75.0）	83.3（100）	91.7（100）
枣庄市	63.6（50.0）	81.8（50.0）	100（100）
东营市	60.0（66.7）	80.0（100）	100（100）
烟台市	62.5（100）	79.2（100）	100（100）
潍坊市	62.1（83.3）	82.8（100）	96.6（100）
济宁市	61.9（57.1）	81.0（78.6）	95.2（100）
泰安市	68.4（57.1）	78.9（71.4）	94.7（85.7）
威海市	62.5	87.5	100
日照市	60.0（83.3）	80.0（100）	100（100）
莱芜市	80.0（50.0）	100（50.0）	100（100）
临沂市	59.1（80.8）	84.1（100）	95.5（100）
德州市	60（88.9）	80（100）	93.3（100）
聊城市	63.2（53.8）	84.2（76.9）	94.7（92.3）
滨州市	64.7（33.3）	88.2（100）	100（100）
菏泽市	60.0（66.7）	80.0（100）	93.3（100）
全　省	62.3（67.6）	82.5（89.5）	95.9（98.1）

注：表中数字 A（B），A 代表我省拟考核的重要水功能区水质达标率；B 代表列入国家考核的重要水功能区水质达标率。

建设项目水资源论证管理办法

（水利部令第15号）

第一条 为促进水资源的优化配置和可持续利用，保障建设项目的合理用水要求，根据《取水许可制度实施办法》和《水利产业政策》，制定本办法。

第二条 对于直接从江河、湖泊或地下取水并需申请取水许可证的新建、改建、扩建的建设项目（以下简称建设项目），建设项目业主单位（以下简称业主单位）应当按照本办法的规定进行建设项目水资源论证，编制建设项目水资源论证报告书。

第三条 建设项目利用水资源，必须遵循合理开发、节约使用、有效保护的原则；符合江河流域或区域的综合规划及水资源保护规划等专项规划；遵守经批准的水量分配方案或协议。

第四条 县级以上人民政府水行政主管部门负责建设项目水资源论证工作的组织实施和监督管理。

第五条 从事建设项目水资源论证工作的单位，必须取得相应的建设项目水资源论证资质，并在资质等级许可的范围内开展工作。建设项目水资源论证资质管理办法由水利部另行制定。

第六条 业主单位应当委托有建设项目水资源论证资质的单位，对其建设项目进行水资源论证。

第七条 建设项目水资源论证报告书，应当包括下列主要内容：

（一）建设项目概况；

（二）取水水源论证；

（三）用水合理性论证；

（四）退（排）水情况及其对水环境影响分析；

（五）对其他用水户权益的影响分析；

（六）其他事项。

建设项目水资源论证报告书编制基本要求见附件。

第八条 业主单位应当在办理取水许可预申请时向受理机关提交建设项目水资源论证报告书。

不需要办理取水许可预申请的建设项目，业主单位应当在办理取水许可申请时向受理机关提交建设项目水资源论证报告书。

未提交建设项目水资源论证报告书的，受理机关不得受理取水许可（预）申请。

第九条 建设项目水资源论证报告书，由具有审查权限的水行政主管部门或流域管理机构组织有关专家和单位进行审查，并根据取水的急需程度适时提出审查意见。

建设项目水资源论证报告书的审查意见是审批取水许可（预）申请的技术依据。

第十条 水利部或流域管理机构负责对以下建设项目水资源论证报告书进行审查：

（一）水利部授权流域管理机构审批取水许可（预）申请的建设项目；

（二）兴建大型地下水集中供水水源地（日取水量5万吨以上）的建设项目。

其他建设项目水资源论证报告书的分级审查权限，由省、自治区、直辖市人民政府水行政主管部门确定。

第十一条　业主单位在向计划主管部门报送建设项目可行性研究报告时，应当提交水行政主管部门或流域管理机构对其取水许可（预）申请提出的书面审查意见，并附具经审定的建设项目水资源论证报告书。

未提交取水许可（预）申请的书面审查意见及经审定的建设项目水资源论证报告书的，建设项目不予批准。

第十二条　建设项目水资源论证报告书审查通过后，有下列情况之一的，业主单位应重新或补充编制水资源论证报告书，并提交原审查机关重新审查：

（一）建设项目的性质、规模、地点或取水标的发生重大变化的；

（二）自审查通过之日起满三年，建设项目未批准的。

第十三条　从事建设项目水资源论证工作的单位，在建设项目水资源论证工作中弄虚作假的，由水行政主管部门取消其建设项目水资源论证资质，并处违法所得三倍以下，最高不超过3万元的罚款。

第十四条　从事建设项目水资源论证报告书审查的工作人员滥用职权，玩忽职守，造成重大损失的，依法给予行政处分；构成犯罪的，依法追究刑事责任。

第十五条　建设项目取水量较少且对周边影响较小的，可不编制建设项目水资源论证报告书。具体要求由省、自治区、直辖市人民政府水行政主管部门规定。

第十六条　本办法由水利部负责解释。

第十七条　本办法自2002年5月1日起施行。

山东省建设项目水资源论证实施细则

第一条 为了促进水资源优化配置，实现水资源可持续利用，保障经济社会发展，合理用水需求，根据《中华人民共和国水法》、《取水许可和水资源费征收管理条例》、《建设项目水资源论证管理办法》以及《山东省用水总量控制管理办法》等法律、法规、规章，制定本细则。

第二条 在本省行政区域内新建、改建、扩建建设项目（以下简称建设项目）需要取水的，建设项目业主单位（以下简称业主单位）应当委托具有相应资质的单位编制建设项目水资源论证报告书或者填写水资源论证表（以下简称论证报告）。

建设项目少量取水的，可不编制建设项目水资源论证报告书，但应当填写水资源论证表。

第三条 开发利用水资源，必须坚持总量控制、高效利用、有效保护的原则；符合流域和区域的水资源综合规划及水资源节约、保护等专项规划；遵守经批准的水量分配方案或协议。

第四条 从事建设项目水资源论证工作，应当具备相应的资质，并在资质等级许可的范围内开展工作。

建设项目水资源论证资质单位可以联合编制论证报告，联合各方组成的联合体资质，按照资质较低等级确定。

第五条 符合下列条件之一的，建设项目水资源论证报告由甲级资质单位编制：

（一）日取地表水 4 万立方米以上、地下水 1 万立方米以上的；

（二）由国务院或者国务院委托其主管部门批准、核准、备案的；

（三）在省际边界河流取水的；

（四）涉及国家、地区安全的特殊行业取水的。

其他建设项目水资源论证报告，可由甲级或者乙级资质单位编制。

第六条 县级以上人民政府水行政主管部门负责建设项目水资源论证的组织实施、监督管理。

建设项目水资源论证报告由具有审查权限的水行政主管部门组织有关专家和单位进行审查，并提出审查意见。

第七条 符合下列条件之一的，论证报告由山东省水行政主管部门组织审查：

（一）在设区的市边界河道取水或者在设区的市边界两侧各五公里范围内取地下水的。

（二）从大型水库、大型灌区取水的；

（三）日取地表水 4 万立方米以上、地下水 2 万立方米以上的；

（四）省发展改革、经济和信息化主管部门批准、核准、备案的建设项目取水的。

其他论证报告的审查权限，由设区的市水行政主管部门确定。

第八条 建设项目日取地表水 500 立方米以下 100 立方米以上、地下水 300 立方米以下 50 立方米以上的，可不编制论证报告书，但应当委托具有相应资质的单位填写水资源论证表，报有管辖权的水行政主管部门审查。

第九条　建设项目日取地表水 100 立方米以下、地下水 50 立方米以下的，业主单位可在水行政主管部门指导下直接填写水资源论证表，报有管辖权的水行政主管部门审批。

第十条　申请论证报告审查，业主单位应该向有管辖权的水行政主管部门提交以下资料：

（一）论证报告审查申请；

（二）论证报告一式 20 份；

（三）建设项目水资源论证工作委托合同；

（四）需要编制防洪评价报告、水土保持方案的，还应当提交相关批准文件；

（五）水行政主管部门认为应提交与审查工作有关的其他材料。

第十一条　有管辖权的水行政主管部门对业主单位提出的论证报告审查申请，应当根据下列情况分别作出处理：

（一）不属于本机关管辖范围的，应当即时作出不予受理的决定，并应当告知申请人向有管辖权的水行政主管部门申请；

（二）申请材料存在可以当场更正的错误，应当允许申请人当场更正；

（三）申请材料不齐全或者不符合法定形式的，应当当场或者在五个工作日内一次告知申请人需要补正的全部内容，逾期不告知的，自收到申请材料之日起即为受理；

（四）申请事项属于本机关管辖范围、申请材料齐全、符合法定形式，或者申请人按照要求提交全部补正申请材料的，应当受理审查申请。

第十二条　有管辖权的水行政主管部门受理论证报告审查申请后，有下列情形之一的，论证报告不予审查通过：

（一）建设项目取水口所在地年度用水控制指标不能满足申请取水量的；

（二）在地下水禁采区取用地下水的；

（三）需要编制防洪评价报告、水土保持方案，而未提供相关批准文件的；

（四）法律、法规规定不能办理取水许可的 。

除本条前款规定的情形外，有管辖权的水行政主管部门应当组织有关专家和单位进行审查，提出审查意见。

第十三条　有管辖权的水行政主管部门应当结合地区和专业需要选聘专家组成专家组，并选定专家组组长。

专家组组长应当由熟悉水资源管理法律法规，掌握建设项目水资源论证程序，了解区域水资源供需状况及建设项目用水工艺的专家担任。

论证审查报告专家组不应少于 5 人，论证表审查专家组不用少于 3 人，从水行政主管部门建立的水资源论证专家库中选聘的人数不应少于专家组成员的二分之一。

第十四条　论证报告审查一般采取会审方式，有管辖权的水行政主管部门应当于会前五个工作日将论证报告送达有关专家和单位，审查会前应当组织专家进行现场查勘。

第十五条　论证报告审查采取回避制度。论证报告编制成员以及与论证报告编制单位、建设项目有利害关系的人员不得作为专家组成员。

第十六条　专家组应当依据有关技术标准、规程和规范，按照客观、公正的原则进行审查，并提出审查意见。

第十七条　论证报告审查通过后，有下列情况之一的，业主单位应重新编制水资源论证报告书或者填写水资源论证表，并提交原审查机关重新审查：

（一）建设项目的性质、规模、地点或取水标的发生重大变化的；

（二）自审查通过之日起满三年，建设项目未获批准的。

第十八条　参加审查的专家和单位代表应维护业主单位和论证报告编制单位的知识产权和技术秘密，妥善保存有关技术资料，审查工作结束后，应将论证报告等有关资料退回业主单位或编制单位。

第十九条　禁止越权审查论证报告，越权审查论证报告的，上级水行政主管部门应当责令限期改正，并对相关责任单位和责任人进行问责。

第二十条　评审专家徇私舞弊、弄虚作假、玩忽职守的，应当从专家库中除名。

第二十一条　业主单位提供虚假资料，骗取论证报告审查意见的，论证报告审查意见由审查机关收回。

第二十二条　从事建设项目水资源论证工作的单位，在建设项目水资源论证工作中弄虚作假的，由水行政主管部门取消其建设项目水资源论证资质，并处违法所得三倍以下，最高不超过三万元的罚款。

第二十三条　本实施细则自 2011 年 4 月 1 日起施行。

《建设项目水资源论证工作大纲》编制提纲

1　总论

1.1　项目区域概况

1.2　水资源论证的目的和任务

1.3　编制依据

1.3.1　法律法规

1.3.2　规程规范

1.3.3　采用标准

1.3.4　参考文献

1.4　分析范围与论证范围

1.5　论证工作等级

1.6　取水水源与取水地点

1.7　论证委托书、委托单位与承担单位

2　建设项目概况

2.1　建设项目名称及项目性质

2.2　建设地点、占地面积和土地利用情况

2.3　建设规模及实施意见

2.4　建设项目业主提出的取用水方案

2.5　建设项目业主提出的退水方案

3　主要工作内容

3.1资料调查与收集

3.1.1　自然地理和社会经济概况

3.1.2　水文气象

3.1.3　水资源开发利用现状

3.2　建设项目所在区域水资源状况及其开发利用分析

3.2.1　水资源量

3.2.2　水质、污染源

3.2.3　水资源开发利用分析

3.2.4　供需预测

3.3　建设项目取用水合理性分析

3.3.1　建设项目取水合理性

3.3.2　建设项目用水合理性

3.3.3　节水措施与节水潜力分析

3.4　建设项目取水水源论证

3.4.1　水源条件分析

3.4.2　论证原则与思路

3.4.3　论证方案与方法

3.4.4　取水的可靠性与可行性分析

3.4.5　取水口位置合理性分析

3.5　建设项目取水和退水情况及其影响分析

3.6　水资源保护措施

3.6.1　工程措施

3.6.2　非工程措施

3.7　建设项目取水和退水影响及补偿方案建议

4　水资源论证结论

5　工作组织与进度安排

6　工作经费预算

《建设项目水资源论证报告书》编写提纲

1　总论

1.1　项目来源

1.2　水资源论证的目的和任务

1.3　编制依据

1.4　取水规模、取水水源与取水地点

1.5　工作等级

1.6　分析范围与论证范围

1.7　水平年

1.8　论证委托书、委托单位与承担单位

附建设项目水资源论证分析范围和论证范围图

2　建设项目概况

2.1　建设项目名称及项目性质

附建设项目位置图

2.2　建设地点、占地面积和土地利用情况

2.3　建设规模及实施意见

2.4　建设项目业主提出的取用水方案

2.5　建设项目业主提出的退水方案

3　建设项目所在区域水资源状况及其开发利用分析

3.1　基本概况

3.2　水资源状况及其开发利用分析

3.3　区域水资源开发利用存在的主要问题

附分析范围内供水工程，主要取用水户分布图

4　建设项目取用水合理性分析

4.1　取水合理性分析

4.2　用水合理性分析

4.3　节水潜力与节水措施分析

4.4　建设项目的合理取用水量

附建设项目取用水平衡图

5　建设项目取水水源论证

5.1　水源论证方案

5.2　地表取水水源论证

5.2.1　依据的资料与方法

5.2.2　来水量分析

5.2.3　用水量分析

5.2.4　可供水量计算
5.2.5　水资源质量评价
5.2.6　取水口位置合理性分析
5.2.7　取水可靠性与可行性分析
5.3　地下取水水源论证
5.3.1　地质条件、水文地质条件分析
5.3.2　地下水资源量分析
5.3.3　地下水可开采量计算
5.3.4　开采后的地下水水位预测
5.3.5　地下水水质分析
5.3.6　取水可靠性与可行性分析
附论证范围内水文地质图、地下水水位等值线图、地下水动态变化曲线等图件
6　取水的影响分析
6.1　对区域水资源的影响
6.2　对其他用户的影响
6.3　结论（综合评价）
7　退水的影响分析
7.1　退水系统及组成
7.2　退水总量、主要污染物排放浓度和排放规律
7.3　退水处理方案和达标情况
7.4　退水对水功能区和第三者的影响
7.5　入河排污口（退水口）设置的合理性分析
附建设项目退水系统组成和入河排污口（退水口）位置图
8　水资源保护措施
8.1　工程措施
8.2　非工程措施
9　建设项目取水和退水影响补偿建议
9.1　补偿原则
9.2　补偿方案（措施）建议
9.3　受影响方意见
10　建设项目水资源论证结论与建议
10.1　取用水的合理性
10.2　取水水源的可靠性与可行性
10.3　取用水对水资源状况和其他取用水户的影响
10.4　退水影响及水资源保护措施
10.5　取水方案
10.6　退水方案
10.7　建议

参考文献

[1] 杨开．水资源开发利用与保护［M］．长沙：湖南大学出版社，2005.
[2] 刘旭东．资源价值及其形成过程［J］．知识经济，2010（24）：98.
[3] 山东省发展和改革委员会，山东省水利厅．山东省水资源综合规划［R］．2008.
[4] DL/T 5431—2009，水电水利工程水文计算规范［S］．北京：中国电力出版社，2009.
[5] SL 278—2002，水利水电工程水文计算规范［S］．北京：中国水利水电出版社，2002.
[6] 钱学伟，李秀珍．陆面蒸发计算方法述评［J］．水文，1996（6）：24-29.
[7] 詹道江，丁晶，徐向阳，等．工程水文学（第4版）［M］．北京：中国水利水电出版社，2010.
[8] 山东省革命委员会水利局．山东省水文图集［M］．1975.
[9] 金栋梁，刘予伟．长江流域分区地表水资源量评价［J］．水资源研究，2005，26（4）：26-29.
[10] 水利部水利水电规划设计总院．全国水资源综合规划技术细则［K］．2002.
[11] 水利部，水利水电规划设计总院．地下水资源量及可开采量补充细则（试行）［K］．2002.
[12] 水利部，水利水电规划设计总院．地表水资源可利用量计算补充技术细则［K］．2002.
[13] 梁瑞驹．环境水文学［M］．北京：中国水利水电出版社，1998.
[14] 左欣，康绍忠，梁学田．大汶河泰安段水质评价与污染防治措施研究［J］．山东农业大学学报（自然科学版），2005，36（4）：557-563.
[15] 孙剑辉，柴艳，王国良，等．黄河泥沙对水质的影响研究进展［J］．泥沙研究，2010：72-80.
[16] 黄文典．河流悬移质对污染物吸附及生物降解影响试验研究［D］．四川大学，2005.
[17] 中华人民共和国水利部，水利部水利水电规划设计总院．SL 429—2008，水资源供需预测分析技术规范［S］．

[18] 王浩，阮本清，杨小柳，等．流域水资源管理［M］．北京：科学出版社，2001.
[19] 朱岐武，等．水资源评价与管理［M］．郑州：黄河水利出版社，2011.
[20] http：//baike. baidu. com/link.
[21] 左其亭，王树谦，刘廷玺，等．水资源利用与管理［M］．郑州：黄河水利出版社，2009.
[22] 王双银，宋孝玉．水资源评价［M］．郑州：黄河水利出版社，2008.
[23] 何书会，李永根，马贺明，等．水资源评价方法与实例［M］．北京：中国水利水电出版社，2008.
[24] 李广贺．水资源利用与保护［M］．北京：中国建筑工业出版社，2010.
[25] 王开章，董洁，韩鹏，等．现代水资源分析与评价［M］．北京：化学工业出版社，2006.
[26] 顾圣平，田富强，徐得潜．水资源规划及利用［M］．北京：中国水利水电出版社，2009.
[27] 姜文来，唐曲，雷波．水资源管理学导论［M］．北京：化学工业出版社，2005.
[28] 王永伟，刘芳宇，时淑英，等．水资源管理决策支持系统的应用及其发展趋势［J］．农业与技术，2010，30（4）：15-17.
[29] 盖迎春，李新．水资源管理决策支持系统研究进展与展望［J］．冰川冻土，2012，34（5）：1248-1253.
[30] 中国水利学会水资源专业委员会．最严格的水资源管理制度理论与实践·关于最严格的水资源管理制度研究和实施的建议［M］．北京：中国水利水电出版社，2013.
[31] 齐兵强．最严格的水资源管理制度理论与实践·关于加快落实最严格水资源管理制度的一些思考［M］．北京：中国水利水电出版社，2013.
[32] 解决中国水资源问题的重要举措——水利部副部长胡四一解读《国务院关于实行最严格水资源管理制度的意见》［J］．中国水利，2012（7）：4-8.
[33] 左其亭，李可任．最严格的水资源管理制度理论与实践·最严格水资源管理制度的理论体系及关键问题［M］．北京：中国水利水电出版社，2013.
[34] 王浩．最严格的水资源管理制度理论与实践·实行最严格水资源管理制度关键技术支撑［M］．北京：中国水利水电出版社，2013.
[35] 山东省水利科学研究院，山东省水利厅水资源处．山东省构建最严格水资源管理制度框架体系研究［R］．2011.
[36] 中华人民共和国国务院．取水许可和水资源费征收管理条例，2006.
[37] 山东省取水许可管理办法，1996.
[38] 中共中央　国务院关于加快水利改革发展的决定，2010 年 12 月 31 日，中发［2011］1 号．
[39] 国务院关于实行最严格水资源管理制度的意见国发［2012］3 号．
[40]《山东省用水总量控制管理办法》山东省人民政府令 第 227 号．
[41]《中共山东省委　山东省人民政府关于认真贯彻〈中共中央　国务院关于加快水利改革发展的决定〉的实施意见》（鲁发［2011］1 号）．

[42] 山东省人民政府关于贯彻落实国发［2012］3号文件实行最严格水资源管理制度的实施意见（鲁政发［2012］25号）.
[43] 山东省人民政府办公厅．山东省实行最严格水资源管理制度考核办法，2013年6月9日．
[44] 水利部，国家发展计划委员会．建设项目水资源论证管理办法，2002.
[45] 山东省水利厅．山东省建设项目水资源论证实施细则，2011年4月1日．
[46] 水利部水资源司．建设项目水资源论证培训教材［M］．北京：中国水利水电出版社，2007.
[47] 中华人民共和国水利部．建设项目水资源论证导则（试行）（SL/Z 322—2005）［S］．北京：中国水利水电出版社，2005.
[48] 中华人民共和国水利部．水利水电建设项目水资源论证导则（SL 525—2011）［S］．北京：中国水利水电出版社，2011.
[49] 李晓龙，扶清成．最严格的水资源管理制度理论与实践·基于红线管理下的水资源论证报告的编制．实行最严格水资源管理制度关键技术支撑［M］．北京：中国水利水电出版社，2013.